"十三五"国家重点出版物出版规划项目

中国海岸带研究丛书

黄河三角洲湿地生境演变遥感监测

侯西勇　宁吉才　邢前国　于秀波　著

科　学　出　版　社
北　京

内 容 简 介

本书针对黄河三角洲及其毗邻区域，应用先进的地球信息科学与技术方法，陆海统筹兼顾，主要包含如下内容：分析土地利用/覆盖及主要人工地物的变化特征，对生态系统服务价值和生态连通性进行评估，分析河道、海岸线，以及潮间带潮滩和潮沟系统的时空演变特征；在此基础上，分析海草和互花米草生境的分布及其环境特征，并对鸻鹬类生境质量、黑嘴鸥家域范围等做了一些探索性的研究；进而，提出河口与海岸带湿地资源可持续利用、保护和管理的政策建议。

本书可供从事自然资源与生态环境保护的政府部门工作人员，从事地球信息科学、地理科学、湿地科学、环境科学、生态学、生物多样性保护等领域研究工作的科研人员，高等院校相关专业的师生，以及非政府组织机构人员与社会公众等参阅。

图书在版编目（CIP）数据

黄河三角洲湿地生境演变遥感监测 / 侯西勇等著 . —北京：科学出版社，2021.9

ISBN 978-7-03-067583-5

Ⅰ.①黄… Ⅱ.①侯… Ⅲ.①黄河–三角洲–沼泽化地–生境–环境遥感–环境监测–研究 Ⅳ.① X87

中国版本图书馆 CIP 数据核字（2021）第 002606 号

责任编辑：朱　瑾　习慧丽 / 责任校对：郑金红
责任印制：吴兆东 / 封面设计：刘新新

科 学 出 版 社 出版
北京东黄城根北街 16 号
邮政编码：100717
http://www.sciencep.com

北京建宏印刷有限公司 印刷
科学出版社发行　各地新华书店经销

*

2021 年 9 月第 一 版　开本：720×1000　1/16
2022 年 1 月第二次印刷　印张：16 3/4
字数：338 000

定价：228.00 元
（如有印装质量问题，我社负责调换）

《黄河三角洲湿地生境演变遥感监测》
著者名单

主要著者　侯西勇　宁吉才　邢前国　于秀波

其他著者　李晓炜　刘玉斌　孟　灵　段后浪　徐　鹤

　　　　　　宋百媛　刘向阳　方晓东　杜培培　李　东

　　　　　　王晓利　夏少霞　张媛媛

《黄河三角洲湿地生境演变遥感监测》
支持专家

王　德　高　猛　高志强　单　凯　朱书玉

莫训强　李宝泉　陈琳琳　张玉新　王　超

宋　洋　侯　婉　孙　敏　冯光海　牛汝强

丛 书 序

海岸带是地球表层动态而复杂的陆-海过渡带,具有独特的陆、海属性,承受着强烈的陆海相互作用。广义上,海岸带是以海岸线为基准向海、陆两个方向辐射延伸的广阔地带,包括沿海平原、滨海湿地、河口三角洲、潮间带、水下岸坡、浅海大陆架等。海岸带也是人口密集、交通频繁、文化繁荣和经济发达的地区,因而其又是人文-自然复合的社会-生态系统。全球有 40 余万千米海岸线,一半以上的人口生活在沿海 60km 的范围内,人口在 250 万以上的城市有 2/3 位于海岸带的潮汐河口附近。我国大陆及海岛海岸线总长约为 3.2 万 km,跨越热带、亚热带、温带三大气候带;11 个沿海省(区、市)的面积约占全国陆地国土面积的 13%,集中了全国 50% 以上的大城市、40% 的中小城市、42% 的人口和 60%以上的国内生产总值,新兴海洋经济还在快速增长。21 世纪以来,我国在沿海地区部署了近 20 个战略性国家发展规划,现在的海岸带既是国家经济发展的支柱区域,又是区域社会发展的"黄金地带"。在国家"一带一路"倡议和习近平生态文明建设战略部署下,海岸带作为第一海洋经济区,成为拉动我国经济社会发展的新引擎。

然而,随着人类高强度的活动和气候变化,我国乃至世界海岸带面临着自然岸线缩短、泥沙输入减少、营养盐增加、污染加剧、海平面上升、强风暴潮增多、围填海频发和渔业资源萎缩等严重问题,越来越多的海岸带生态系统产品和服务呈现不可持续的趋势,甚至出现生态、环境灾害。海岸带已是自然生态环境与经济社会可持续发展的关键带。

海岸带既是深受相连陆地作用的海洋部分,又是深受相连海洋作用的陆地部分。海岸动力学、海域空间规划和海岸管理等已超越传统地理学的范畴,海岸工程、海岸土地利用规划与管理、海岸水文生态、海岸社会学和海岸文化等也已超越传统海洋学的范畴。当今人类社会急需深入认识海岸带结构、组成、性质及功能,以及陆海相互作用过程、机制、效应及其与人类活动和气候变化的关系,创新工程技术和管理政策,发展海岸科学,支持可持续发展。目前,如何通过科学创新和技术发明,更好地认识、预测和应对气候、环境与人文的变化对海岸带的冲击,管控海岸带风险,增强其可持续性,提高其恢复力,已成为我国乃至全球未来地球海岸科学与可持续发展的重大研究课题。近年来,国际上设立的"未来地球海岸(Future Earth-Coasts,FEC)"计划,以及我国成立的"中国未来海洋联合会""中国海洋工程咨询协会海岸科学与工程分会""中国太平洋学会海岸管理科学分会"等，充分反映了这种迫切需求。

"中国海岸带研究丛书"正是在认识海岸带自然规律和支持可持续发展的需求下应运而生的。该丛书邀请了包括中国科学院、教育部、自然资源部、生态环境部、农业农村部、交通运输部等系统及企业界在内的数十位知名海岸带研究专家、学者、管理者和企业家，基于他们多年的科学技术部、国家自然科学基金委员会、自然资源部项目及国际合作项目等的研究进展、工程技术实践和旅游文化教育为基础，组织撰写丛书分册。分册涵盖海岸带的自然科学、社会科学和社会-生态交叉学科，涉及海岸带地理、土壤、地质、生态、环境、资源、生物、灾害、信息、工程、经济、文化、管理等多个学科领域，旨在持续向国内外系统性展示我国科学家、工程师和管理者在海岸带与可持续发展研究方面的新成果，包括新数据、新图集、新理论、新方法、新技术、新平台、新规定和新策略。出版"中国海岸带研究丛书"在我国尚属首次。无疑，这不但可以增进科技交流与合作，促进我国及全球海岸科学、技术和管理的研究与发展，而且必将为我国乃至世界海岸带的保护、利用和改良提供科技支撑与重要参考。

中国科学院院士、厦门大学教授

2017 年 2 月于厦门

序

　　黄河三角洲是我国三大河口三角洲之一，也是世界上土地资源增长最快的区域之一，是开展气候变化和人类活动影响背景下海岸带陆海相互作用科学研究的典型区域之一。最近几十年来，受气候变化、海平面上升、黄河流域人类活动以及黄河三角洲区域资源开发和经济社会发展等因素的综合影响，黄河入海水沙通量显著降低，黄河三角洲局部区域海岸侵蚀严重，湿地生态系统面临较大的压力，脆弱性日益突出。对黄河三角洲湿地生境演变开展高精度的动态监测和深入细致的科学研究，能够为该区域自然环境及生态系统的保护与可持续利用提供可靠的数据信息和决策依据。

　　《黄河三角洲湿地生境演变遥感监测》一书深入应用遥感、GIS 空间分析以及模型等技术方法，陆海兼顾，监测、分析和评估黄河三角洲及其毗邻陆海区域的土地利用 / 覆盖变化、主要人工地物分布与变化、生态系统服务价值和生态连通性变化、河道和海岸线变化、潮滩和潮沟系统变化、海草和互花米草生境变化、鸻鹬类栖息地质量、黑嘴鸥家域范围及生境扰动等方面的特征，综合反映黄河三角洲由陆向海多种湿地生境的近期变化特征，并通过国内外湿地保护和利用方面经验与模式的对比分析，提出湿地资源可持续利用、保护和管理的政策建议。

　　这一研究成果具有一定的科学意义和应用价值。该书的出版将丰富黄河三角洲湿地生境监测和研究的成果，并为黄河三角洲区域乃至我国其他海岸带区域湿地生态系统的保护、管理和可持续利用提供参考。

2020 年 4 月 30 日

前　言

黄河三角洲湿地是我国暖温带最年轻、最广阔、保持最完整、面积最大的河口湿地生态系统，也是世界上少有的大型河口三角洲湿地生态系统，被《中国国家地理》的"选美中国"活动评选为"中国最美的六大湿地"之一，被誉为"鸟类的国际机场"，并于 2013 年被列入《国际重要湿地名录》。黄河三角洲湿地在蓄滞洪水、保护生物多样性、维护生态平衡等方面发挥着重要作用，在中国乃至世界上具有十分重要的地位。

围绕黄河三角洲湿地生态系统的保护、管理与可持续利用问题，中国科学院于 2018 年 3 月启动了中国科学院"科技服务网络计划"（STS 计划）项目"海岸带生态农牧场构建关键技术集成与示范"，本书是在项目课题六"黄河三角洲'三场连通'与'三产融合'空间布局方案及其效益评估"研究工作的基础上经过进一步深化完成的。该课题的研究目标包括：应用卫星遥感和 GIS 空间分析技术、基于空间动力学的情景分析与模拟技术等，监测和展望黄河三角洲区域生境以及陆海生态连通性的时空演变；评估生态系统服务价值及其变化，分析并提出"三场连通"和"三产融合"的多种空间布局优化方案；提出促进黄河三角洲区域空间开发利用效率和综合效益提升的政策建议，为我国乃至全球其他区域海岸带湿地的可持续利用和保护提供有益的借鉴。在不足 2 年的时间里，课题组开展了大量卓有成效的研究工作，取得了显著的进展，并从大量的成果中筛选出较为成熟且逻辑上相互关联的部分，做必要的补充和完善，遂成此书。

本书由侯西勇、宁吉才、邢前国、于秀波组织撰写和统稿。全书分为八章，其中，第一章介绍黄河三角洲区域概况，第二至七章从不同的侧面出发分析黄河三角洲生境类型、质量和功能等的现状及变化特征，第八章提出黄河三角洲区域以及我国其他海岸带区域湿地资源可持续利用、保护和管理的政策建议。各章的主要内容和作者分工如下。

第一章：通过文献综述，概括黄河三角洲自然地理特征、经济社会发展特征、主要的生态环境问题以及相关的保护与治理措施。由李晓炜、宁吉才撰写。

第二章：应用遥感技术，监测近年来的土地利用/覆盖变化特征，以及风机、油井和道路三类人工地物的空间分布和变化，反映生境类型的时空演变特征以及人类活动对湿地生态系统的扰动特征。由刘玉斌、徐鹤、王晓利、侯西勇撰写。

第三章：基于土地利用/覆盖多时相遥感监测数据以及至 2025 年的多情景分析与模拟数据，进行生态系统服务价值评估，在此基础上，建立生态连通性评估模型，评估和分析生态连通性的时空变化特征。由刘玉斌、宋百媛、侯西勇撰写。

第四章：利用文献资料和 Landsat 卫星系列传感器获得的时序多光谱遥感影像数据，提取和建立黄河三角洲区域长时间序列的河道和海岸线分布数据，揭示陆域水系和海岸线的时空演变特征。由刘玉斌、侯西勇撰写。

第五章：利用多源、多时相卫星遥感影像数据，针对水边线和潮沟，将计算机自动提取与人工目视解译等方法相结合，对黄河三角洲潮滩和潮沟系统的演变特征、形态特征等进行深入细致的分析。由宁吉才、刘向阳、张媛媛撰写。

第六章：利用多源、多时相卫星影像，结合文献资料和现场调查数据，对黄河三角洲潮滩和浅海水域两种典型生境中的海草床分布、互花米草入侵特征以及水体环境关键参数的时空变化特征进行详细的分析。由孟灵、邢前国撰写。

第七章：对黄河三角洲水鸟生物多样性变化特征进行分析；甄别鸻鹬类生物多样性保护的热点区域，定量评估鸻鹬类栖息地质量的时空变化特征；基于卫星跟踪器等技术和数据，分析黑嘴鸥的家域范围及其面临的威胁特征。由李晓炜、徐鹤、李东、刘玉斌、王晓利、侯西勇撰写。

第八章：对河口海岸带湿地资源可持续利用、保护和管理的国内外经验与模式进行分析和对比，总结黄河三角洲湿地生态系统的现状及面临的问题，并提出政策建议；在此基础上，由点及面，针对中国海岸带"面"上普遍存在的问题，即海岸带陆海生态连通性退化和丧失，总结分析其严峻形势及主要原因，并提出有针对性的政策和建议。由段后浪、夏少霞、于秀波、方晓东、侯西勇撰写。

感谢中国科学院"科技服务网络计划"（STS 计划）项目（KFJ-STS-ZDTP-023）的经费支持和项目首席科学家杨红生研究员的指导、支持与帮助，感谢中国科学院烟台海岸带研究所赵建民研究员、韩广轩研究员、李宝泉研究员、王清副研究员、王德处长、陈琳琳副研究员等对课题研究及本书撰写所给予的帮助和建议，感谢黄河三角洲国家级自然保护区管理局单凯、朱书玉、冯光海、牛汝强等在野外考察等过程中给予的便利和帮助，感谢天津师范大学莫训强博士在鸟类栖息地调查等方面给予的指导和帮助，感谢参加本书撰写的全体研究人员和研究生，感谢科学出版社朱瑾编辑的大力支持和帮助。限于作者水平，本书尚存在一定的不足，真诚地恳请各位读者给予批评、指正。

侯西勇

2020 年世界水日于烟台

目　录

第一章

黄河三角洲区域概况 [①]

---

① 本章作者为中国科学院烟台海岸带研究所的李晓炜（第一、二、四节）、宁吉才（第三节）。

黄河三角洲位于渤海西岸的黄河入海口处，是黄河水沙冲积而成的冲积平原，受河海双重作用，拥有独特的地质、土壤、水文、植被等特征，发育出多种类型的湿地生态系统，孕育了丰富的湿地植被资源及动物资源，是东亚—澳大利西亚和东北亚内陆—环西太平洋 2 条鸟类迁徙路线的重要中转站、越冬地和繁殖地；此外，黄河三角洲拥有丰富的矿产资源，是胜利油田的所在地。优越的地理区位和自然环境，以及丰富的自然资源，大大地促进了东营市经济社会的快速发展，使得其农业、渔业、牧业以及工业等有着极为鲜明的区域特征。同时，黄河三角洲湿地和自然资源的保护受到了高度的重视，1992 年山东黄河三角洲国家级自然保护区建立，主要保护对象为新生河口湿地生态系统和珍稀濒危鸟类，2013 年保护区被国际湿地公约组织列入《国际重要湿地名录》。本章概述黄河三角洲的自然地理特征、经济社会发展特征以及在区域生态环境保护方面所开展的工作。

第一节 自然地理特征

一、位置与范围

黄河三角洲位于中国山东省境内黄河入海口处，经黄河上中游长期、大量来水来沙冲积而成，比邻渤海，处于渤海湾和莱州湾的交界处（时连强等，2005；王海梅等，2006）。作为中国第二大河流的黄河，西起青海，中经黄土高原，东至山东入海，上游来水将黄土高原大量泥沙挟带至下游，遇海水顶托作用而减速形成淤积平原，这也使黄河三角洲成为全球陆地增长最快的区域之一（庞家珍和司书亨，1979；李云飞，2016）。黄河三角洲的演变与黄河下游河道变迁相辅相成：因下游河道泥沙不断淤积，经年累月，河床逐渐抬高，河水水位超过河堤时，自然情况下河水冲破河道流经低洼处入海，人为干预下实施改造河道流路泄洪，形成新河道，周而复始，千百年来，呈现出如今的黄河三角洲（庞家珍和司书亨，1979）。

黄河三角洲可以分为古代、近代和现代三个洲体。古代黄河三角洲，是指1855 年改道为清济泛道之前，黄河经历多次重大变迁，不断沉积演变而形成的广大平原，地理范围以蒲城为顶点，西起套尔河口，南达小清河口，陆上面积约为 7200km^2。近代黄河三角洲，是指 1855 年黄河改道山东，夺大清河流路入渤海后逐渐形成的冲积平原，是以垦利县[①]宁海为顶点，西起套尔河口、南抵支脉沟口，呈扇状三角形区域，其半径约为 70km，扇面约 140°，陆上面积约为

---

① 2016 年 8 月 2 日，正式撤销垦利县，设立东营市垦利区。

5450km^2。现代黄河三角洲，是指1934年以来至今仍在继续形成的以渔洼为顶点的扇面区域，西起挑河，南到宋春荣沟，目前行政区划上归属东营市，包括垦利区和河口区的大部分以及利津县的一部分（图1.1），陆上面积约为3000km^2（庞家珍和司书亨，1979；王锦，2009；李云飞，2016）。

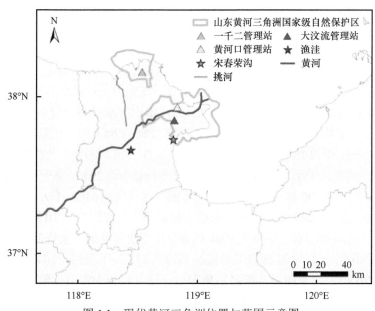

图 1.1　现代黄河三角洲位置与范围示意图

二、自然环境特征

（一）地质与地貌

黄河三角洲处于华北地层区济阳坳陷东北部，新生代沉积盆地渤海—华北盆地的南侧，东临郯城—庐江断裂带，地质构造主要受新华夏构造体系和北西向构造控制（王锦，2009）。地层系海陆交互相沉积，结构复杂，属济阳地层小区（隶属于华北地层区-华北平原地层分区），富产石油（任韧希子，2012）。凸起和凹陷分别包括：埕子口（东端）、义和庄（东部）、陈家庄、广饶（部分）凸起，车镇（东部）、沾化（东部）、东营（东半部）凹陷等（东营市史志办公室，2018）。

黄河三角洲地势平缓，黄河呈现"地上悬河"，整个区域顺河道自西南向东北倾斜（东营市史志办公室，2018）。表层沉积物粒径由陆向海逐渐变细，包括砂、粉砂质砂、砂质粉砂、砂质泥、粉砂、黏土等类型（任韧希子，2012）。黄河三角洲地貌主要分为陆地、海岸和人工地貌三种类型：陆地地貌为三角洲平原，包括河成沙嘴、河成高地（故河道高地、心滩边滩、泛滥平原、天然堤、决口堤）、三角洲残留体和河间洼地（盐碱洼地和湿洼地）等类型；海岸地貌包括粉砂淤泥质潮滩、残留贝壳沙堤及贝壳堤、暗藏贝壳沙堤及贝壳堤、水下浅滩、水下三角洲、沉溺谷等类型；人工地貌包括工厂、平整空地、盐田、养殖池、港口、防潮堤等类型（王奎峰等，2018）。

（二）气候与水文

黄河三角洲位于中纬度暖温带，受欧亚大陆及西太平洋影响，属暖温带大陆性季风气候：春季干旱多风，夏季湿热多雨、风速小，但时有台风，秋季雨热同期，冬季干冷且多北、西北风，各月雨、温、湿、风差别大；年均温度、日照时数和≥10℃积温分别为12.9℃、2682h、4300℃，年均降水量和蒸发量分别为584mm和1870mm，年均相对湿度、风速和无霜期分别为64.67%、2.92m/s、210d（张绪良等，2009；李高伟等，2017；东营市史志办公室，2018）。主要的气象灾害包括霜冻、冰雹、干旱、洪涝、风暴潮等（李高伟等，2017；东营市史志办公室，2018）。自20世纪90年代以来，黄河三角洲气候呈现出向暖、干方向变化的趋势，四季中冬季气温升幅最大、夏季降水量下降最多（李高伟等，2017）。①

黄河三角洲年均水资源量为9.01亿m^3，其中地表及地下水资源量分别为8.21亿m^3和0.80亿m^3，水资源利用率低、多排入海洋（王利娇，2017；东营市史志办公室，2018）。自北向南，黄河三角洲按流域可划分为海河、黄河和淮河流域：海河流域包括潮河、马新河、沾利河等14条河流，多为南北走向；黄河流域主要为黄河；淮河流域包括小清河、支脉河、广利河、永丰河等25条河流，多为东西走向（东营市史志办公室，2018）。

黄河水沙时空变化大且分布不均，利津水文站年均径流量和输沙量分别为212亿m^3和8.36亿t（张翠和史丽华，2015），黄河早期水沙丰沛，年径流量及年输沙量曾分别达973.1亿m^3（1964年）和21亿t（1958年）（东营市史志办公室，2018），自1950年以来，黄河年径流量以7.193亿m^3/a的速率下降（张翠和史丽华，2015），1972年开始，黄河出现阶段性断流，20世纪90年代后情况加重，1997年断流13次226d，年径流量仅为18.8亿m^3，年输沙量为0.15亿t（东营市史志办公室，2018）。黄河断流造成黄河三角洲湿地退化，为缓解这一情况，2002年开始由黄河中游小浪底水库实施调水调沙试验，对黄河三角洲进行生态补水，该试验于2005年进入正式阶段，目前已呈现出良好的湿地恢复效果（吴立新，2015），2017年利津水文站径流量和输沙量分别为91.4亿m^3和0.0794亿t（东营市史志办公室，2018）。

黄河三角洲地下水年内变幅为1～2.5m、径流缓慢且为向海流向，主要输

---

① 本书有些数据经过数值修约，存在进舍误差。

入方式为黄河河水侧渗补给、降水入渗和灌溉回渗，主要输出方式为蒸发和侧向径流（高茂生等，2010，2012；东营市史志办公室，2018）。黄河三角洲地下咸水分布广，地下淡水主要分布于广饶南部（浅层）、利津至陈庄沿黄河一带（浅层）、黄河故道（上层）及东营至利津以南（深层）等地区（东营市史志办公室，2018）。

（三）土壤与植被

黄河三角洲所在的东营市，土壤主要分为5类、9亚类、15土属、73土种。潮土、盐土、褐土、砂姜黑土和水稻土五个类别土壤面积分别占全市总面积的59%、36%、4%、0.6%、0.2%，其中，潮土分布于小清河以北区域、稻庄镇、大码头镇，经耕作改良适种小麦（*Triticum aestivum*）、玉米（*Zea mays*）、陆地棉（*Gossypium hirsutum*）等作物；盐土呈带状分布于近海，土壤矿化且表层含盐量达0.8%～2%，自然植被有芦苇（*Phragmites australis*）、盐地碱蓬（*Suaeda salsa*）、白茅（*Imperata cylindrica*）、茵陈蒿（*Artemisia capillaris*）等，主要开发水、牧养殖（植）；褐土分布于广饶县小清河南井灌区等9乡（镇），高产粮、棉、菜；砂姜黑土分布于小清河南低洼处，土质黏重且耕性差，适种小麦、玉米、高粱（*Sorghum bicolor*）等浅根作物；水稻土分布于利津、垦利稻区，为多年水耕熟化幼年水稻土（东营市史志办公室，2018）。

黄河三角洲除南部平原及黄河河滩外，其他区域均呈现出不同程度的土壤盐碱化，一方面，海潮侵灌及风暴潮给陆地带来大量盐分，另一方面，年均降水量仅584mm，年均蒸发量高达1870mm，多年平均蒸降比为3.2，土壤蒸发的水分只能通过地下水补给，双重作用造成黄河三角洲土壤积盐，土壤盐碱化已经成为制约黄河三角洲农业发展的主要因素（王海梅等，2006；李高伟等，2017）。

黄河三角洲植被中世界广布种和温带分布属占优势（张建锋等，2006），种类及分布主要受地下水位埋深、潜水盐度梯度变化及人类活动的影响（安乐生等，2017），因新生土壤次生盐渍化，天然植被以草本为主且种类单一，湿生植被和盐生植被是主要建群种及优势种，湿生植被主要包括沼生芦苇群落（Ass. *Phragmites australis*）、杞柳群落（Ass. *Salix integra*）、扁秆藨草群落（Ass. *Scirpus triqueter*）、大米草群落（Ass. *Spartina anglica*），盐生植被主要包括柽柳群落（Ass. *Tamarix chinensis*）、碱蓬群落（Ass. *Suaeda glauca*）、獐毛群落（Ass. *Aeluropus sinensis*）、补血草群落（Ass. *Limonium sinense*）等；人工植被以农田为主，人工林以刺槐（*Robinia pseudoacacia*）林为主（张建锋等，2006；赵越，2012）。黄河三角洲新生湿地形成，促使湿地植被顺行演替，进而改善湿地生态功能；自然灾害及人类活动促使湿地植被逆行演替及次生演替，进而导致湿地生态功能退化（张绪良等，2009）。

三、自然资源特征

（一）湿地资源

黄河三角洲因其独特的地理、气候、水文等特征，受自然及人为双重影响，形成了丰富多样的湿地类型，主要分为自然湿地和人工湿地，其中，自然湿地包括河渠、湖泊、沿海潟湖、河口水域、芦苇沼泽湿地、柽柳盐碱地、碱蓬盐碱地、灌草盐碱地、滩涂、海草床、其他浅海水域；人工湿地包括水田、水库坑塘、盐田、养殖区、未利用地、海洋牧场。黄河水沙冲积及海水顶托作用，使黄河河口湿地仍在不断扩张，新生湿地处于自然演替进程中，成土期短、受河海双重影响、不断增多的人类活动，使其同时展现出稀有性和生态脆弱性的特征；多样的湿地类型，孕育出丰富的生物多样性，因此，黄河三角洲自然保护区被列为 Ramsar 国际重要湿地和国家重要湿地（张晓龙等，2009）。据统计，在黄河三角洲自然保护区内，滩涂、芦苇沼泽湿地、河流水库、浅海水域面积分别达 38 890.7hm²、26 513.5hm²、7 966hm² 和 26 751.2hm²（山东黄河三角洲国家级自然保护区管理局，2016）。

黄河三角洲多样的湿地提供了丰富的生态系统服务，水田和养殖池提供了丰富的食物，盐田产出原盐；湿地植被通过吸收氮磷等污染物净化水质，通过光合作用固碳，通过消减波浪而抵御风暴潮及海水侵蚀；河口及浅海水域为海洋鱼类提供优质的产卵场及育幼场；生态上连通的湿地为水鸟提供栖息地、越冬地、繁殖地及迁徙停歇地，湿地景观提供旅游悠闲及科普场所。然而，近年来社会经济发展，也导致盐田和养殖面积不断扩大、自然湿地被不断侵占。

（二）植物资源

黄河三角洲新生而多样的湿地生态系统孕育了丰富的植物资源，形成中国东部沿海最大的天然植被区（张晓龙等，2009）。根据《山东黄河三角洲国家级自然保护区详细规划（2014—2020 年）》，黄河三角洲植物共计 685 种，其中淡水浮游植物、海洋浮游植物、自然分布维管植物、栽培植物分别为 291 种、116 种、195 种、83 种，自然分布维管植物中，蕨类植物、裸子植物、被子植物分别为 2 种、2 种、191 种（山东黄河三角洲国家级自然保护区管理局，2016）。根据《中国植被》1980 年分类系统，黄河三角洲植被可划分为 5 个植被型组、9 个植被型、31 个群系，阔叶林、灌丛、草甸、沼泽、水生 5 个植被型中，以草甸为主，草甸分为 3 个植被型：①典型草甸，包括白茅、茵陈蒿、假苇拂子茅及野大豆草甸；②盐生草甸，包括翅碱蓬、碱蓬、獐茅、罗布麻、补血草、蒙古鸦葱及盐生芦苇草甸；③湿盐生草甸，包括湿盐生芦苇、湿盐生翅碱蓬、盐角草及互花米草草甸（山东黄河三角洲国家级自然保护区管理局，2016）。

黄河三角洲植物以菊、禾本、豆、藜科居多，代表植物有盐地碱蓬（*Suaeda salsa*）、中亚滨藜（*Atriplex centralasiatica*）、獐茅（*Aeluropus littoralis* var. *sinensis*）、狗尾草（*Setaria viridis*）、白茅（*Imperata cylindrica*）、芦苇、茵陈蒿（*Artemisia capillaris*）等，国家二级保护植物野大豆（*Glycine soja*）分布较广；木本植物以刺槐、旱柳（*Salix matsudana*）、柽柳（*Tamarix chinensis*）为主，人工刺槐林面积为 11 300hm^2（刘清志，2014），典型植被主要是盐地碱蓬、柽柳和芦苇，分布较广（安乐生等，2017）。天然植被以草甸植被为主，木本植被较少；人工植被以农田植被为主，其次为木本栽培植被（刘清志，2014；左明等，2014）。

（三）动物资源

黄河三角洲以黄河为主的 20 多条河流挟带丰富的有机质和营养盐入海，为海洋生物营造了天然的索饵、洄游、育幼环境（王锦，2009）。加之黄河三角洲多样的湿地及植被资源，孕育了丰富的动物资源。根据《山东黄河三角洲国家级自然保护区详细规划（2014—2020 年）》，黄河三角洲野生动物共计 1626 种，其中鱼类、哺乳动物、两栖动物、爬行动物、鸟类分别为 191 种、25 种、6 种、10 种、367 种（山东黄河三角洲国家级自然保护区管理局，2016）。海洋水生动物和淡水鱼类中，国家重点保护动物分别为 6 种和 3 种；鸟类中，国家一级重点保护鸟类 12 种，包括丹顶鹤（*Grus japonensis*）、白头鹤（*Grus monacha*）、白鹤（*Grus leucogeranus*）、大鸨（*Otis tarda*）、东方白鹳（*Ciconia boyciana*）、黑鹳（*Ciconia nigra*）、金雕（*Aquila chrysaetos*）、白肩雕（*Aquila heliaca*）、白尾海雕（*Haliaeetus albicilla*）、玉带海雕（*Haliaeetus leucoryphus*）、中华秋沙鸭（*Mergus squamatus*）、遗鸥（*Larus relictus*），国家二级重点保护鸟类 51 种，包括灰鹤（*Grus grus*）、大天鹅（*Cygnus cygnus*）、鸳鸯（*Aix galericulata*）等，《中华人民共和国政府和日本国政府保护候鸟及其栖息环境协定》保护鸟种 155 种，《中华人民共和国政府和澳大利亚政府保护候鸟及其栖息环境协定》保护鸟种 53 种（山东黄河三角洲国家级自然保护区管理局，2016）。

黄河三角洲是东亚—澳大利鸟类西亚迁飞路线的重要中转站，是黑嘴鸥三大重要繁殖地之一和东方白鹳的重要繁殖地，同时也是雁鸭类和东北亚鹤类保护网络的重要地点，亦是丹顶鹤越冬的最北界。在黄河三角洲可见到白鹤、丹顶鹤、灰鹤、白枕鹤（*Grus vipio*）、白头鹤、沙丘鹤（*Grus canadensis*）、蓑羽鹤（*Anthropoides virgo*）等 7 种鹤（朱书玉等，2011；东营市史志办公室，2018）。

（四）矿产资源

黄河三角洲矿产资源丰富，《东营年鉴 2018》显示，黄河三角洲矿产资源主要包括石油、地热、岩盐、煤、地下卤水、油页岩、矿泉水、砖瓦黏土、石膏、天然气、贝壳等（东营市史志办公室，2018）。黄河三角洲是胜利油田主产区，截至2017年底，胜利油田探明及投入开发油气田分别为81个和74个，累计探明石油地质储量及生产原油量分别为54.84亿t和11.76亿t；2017年新增探明、控制及预测石油地质储量分别为3459万t、6641万t、8040万t；该区域地热资源丰富，面积和地热资源量分别为5655km²和3447亿m³，主要分布在东营潜凹区和车镇潜凹区及垦利、广饶、利津部分地区；岩盐资源量约为1096.79亿t，主要分布在东营凹陷地带；煤的发育面积和资源量分别为630km²和61.8亿t，主要分布在广饶县东北及河口区西部；另外，东营市地下卤水、油页岩、矿泉水及砖瓦黏土资源量分别为58.43亿m³、1544.6亿t、365万m³/a、28.44万m³（东营市史志办公室，2018）。

第二节　经济社会发展特征

一、人口概况及分布

（一）人口概况

黄河三角洲所在的东营市，2018年人口保持平稳增长，年末常住人口、户籍人口、总户数分别为217.21万人、196.68万人、68.80万户（山东省统计局和国家统计局山东调查总队，2019）。根据历年统计数据（东营市统计局和国家统计局东营调查队，2016；山东省统计局和国家统计局山东调查总队，2017，2019），分析2009～2018年东营市年末户籍人口的变化情况，如图1.2所示，

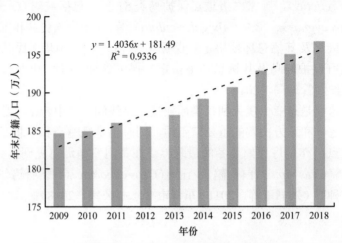

图1.2　东营市年末户籍人口变化图（2009～2018年）

可见，10 年间，东营市人口呈稳步增长趋势，仅在 2012 年有一定程度的回落，10 年间增长了 12.09 万人。

（二）人口分布特征

2018 年年末，东营市户籍人口为 196.68 万人，其中，东营区、河口区、垦利区、利津县、广饶县分别为 66.81 万人、21.95 万人、23.88 万人、30.90 万人、53.14 万人（山东省统计局和国家统计局山东调查总队，2019）。东营市居民主体为汉族，2018 年全市有 43 个少数民族成分，少数民族常住人口 7000 余人，回族居多，其他百人以上的有满族、蒙古族、土家族、壮族、苗族、白族，少数民族呈散杂居分布，有 351 个村有少数民族 [东营市史志办公室，2018；中共东营市委党史研究院（东营市地方史志研究院），2019]。

二、经济发展特征

（一）GDP 及产业结构

自东营市建市以来，经过大力发展，全市经济实力显著增强。2018 年，经济运行平稳向好，初步核算，全市实现生产总值（GDP）4152.47 亿元，第一产业增加值 146.54 亿元，第二产业增加值 2583.2 亿元，其中工业增加值 2498.83 亿元，第三产业增加值 1422.73 亿元（山东省统计局和国家统计局山东调查总队，2019）。根据历年统计数据（东营市统计局和国家统计局东营调查队，2016；山东省统计局和国家统计局山东调查总队，2017，2019），分析 2009～2018 年东营市 GDP 及第一、二、三产业增加值的变化情况，如图 1.3 所示，10 年间东营市 GDP 呈稳步增长趋势，仅在 2015 年、2016 年有一定程度的回落，10 年间增长 2093.5 亿元，其中，第一、二、三产业增加值分别增长 71.81 亿元、1061.28 亿元、

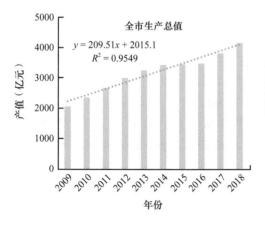
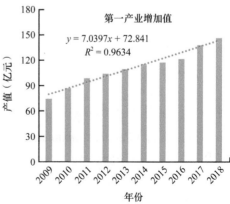

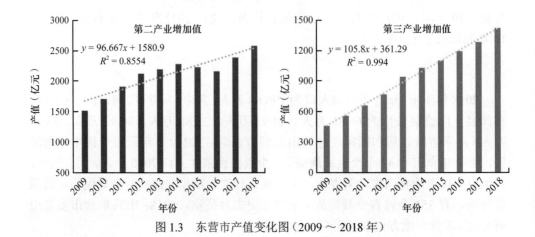

图 1.3　东营市产值变化图（2009～2018 年）

960.41 亿元。三次产业结构由 2009 年的 2：37：11 变化为 2018 年的 2：31：17，第二产业比例稳步下降，第三产业比例逐步上升。

（二）农业及渔业概况

2018 年，东营市农业和渔业增加值分别为 59.96 亿元和 54.15 亿元，分别比上年增长 3.58% 和 4.19%（东营市统计局和国家统计局东营调查队，2019；山东省统计局和国家统计局山东调查总队，2019）。粮食播种面积和总产量分别为 25.57 万 hm² 和 146.55 万 t，各增长 17.67% 和 13.15%，其中，夏粮播种面积和总产量分别为 11.38 万 hm² 和 66.46 万 t，分别增长 21.84% 和 20.57%；秋粮播种面积和总产量分别为 14.19 万 hm² 和 80.08 万 t，各增长 14.53% 和 7.63%（东营市统计局和国家统计局东营调查队，2019；山东省统计局和国家统计局山东调查总队，2019）。农业向产业化经营方向发展，截至 2017 年，农业龙头企业、农民合作社、家庭农场分别为 670 家、2333 家、1280 家，种植业大户（经营面积＞3.3hm²）共 3900 户，地理标志农产品有 6 件、面积为 728.6km²，203 家生产单位的 652 个农产品、773km² 生产基地通过"三品"认证（东营市统计局和国家统计局东营调查队，2019）。

2018 年，东营市水产品总产量为 50.4 万 t（海产 41.34 万 t；淡产 9.06 万 t）（山东省统计局和国家统计局山东调查总队，2019）。渔业养殖面积为 11.44 万 hm²，其中，海水养殖面积和水产品产量分别为 9.48 万 hm² 和 34.42 万 t，品种有海参、日本对虾（*Penaeus japonicus*）、南美白对虾（*Litopenaeus vannamei*）、梭子蟹和半滑舌鳎（*Cynoglossus semilaevis*）等，海水养殖面积较大的类型为海参养殖和浅海养护，浅海养护品种以四角蛤蜊（*Mactra veneriformis*）、文蛤（*Meretrix meretrix*）、青蛤（*Cyclina sinensis*）、菲律宾蛤仔（*Ruditapes philippinarum*）、竹蛏等贝类为主；淡水养殖面积和水产品产量分别为 1.96 万 hm² 和 8.69 万 t，品种以淡水鱼、黄河口大闸蟹、黄河口鳖、南美白对虾等为主（山东省统计局和国家统计局山东调查总队，2019；东营市史志办公室，2018）。海洋捕捞产量为 6.91 万 t，主要品种有鲅、梭鱼（*Chelon haematocheilus*）、海蜇、中国毛虾（*Acetes chinensis*）、中国对虾、梭子蟹、四角蛤蜊等；内陆捕捞量为 0.38 万 t（山东省统计局和国家统计局山东调查总队，2019；东营市史志办公室，2018）。

2017 年，山东省发展和改革委员会、海洋与渔业厅印发《山东省海洋牧场建设规划（2017—2020 年）》，将黄河三角洲海域作为海洋牧场建设重点区域，东营市开展底播、游钓、田园三种类型海洋牧场建设，开展投礁、装备型海洋牧场实验，推行"科研单位＋龙头企业＋合作社＋渔户"及"大渔带小渔"模式（东营市史志办公室，2018）。截至 2018 年，东营市海洋牧场面积为 1.47 万 hm²，投放贝类苗种 5 亿单位，累计投资 1 亿元[中共东营市委党史研究院（东营市地方史志研究院），2019]；推进通和、海盈、康华、鲁鑫等 4 个省级海洋牧场和 3 个海洋牧场综合管理平台的建设，建成 20 个大型深水网箱，建成山东省最大的海洋牧场综合管理平台"黄河口—垦利号"[东营市史志办公室，2018；中共东营市委党史研究院（东营市地方史志研究院），2019]。

三、区域发展战略机遇

2009 年、2011 年，国务院相继正式批复了《黄河三角洲高效生态经济区发展规划》和《山东半岛蓝色经济区发展规划》，2018 年，山东省人民政府印发《山东省新旧动能转换重大工程实施规划》，三个规划的实施，为黄河三角洲经济社会发展带来重大战略机遇，为能源资源高效利用提供了契机（邓卫华和滕军伟，2009；袁军宝和陈灏，2011；山东省人民政府办公厅，2018）。

（一）《黄河三角洲高效生态经济区发展规划》概况

2009 年 11 月 23 日，国务院正式批复《黄河三角洲高效生态经济区发展规划》，规划陆地面积 2.65 万 km²，占山东全省面积的 1/6，包括东营市，滨州市，潍坊市寒亭区、寿光市、昌邑市，德州市乐陵市、庆云县，淄博市高青县和烟台市莱州市，共 19 个县（市、区）（邓卫华和滕军伟，2009）。《黄河三角洲高效生态经济区发展规划》主要是通过资源高效利用和生态环境改善来率先转变发展方式，使黄河三角洲地区成为环渤海具有高效生态经济特色的重要区域、特色产业基地及后备土地资源开发区，进而推进国家区域可持续发展战略的实施，并在东北亚经济合作中发挥重要作用（邓卫华和滕军伟，2009）。该规划以经济社会发展与资源环境承载力相适应为目标，通过优化产业结构、完善基础设施、推进基本公共服务均等化、创新体制机制，形成高效生态经济发展新模式，进而建成经济环境均衡发展的国家级高效生态经济示范区（邓卫华和滕军伟，2009）。

（二）《山东半岛蓝色经济区发展规划》概况

2011年1月4日，国务院正式批复《山东半岛蓝色经济区发展规划》，规划海域和陆域面积分别为15.95万km²和6.4万km²，海域包括山东省全部海域，陆域包括东营、潍坊、威海、烟台、青岛、日照6市及滨州市无棣县、沾化县（袁军宝和陈灏，2011）。《山东半岛蓝色经济区发展规划》是在中国加快转变发展方式及优化沿海空间布局战略需求的背景下，基于山东半岛对外开放战略位置，发挥其在海洋产业科技及生态环境方面的优势，通过提升海洋科技自主创新能力、建立现代海洋产业体系、改善海陆生态环境质量、完善海洋经济对外开放格局，已建成现代海洋产业集聚区、海洋科技教育核心区、海洋经济改革开放先行区和海洋生态文明示范区，进而提升山东半岛蓝色经济区对中国海洋经济发展的引领示范作用（袁军宝和陈灏，2011）。

《黄河三角洲高效生态经济区发展规划》和《山东半岛蓝色经济区发展规划》的实施，为黄河三角洲地区社会经济发展带来重大机遇，使其上升到国家战略层面的规划部署，成为山东省经济社会发展的重要引擎。

（三）《山东省新旧动能转换重大工程实施规划》概况

2018年2月13日，山东省人民政府印发《山东省新旧动能转换重大工程实施规划》，规划范围包括济南、青岛、烟台3市，以及包括东营在内的其他14市的国家级、省级经济技术开发区、高新技术产业开发区和海关特殊监管区（山东省人民政府办公厅，2018）。

《山东省新旧动能转换重大工程实施规划》是在全国推进新旧动能转换的背景下，以产业发展与生态环境保护协调共进为目标，通过深化改革创新，形成可复制推广的经验模式，提供绿色低碳循环发展动能示范（山东省人民政府办公厅，2018）。《山东省新旧动能转换重大工程实施规划》中，关于"发展新兴产业培育形成新动能"，提出了高水平建设"海上粮仓"、国家海洋牧场示范区，通过技术攻关，培育海水增养殖优质品种和健康苗种，进而促进东营等地黄河三角洲国家生态渔业基地的建设；关于"提升传统产业改造形成新动能"，提出了通过综合应用工程装备技术、生物技术、信息技术、环境技术，加强良种培育、加快发展设施农业、推进农业标准化生产及全程化监管、提升农产品质量安全，实施农业科技创新工程和渤海粮仓科技示范工程，从而增加绿色优质农产品，建设黄河三角洲农业高新技术产业示范区（山东省人民政府办公厅，2018）。

《山东省新旧动能转换重大工程实施规划》的实施，为黄河三角洲地区能源资源高效利用、发展海洋牧场新兴产业、促进农业产业改造提供了契机，但是，在为黄河三角洲经济社会发展带来重大机遇的同时，也对自然资源和能源高效利用、环境与生态有效保护等提出了新的挑战。

第三节　区域生态环境保护

伴随着油气开发和工农业的发展，黄河三角洲地区的社会经济生活、生态环境发生了重要变化。产业发展带来巨大经济效益，极大地提高了人民的生活水平，同时不可避免地带来了一定的环境问题。油气开发是一种大规模的生产活动，在勘探、开发、输运、加工等整个生产过程中，不可避免地会对生态环境造成各种影响，甚至产生破坏，造成环境与资源的价值损失。不仅如此，黄河三角洲地区的生态环境还受到整个黄河流域的显著影响，流域范围内的水资源开发利用、土地利用变化、生态保护措施等都对位于河口位置的黄河三角洲有不容忽视的影响。

一、主要的生态环境问题

（一）黄河入海泥沙持续减少，淡水资源紧张

根据实测资料统计，利津站 20 世纪 90 年代平均年水量仅为 50 年代的 26.5%，平均汛期水量为 50 年代的 26.6%，其中 1997 年为历史最枯年，水量仅为 $19.1 \times 10^8 m^3$。与水量变化相一致，沙量也呈明显的减少趋势（薄宏波等，2013）。尾闾河道萎缩过程与水沙条件有良好的响应关系，尾闾河道的平滩流量、断面形态分别与黄河口年际、汛期水沙条件关系密切（张治昊和胡春宏，2007；张治昊，2010）。

黄河三角洲自然保护区的淡水资源由两部分组成，其中一部分是当地的水资源，另一部分是黄河的水资源。从降水量来看，当地的降水量较少，地表径流量较低，春季和冬季降水量较夏季和秋季少，地下水的获取也极为有限，由于黄河三角洲自然保护区地处黄河入海口，因此附近水域相比于内陆水域含盐量高，淡盐水是其附近水域的主要组成部分，居民饮用水和可以用来浇灌庄稼的淡水资源紧缺，湿地生态系统的淡水资源紧缺形势非常严峻。

（二）工农业排污增加，污染程度加剧

黄河三角洲湿地的污染主要有石油污染、化肥农药污染、生活垃圾污染等。胜利油田部分油气资源区与黄河三角洲自然保护区在地域上严重交叉，勘探开发石油势必破坏地表自然生态。保护区内有大量农田，因此化肥和农药的大量使用造成了大面积的污染。黄河三角洲部分地区的地表水污染突出，区域内有数量众

多的河流，但大部分河流已经不再清澈。黄河三角洲地区共有 19 条河流，其中 15 条已经被重度污染，3 条被轻度污染。黄河三角洲有机物污染较多，导致河流污染的主要原因有两个，一个是外来水污染严重，另一个是区域内自身的污染。外来水污染严重是由于过境河流较多，一些河流是上游城市的排污河道。在自身污染方面，黄河三角洲地区工业发展带来了较多的污染，年排放废水量逐渐增加，油田的开发使黄河三角洲地区被大量的落地原油污染，石油开采过程中排放的废水和泥浆也都流到河道之中，增加了水域的有机物污染（程义吉等，2004；宋守旺，2019）。

根据《山东省生态环境状况公报》，黄河三角洲自然保护区的湿地生态系统已经进入了亚健康的生态状态，湿地的水资源和土壤的污染已经达到了较为严重的程度，黄河向海中排放的污染物有石油、重金属和营养盐等，黄河所挟带的大量陆地污染物排放入海，导致湿地生态系统被严重污染，离陆地较近的水域出现了富营养化的情况。这样的污染加剧现状影响了生态功能的正常发挥，也引起了黄河三角洲自然保护区湿地生态系统中的物种数量逐渐减少，生物多样性受到了严重的威胁。近岸水体的浮游生物结构受到严重破坏，整个黄河三角洲地区的工业发展较快，油田开发力度大，导致黄河三角洲自然保护区受到的污染加剧。

（三）海岸带生态环境不稳定，湿地面积萎缩

由于入海流路变迁的影响，黄河三角洲岸线始终处于变化之中，行河的地方岸线迅速向深海处延伸，不行河的位置受海浪和潮流的作用，岸线出现蚀退，因此，黄河三角洲海岸带生态环境极不稳定。湿地的入水量下降后，土壤中各种无机盐和碱的含量显著增加，引起地面蒸发量的显著下降，生态退化问题严重。湿地生态系统最主要的特点就是在其中有大量的动植物生存，而这些动植物早已适应了黄河三角洲的水体环境，喜水的动植物本来依靠黄河三角洲自然保护区的环境才得以生存，而这种水体环境的改变严重影响了湿地动植物的生存，水体环境的恶化使得这些依赖于该片湿地生态资源的动植物数量大幅度减少（胡春宏和张治昊，2009）。

目前，黄河三角洲地区的自然资源和生态系统几乎都已遭到了不同程度的破坏，而在我国的东部沿海地区，黄河三角洲还具有拥有着丰富的后备土地资源这一优势，与长江三角洲、珠江三角洲地区相比，黄河三角洲区域的土地资源人均占有率最高，其中的湿地资源，给多种鸟类的迁徙、栖息提供了优越的环境，为多种濒危鸟类的保护和维持生态系统平衡提供了不可或缺的载体。无论是对于生态环境还是经济发展，黄河三角洲保护区的土地优势都体现了重要的驱动作用（宋守旺，2019）。

山东黄河三角洲国家级自然保护区湿地因黄河三角洲地区的经济发展而遭到

不同程度的破坏，大量的湿地被石油开采企业征收而用作油田开采场地，减少了黄河三角洲自然保护区湿地的面积（刘峰，2015）。湿地面积缩小主要由空气干燥、黄河来水量锐减、自然灾害的肆虐和湿地生态资源的非自然转化等因素引起，湿地因为各种各样的原因变成了人们居住的场所、转化为开采矿藏的场所、转变为无用的田地等。黄河三角洲湿地除湿地面积锐减的问题之外，湿地生态系统也面临着前所未有的考验，湿地因为面积锐减和环境污染也出现了物种多样性被破坏的局面。在河流带来污染的同时，湿地区域附近工业的污染也非常严重，不能不引起人们的高度重视，这也让湿地逐渐退化的情况雪上加霜（宋守旺，2019）。

二、生态环境保护与治理

黄河三角洲地区处于海洋和陆地生态系统的交错地带，生态环境相对比较脆弱。在全球气候环境变化的背景下，黄河三角洲部分地区出现了淡水资源减少、污染加重及湿地生态系统退化等一系列的环境和生态问题。有鉴于此，针对黄河三角洲生态环境保护问题，国家及地区采取了一定的措施来有效减弱生态破坏和环境恶化带来的影响，总结相关的措施，主要有以下四个方面。

（一）成立自然保护区，促进湿地生态系统保护

黄河是我国第二大河，以含沙量高而著称于世，每年挟带 15 亿 t 泥沙流向大海，在三角洲淤积了大面积新生陆地，平均每年新造陆地 2000 ～ 3000hm²，每年以 3km 的速度向渤海湾推进。黄河三角洲水源充足，植被丰富；又因处于黄河注入渤海的交汇处，水文条件独特，海水与淡水交汇，离子作用促进泥沙的絮凝沉降，形成了宽阔的泥滩（即河口湿地）；土壤含氮量高，有机质丰富，浮游生物繁盛，极适宜鸟类聚集，因此吸引了大量过境和栖息、繁殖的鸟类，同时，也提供了大片植物生长的土地。这片河口湿地的保护价值巨大。

自 1983 年东营建市后，黄河三角洲湿地和资源保护逐渐受到重视，1990 年黄河三角洲市级自然保护区批准建立，1991 年、1992 年相继晋升为省级和国家级自然保护区，主要保护新生河口湿地和珍稀濒危鸟类，并成立保护区管理局（山东黄河三角洲国家级自然保护区管理局，2016）。1993 ～ 1997 年，保护区相继加入"中国人与生物圈保护区网络""东亚—澳洲涉禽保护区网络""东北亚鹤类保护区网络"，1994 年开始，陆续被国家相关部委列为"湿地水域生态系统 16 处具有国际意义的重要保护地点"之一、"国家级示范自然保护区"、"国家环保科普基地"、"国家生态文明教育基地"，2013 年，国际湿地公约秘书处指定黄河三角洲国家级自然保护区为 Ramsar 国际重要湿地（山东黄河三角洲国家级自然保护区管理局，2016）。

保护区位于（37°34.768′～38°12.310′N，118°32.981′～119°20.450′E），地处渤海之滨，东营市境内，新、老黄河入海口的两侧，设一千二、黄河口、大汶流三个管理站，总面积约为15.3万hm²，其中，核心区、缓冲区和实验区的面积分别为5.94万hm²、1.12万hm²和8.23万hm²，其中陆地面积为8.27万hm²，潮间带面积为3.83万hm²，低潮时–3m浅海面积为3.21万hm²。保护区拥有世界上少有的河口湿地生态系统，海岸线长131km，黄河流经61km。

保护区是中国东部沿海最大的天然植被区，植被覆盖率为55.1%，其中天然植被占比91.9%，野大豆、芦苇沼泽、天然草地面积分别为4300hm²、26 513hm²、12 072hm²，盐地碱蓬、柽柳和罗布麻（*Apocynum venetum*）广布，森林覆盖率为17.4%，以自然柳林、人工刺槐林和人工杨树（*Populus simonii* var. *przewalskii*）林为主，人工刺槐林面积为5570hm²（山东黄河三角洲国家级自然保护区管理局，2016）。

黄河三角洲湿地类型多样，在提供气候调节、消浪护岸等生态系统功能与服务的同时，孕育了丰富珍贵的物种遗传资源，并为鸟类提供了重要的迁徙停歇地、越冬地和繁殖地，珍稀濒危鸟类众多。正因如此，黄河三角洲自然保护区的主要保护对象为新生湿地生态系统和珍稀濒危鸟类。保护区动植物共计2311种，国家一、二级重点保护动物分别为17种、73种，《濒危野生动植物种国际贸易公约》保护物种55种（附录Ⅰ、Ⅱ、Ⅲ种类各11种、36种、8种），遗传资源物种包括野大豆、柽柳、罗布麻、刀鲚（*Coilia ectenes*）、银鱼、翅碱蓬、藻类等（山东黄河三角洲国家级自然保护区管理局，2016）。

（二）统一黄河水资源调度，保证河口生态用水

黄河流域水资源匮乏。受流域经济发展和人口增加的影响，黄河水资源的供需矛盾日趋尖锐，其矛盾反映在河流生态系统中，就是出现的诸如河道断流、河床萎缩、水体纳污能力锐减、水环境污染和湿地功能衰退等一系列严重的生态失衡问题。保证和维持黄河生命水量，既是修复黄河生态系统，保障河流生态基本平衡和良性发育的重要内容，又是维持黄河健康生命最重要的战略举措。2004年黄河水利委员会（简称"黄委会"）党组从流域社会可持续发展的高度，审时度势提出了"维持黄河健康生命"的治黄新理论。如何以创新的思维和认识去思考、研究并身体力行地实践"维持黄河健康生命"治黄新理论，已成为全体治黄工作者实践黄河长治久安的具体任务和在今后工作中长期面临的问题。

保持黄河正常生命活力的基本水量要考虑三个方面的要求（许木启和黄玉瑶，1998）：人工塑造协调的水沙关系，使黄河下游主槽泥沙达到冲淤平衡的基本水量；满足水质功能所要求的基本水量；满足河口地区主体生物繁殖率和生物种群新陈代谢对淡水补给要求的基本水量。目前，利津水文站流量不小于50m³/s，仅具有

象征意义，因此需要通过研究确定出河口生态用水量，通过统一调度加以保证，远期可通过"南水北调"彻底解决。

刁口河流路是国家规定的黄河近期备用流路，是黄河三角洲生态保护的重点区域。自1976年5月，黄河改走清水沟流路入海后，截至2010年刁口河流路已停止过水34年。由于失去水量和泥沙供给，刁口河流路河道地形地貌发生了较大变化：流路河槽严重萎缩，两岸堤防工程残缺不全；河口附近海岸线蚀退，淡水湿地不断减少；沿岸生态系统恶化，区域内依赖黄河水沙资源发展的生物多样性受到破坏。

根据刁口河流路的现状，黄委会及时决策，开展黄河三角洲生态调水及刁口河流路恢复过水试验，在2010年汛初黄河调水调沙期间，实现刁口河流路全线过水。并且，逐步恢复刁口河流路输水输沙功能，改善和恢复河口三角洲生态系统，积极探索入海流路淤积延伸与海岸蚀退达到平衡的基本途径。

实施黄河三角洲生态调水及刁口河流路全线过水工程，是贯彻落实科学发展观、建设生态文明、促进黄河河口治理、改善黄河三角洲地区生态环境、促进黄河三角洲高效生态经济区建设、实现黄河三角洲地区经济社会又好又快发展的一项重大战略举措。具体说来，实现这一目标，一是可以避免刁口河流路继续萎缩，恢复和保持流路的行洪功能，与清水沟流路一起共同延长入海流路周期，减少对下游河道的不利反馈影响，确保河口防洪安全，确保黄河长治久安；二是可以充分利用黄河淡水资源对于黄河口生态系统恢复和黄河三角洲地区生态质量的决定性作用，有效缓解保护区湿地面积萎缩、改善生态环境恶化的不利局面，进一步促进黄河三角洲湿地核心区面积的恢复，改善河口地区生态环境，实现黄河三角洲生态系统的良性维持，提高这一地区的生态承载力；三是可以促进黄河水资源的进一步开发利用，确保河口地区水资源安全，为区域经济社会发展提供安全保障，以黄河水资源的可持续利用支持黄河三角洲高效生态经济区建设，支持河口地区经济社会的可持续发展；四是可以进一步探讨黄河口入海流路的演变规律，促进对黄河河口治理开发与管理基本规律和战略目标的研究，为制订并实施科学合理的黄河入海流路方案提供有力的科学技术支撑。

为了实现黄河三角洲生态调水及刁口河流路全线过水的目标，相关部门做了大量的前期工作。全面调查勘测、摸清流路现状，科学制订工程实施方案，进行了开挖引渠等一系列工程建设，使之具备了生态调水和全线过水的条件。下一步应该继续强化各项措施，认真协调、缜密布置，精心组织、细化责任，扎实推进，确保过水运行安全有效，确保刁口河流路全程恢复过水、水沙入海。还要加强对刁口河流路过水的观测、监测，做好对试验生态效果的科学分析评价工作，按照"维持黄河健康生命"的要求，立足当前、着眼长远、统筹考虑，进一步加强黄河口流路管理，切实把黄河入海流路管理好。

（三）开展湿地恢复实验，改善区域生态环境

黄河口生态地位和生态价值重要。黄河口丰富的湿地生物资源，是河口地区生态系统中能量的固定者和有机物质初级生产力的主要生产单元，河口湿地对维持黄河生态系统平衡、保护生物多样性和保护全球生态具有不可替代的战略意义。黄河口作为东北亚内陆和环太平洋西岸鸟类迁徙的重要中转站、越冬地和繁殖地，有鸟类 272 种，包括 42 种保护鸟类，属国家一级重点保护的鸟类有东方白鹳（*Ciconia boyciana*）、中华秋沙鸭（*Mergus squamatus*）、白尾海雕（*Haliaeetus albicilla*）、金雕（*Aquila chrysaetos*）、丹顶鹤（*Grus japonensis*）、白头鹤（*Grus monacha*）、大鸨（*Otis tarda*）等 12 种。分布有国家二级保护植物野大豆，以及 5 种保护兽类。在某种意义上讲，维持河口天然淡水湿地生态系统的良性发展，是保护河口湿地生物多样性和生态系统完整性的基础，也是保障河口湿地生态系统实现稳定平衡的最重要环节（陶思明，2000；唐娜等，2006）。

近几十年来，由于人类活动和自然因素的影响，全球湿地出现不同程度的退化，其恢复与重建已经是国际湿地学界前沿领域的研究热点和关键问题。中国及美国、加拿大、瑞典、芬兰、英国、澳大利亚、荷兰等国家在湿地恢复和重建方面做了大量研究，并取得了显著成果（张永泽和王煊，2001）。其中，美国及加拿大南部以富营养沼泽研究为主，通过工程及生物措施控制污染，来恢复湿地水质和生物多样性。针对黄河三角洲地区湿地退化的现状，唐娜等（2006）在黄河三角洲自然保护区下属的大汶流管理站的核心区内进行了芦苇湿地恢复的对比性实验研究，对于滨海湿地恢复有一定借鉴意义。

2002 年 7 月开始实施芦苇湿地恢复工程（周进等，2001），主要通过筑坝修堤，在雨季和黄河丰水期蓄积淡水，旱季则引水补充，蓄淡压盐，扩大芦苇湿地面积，提高芦苇质量，并形成一定水面，为鸟类取食、栖息提供良好的场所。由于恢复区地处黄河入海口，除天然降水外，恢复工程用水全部引自黄河。恢复区气候四季明显，芦苇湿地水质情况受季节变化影响明显。另外，由于地处黄河入海口，湿地土壤盐碱化程度也具有明显的季节性。相对来说，每年的春秋两季（4、5 月及 9、10 月）属降水量少的旱季，地表水径流循环较弱，导致水质差、土壤盐碱化加重，这些不良生境因素致使芦苇生长受抑。基于以上变化规律，为改善湿地土壤基底及水质，制订以下方案：每年 4 月上旬开始通过封育沟引黄河水向恢复区灌排，持续每日引水，以淡压碱，溶洗湿地表层土壤累积的盐分；直至丰水期黄河河道达到一定水位，可以通过桥涵向恢复区自流灌水；至 10 月下旬，灌水量逐渐减少。为充分保证恢复效果，在恢复过程中须尽量减少人为干扰。首先，严格禁止牲畜进入，避免践踏、啃食对芦苇的破坏。其次，在进入核心区的入口设置专职人员，控制机动车辆流通，防止火源进入，避免在芦苇收割季节造成火灾。

再次，限制农业开发活动，在恢复区严禁耕作及人员进入践踏。最后，防止偷猎者猎取湿地鸟类等动物资源，保证湿地作为生物栖息地的功能并保护生物多样性。

未恢复区湿地基本处于半闭流状态，裸地面积较大，占40%；明水面面积占15%，水深2～20cm；芦苇-黄蒿及翅碱蓬-补血草等耐盐碱植被群落面积占45%；土壤含盐量高，盐碱化现象严重，有大面积裸露地表并呈黑色，有明显盐分颗粒晶体析出；地表积水中少鱼虾，水禽栖息活动少见，生物多样性低。恢复区在工程实施后，生态环境得到初步改善，湿地水域面积明显扩大，明水面面积达60%；植被群落以芦苇、香蒲等水生植物为优势种，生长状况良好；有了作为动物食物来源的植物，并形成了优越的栖息、繁殖环境，有多种水生动物及珍稀鸟类栖息，其中一处面积较大的水域已形成湖区，总面积在500hm^{2}以上，有多达十万只野鸭栖息，形成了独特的湿地景观，生物多样性明显高于未恢复区。比较水质检验结果，恢复区水质显著优于未恢复区，地表水体得到显著改善，化学需氧量（COD）明显较低，间接反映出恢复区水体中有机质的含量相对较低；氮磷类营养物质的含量也明显低于未恢复区。从湿地植物群落特征来看，由于未恢复区湿地水域面积小、水位低，以及淡水资源补给不足等，土壤盐碱化严重，因而湿地水生植被较少，耐盐碱的盐生植物较多。在该区内，芦苇分布范围较广，但密度及盖度都低；而翅碱蓬由于耐盐碱性强，分布面积大，密度及盖度都高；黄蒿及碱蓬的分布范围也较广，补血草、獐茅、白茅、柽柳等耐盐碱性较强的植物均有较广分布范围。在恢复区，不仅形成了具有一定面积和深度的水域，还形成了以芦苇为优势种的水生植物群落，伴生有大量香蒲（*Typha przewalskii*）、水蓼、水稗（*Echinochloa phyllopogon*）、短穗石龙刍（*Lepironia mucronata* var. *compressa*）、荻（*Miscanthus sacchariflorus*）等水生、湿生植物，种类和数量多且生长旺盛，密度和盖度都大；翅碱蓬、柽柳及黄蒿的分布较广，密度较高；有野大豆、草木犀（*Melilotus officinalis*）、白茅、罗布麻等多种植物，生物多样性较为丰富。同时，湿地恢复区的盐分降低、有机质含量升高，芦苇植株密度较高，植株高大、粗壮，叶长而宽，地上及地下生物量均明显高于未恢复区，穗略显短小，反映出其生长情况较好，处于良好生境（周进等，2001）。

在黄河三角洲芦苇湿地生态环境恢复的同时，芦苇作为一种湿地植物资源，也为当地经济发展增加了创收的机会；同时，柽柳等经济植物以及珍稀鱼类资源也可以增加经济效益；湿地水环境恢复良好，珍稀鸟类与湿地独特生境组成的天然景观资源还具有开发生态旅游的潜力。湿地恢复的主要目的是提高湿地的生态效益，同时也应重视社会和经济效益，保证在不断提高生态效益的前提下，能实现区域社会、经济与生态的协调发展。此次恢复工程实施比较成功，为在湿地类型多、分布广的黄河三角洲内进一步扩大恢复范围与规模提供了借鉴实例，具有一定的指导意义（周进等，2001）。

（四）引导重视环境保护，发挥企业重要作用

油田是资源型企业，占地广，勘探、打井等作业对生态环境影响较大，进入正常采油后似乎可以得到较好恢复，因为油从地下管道走，管理活动也少。胜利油田部分油气资源区与黄河三角洲自然保护区在地域上严重交叉，保护区地界内现有油气井 700 多口，涉及油田 11 个（陶思明，2000），其中有些在保护区建立之前就有，有些则是在保护区建立之后扩建的。勘探开发石油势必破坏地表自然生态，恢复也需要一个过程（刘娟，2006），这就使保护区依法管理和油田正常生产都遇到了一些困难。特别是处于黄河三角洲保护区核心区的飞雁滩油田、新滩油田及处于缓冲区的红柳油田等，按照《中华人民共和国自然保护区条例》关于"在自然保护区的核心区和缓冲区内，不得建设任何生产设施"的规定，这些油田是不应该存在的。随着保护区管理工作逐渐落实，在保护区勘探开发油田遇到的问题也就越来越多，1998 年《国务院办公厅关于进一步加强自然保护区管理工作的通知》下发后，新滩油田、红柳油田、飞雁滩油田除已投产油井继续生产外，其余生产建设活动有些受阻，有些停止施工。有的勘探区在潮间带，也是保护区的核心区，因不能确定是否准予开发，已投资修建的探井平台及道路不能及时维修，被潮水冲垮。在油田生产开发与生态保护的冲突中，有关各方既有共同的认识，如要坚持资源开发与生态保护兼顾的原则，实现经济建设与环境保护协调发展等，又有一些不同的要求，如保护区管理局提出严格按照国家法律法规要求，对保护区内生产项目进行清理整顿，依法处理，新上项目依照程序进行环评报批等，但胜利油田则提出对保护区重新划界，缩小保护区面积，在继续保留的保护区中油田撤退，不再进行生产，从保护区划出的地方，油田安排正常生产，并把对湿地生态系统的不利影响降到最低。

胜利油田在自我发展的同时，也对黄河三角洲开发建设起到了显著的带动作用。油田累计投资 50 多亿元建成了交通、水利、电力、通信等骨干工程，昔日"晴天白茫茫，雨天水汪汪，人无歇脚处，鸟无做窝树"的盐碱荒滩，如今已成为美丽的东营市。黄河三角洲正在变成一块"热土"，日益引起国内外的关注，联合国开发计划署支持《中国 21 世纪议程》的第一个项目即"黄河三角洲持续发展"项目（陈丽，2012）。

胜利油田也十分重视环境保护，多年来坚持环保与开发并重，投入大量资金用于环境保护，年均达 2000 多万元。他们制定了加强油田勘探开发环境保护的规定，开展"采油污水不外排"活动，创造"生产全过程控制，建设清洁文明矿区"经验，创立"十大无污染作业法""作业、采油环保交接书制度"等，有效地提高了油田污染防治工作水平，得到环境保护行政主管部门的积极评价。1998 年，

胜利油田被山东省人民政府评为环境保护先进单位。油田先后有 5 个单位荣获国家级"环保先进企业"称号，30 个二级单位获省部级"环保先进单位"称号。胜利油田还建成平原水库 121 座，蓄水能力 4 亿 m^3，在为当地城镇居民和工农业用水提供保障的同时，也改善了生态环境，增加了鸟类栖息地。

第四节　小　　结

本章简要介绍了黄河三角洲区域的自然地理特征和经济社会发展特征，并对区域开发过程中存在的主要生态环境问题以及相应的生态环境保护与治理措施等进行了总结。黄河三角洲位于渤海西岸的海岸带区域，山东省北部黄河的入海口处，地处渤海湾和莱州湾的交界处，是黄河挟带大量泥沙入海不断冲积而形成的冲积平原，受河海双重影响，是地球上海陆变迁最活跃的地区之一。这种地理位置及成因等的特殊性造就了该区域独特的自然环境特征和丰富的自然资源，尤其是广阔的新生河口湿地生态系统以及孕育其中的丰富的矿产资源、植物资源、动物资源等。该区域自大规模油气资源开发以来，尤其是建立东营市之后，迎来了经济社会快速发展的阶段，近年来，人口不断增长，各个产业增加值的增速较为突出，区域经济实力不断增强；进入 21 世纪以来，随着若干个区域发展战略的相继实施，黄河三角洲区域开启了新一轮的经济社会快速发展阶段。

伴随着油气资源开发和工农业的快速发展，黄河三角洲地区的社会经济和生态环境发生了显著的变化。产业快速发展带来巨大的经济效益，极大地提高了人民的生活水平，同时也不可避免地带来了一定的环境和生态问题。对区域开发与生态环境保护现状进行梳理和分析，归纳出黄河三角洲区域主要的生态环境问题，包括：①黄河入海泥沙持续减少，淡水资源紧张；②工农业排污增加，污染程度加剧；③海岸带生态环境不稳定，湿地面积萎缩。针对以上问题，国家及区域层面相继采取了一定的措施来有效减轻生态破坏和环境恶化带来的影响，总结这些措施，主要包括：①成立自然保护区，促进湿地生态系统保护；②统一黄河水资源调度，保证河口生态用水；③开展湿地恢复实验，改善区域生态环境；④引导重视环境保护，发挥企业重要作用。

参考文献

安乐生, 周葆华, 赵全升, 等. 2017. 黄河三角洲植被空间分布特征及其环境解释. 生态学报, 37(20): 6809-6817.

薄宏波, 胡健, 刘新兵, 等. 2013. 黄河三角洲生态环境面临的主要问题与治理措施建议. 水利科技与经济, 19(2): 33-34.

陈丽. 2012. 油气田开发对黄河三角洲环境的影响对策研究. 中国石油大学（华东）博士学位论文.

程义吉, 杨晓阳, 孙效功. 2004. 黄河口清 8 汊河海域冲淤变化分析. 人民黄河, 26(11): 17-18.

邓卫华, 滕军伟. 2009. 国务院批复 " 黄河三角洲高效生态经济区发展规划 ". 新华社. 中央政府
门户网站: http://www.gov.cn/jrzg/2009-12/03/content_1479474.htm, [2009-12-03/2020-03-27].

东营市史志办公室. 2018. 东营年鉴 2018. 北京: 中华书局.

东营市统计局, 国家统计局东营调查队. 2016. 东营统计年鉴 2016. 北京: 中国统计出版社.

东营市统计局, 国家统计局东营调查队. 2019. 东营统计年鉴 2019. 北京: 中国统计出版社.

高茂生, 叶思源, 史贵军, 等. 2010. 潮汐作用下的滨海湿地浅层地下水动态变化. 水文地质工程
地质, 37(4): 24-27, 37.

高茂生, 叶思源, 张国臣. 2012. 现代黄河三角洲滨海湿地生态水文环境脆弱性. 水文地质工程地
质, 39(5): 111-115.

胡春宏, 张治昊. 2009. 黄河口尾闾河道平滩流量与水沙过程响应关系. 水科学进展, 20(2): 209-
214.

李高伟, 韩美, 张东启. 2017. 1961—2013 年黄河三角洲气候变化趋势研究. 人民黄河, 39(1): 30-
37.

李云飞. 2016. 黄河入海水沙特征与三角洲海岸线变化对调水调沙的响应研究. 郑州大学硕士学
位论文.

刘峰. 2015. 黄河三角洲湿地水生态系统污染、退化与湿地修复的初步研究. 中国海洋大学博士
学位论文.

刘娟. 2006. 胜利油田开发中的生态环境保护研究. 中国石油大学硕士学位论文.

刘清志. 2014. 黄河三角洲生物资源可持续利用的对策. 中国石油大学学报 (社会科学版), 30(6):
36-40.

庞家珍, 司书亨. 1979. 黄河河口演变 I. 近代历史变迁. 海洋湖沼通报, 10(2): 136-141.

任韧希子. 2012. 黄河三角洲沉积特征与环境演变研究. 华东师范大学博士学位论文.

山东黄河三角洲国家级自然保护区管理局. 2016. 山东黄河三角洲国家级自然保护区详细规划
(2014—2020 年). 北京: 中国林业出版社.

山东省人民政府办公厅. 2018. 山东省新旧动能转换重大工程实施规划 (鲁政发〔2018〕7 号).

山东省统计局, 国家统计局山东调查总队. 2017. 山东统计年鉴 2017. 北京: 中国统计出版社.

山东省统计局, 国家统计局山东调查总队. 2019. 山东统计年鉴 2019. 北京: 中国统计出版社.

时连强, 李九发, 应铭, 等. 2005. 近、现代黄河三角洲发育演变研究进展. 海洋科学进展, 23(1):
96-104.

宋守旺. 2019. 黄河三角洲保护区自然资源的开发与保护. 环境与发展, (1): 188-189.

唐娜, 崔保山, 赵欣胜. 2006. 黄河三角洲芦苇湿地的恢复. 生态学报, 26(8): 2616-2624.

陶思明. 2000. 黄河三角洲湿地生态与石油生产: 保护、冲突和协调发展. 环境保护, 6: 26-28.

王海梅, 李政海, 宋国宝, 等. 2006. 黄河三角洲植被分布、土地利用类型与土壤理化性状关系的
初步研究. 内蒙古大学学报 (自然科学版), 37(1): 69-75.

王锦. 2009. 黄河三角洲湿地质环境与植被分布模式的关系研究. 中国地质大学 (北京) 硕士
学位论文.

王奎峰, 张太平, 王岳林, 等. 2018. 黄河三角洲高效生态经济区海岸带地貌环境特征及发育模式.
山东国土资源, 34(5): 87-94.

王利娇. 2017. 黄河三角洲湿地演变的水文驱动机制研究. 华北水利水电大学硕士学位论文.

吴立新. 2015. 黄河三角洲水资源保护现状与对策. 科技与企业, (18): 101.

许木启, 黄玉瑶. 1998. 受损水域生态系统恢复与重建研究. 生态学报, 18(5): 547-558.

袁军宝, 陈灏. 2011. 山东半岛蓝色经济区建设正式上升为国家战略. 新华社. 中央政府门户网站: http://www.gov.cn/jrzg/2011-01/07/content_1779792.htm [2011-01-07/2020-03-27].

张翠, 史丽华. 2015. 黄河三角洲气候变化及其湿地水文响应研究. 安徽农业科学, 43(26): 234-236.

张建锋, 邢尚军, 孙启祥, 等. 2006. 黄河三角洲植被资源及其特征分析. 水土保持研究, 13(1): 100-102.

张晓龙, 李萍, 刘乐军, 等. 2009. 黄河三角洲湿地生物多样性及其保护. 海岸工程, 28(3): 33-39.

张绪良, 叶思源, 印萍, 等. 2009. 黄河三角洲自然湿地植被的特征及演化. 生态环境学报, 18(1): 292-298.

张永泽, 王煊. 2001. 自然湿地生态恢复研究综述. 生态学报, 21(2): 309-314.

张治昊. 2010. 黄河口尾闾河道萎缩过程与水沙条件的关系. 水电能源科学, 28(12): 51-53.

张治昊, 胡春宏. 2007. 黄河口水沙过程变异及其对河口海岸造陆的影响. 水科学进展, 18(3): 336-341.

赵越. 2012. 近20年黄河三角洲湿地景观格局分析. 中国地质大学(北京)硕士学位论文.

中共东营市委党史研究院(东营市地方史志研究院). 2019. 东营年鉴2019. 北京: 中华书局.

周进, Tachibana H, 李伟, 等. 2001. 受损湿地植被的恢复与重建研究进展. 植物生态学报, 21(5): 561-572.

朱书玉, 王伟华, 王玉珍, 等. 2011. 黄河三角洲自然保护区湿地恢复与生物多样性保护. 北京林业大学学报, 33(2): 1-5.

左明, 刘志国, 刘艳芬, 等. 2014. 黄河三角洲地区禾本科植物种类及生态价值探讨. 浙江农业科学, (4): 581-583.

第二章

土地利用／覆盖及主要人工地物变化特征 [1]

---

① 本章作者为中国科学院烟台海岸带研究所的刘玉斌、徐鹤、王晓利、侯西勇。

黄河三角洲具有独特的地理位置，受到河、海、陆、气交互作用，造就了独特的河口三角洲自然环境和湿地生态系统，成为国际上研究河口三角洲湿地环境和生态系统特征、演化及发展规律的典型案例区，近年来受到越来越多国内外学者的关注。目前，针对黄河三角洲湿地生态系统已经开展了大量的研究，其中，发挥地球信息科学和技术的优势，对区域土地利用／覆盖进行分类制图和动态监测，以及对特征地物（尤其是关键的人工地物）进行识别、制图及分布特征研究，从而在较为宏观的尺度分析和揭示区域生境分布与变化的特征、规律及态势，是近年来研究的热点问题之一。黄河三角洲环境和生态系统变化迅速，具有不稳定性，因而，对该区域的土地利用／覆盖变化以及主要人工地物进行长时期的、持续的和动态的监测研究是多学科研究的重要基础。本章基于多时相中、高分辨率的卫星影像数据，从黄河三角洲湿地环境和生态的客观特征出发，并参考已有的研究成果以及野外调查资料，建立黄河三角洲土地利用／覆盖分类系统，并针对多种卫星影像数据源构建不同地类及地物的遥感影像解译标志数据库；在此基础上，主要运用目视解译的方法获得 2000 年、2005 年、2010 年、2015 年的土地利用／覆盖分类数据以及近期风机、油井、道路 3 种主要人工地物的分布数据，通过分析，揭示黄河三角洲土地利用／覆盖及主要人工地物的时空变化特征。

第一节　黄河三角洲土地利用／覆盖变化监测

一、土地利用／覆盖制图及时空特征分析方法

（一）土地利用／覆盖分类系统与解译标志

土地是各种陆地及淡水生态系统的载体，是人类生存、繁衍与发展的物质基础和前提（王万茂和韩桐魁，2005）。土地利用是指人类按照某种意图（如社会经济目的）对土地自然属性的一种长期或周期性的开发利用方式（Badruddin，1995）；土地覆盖是指自然营造物和人工建筑物所覆盖的地表诸要素的综合体，包括地表植被、土壤、湖泊、沼泽湿地及各种建筑物（如道路等），具有特定的时空属性（杨立民和朱智良，1999）。生境是指物种或物种群体赖以生存的生态环境（吴鹏飞和朱波，2008），土地利用变化作用于自然生境主要是通过改变土地覆盖形式而实现的，因此，"土地利用变化"与"土地覆盖变化"紧密联系，经常不予细分，而统称为土地利用／覆盖变化（邸向红等，2014）。详细的、高精度的土地利用／覆盖制图及动态监测是土地利用／覆盖变化研究的重要基础。

土地利用／覆盖分类系统是土地利用／覆盖数据建立和变化特征研究的重要

前提（宫攀等，2006；侯婉和侯西勇，2018）。规范而合理的土地利用/覆盖分类系统有助于充分了解区域土地利用/覆盖类型的基本属性及其结构特征，还可为实现土地资源动态监测、有效调控及规划利用奠定基础。河口与海岸带区域湿地生境广布，是土地利用/覆盖分类系统中非常重要的部分。关于河口与海岸带区域的土地利用/覆盖分类系统，由于所采用的概念、研究目的和方法以及湿地的地域性存在差异等，不同国家、不同的管理部门以及不同学者所采用的分类系统也存在一定的差异，尚未形成具有普适性的分类系统（叶庆华，2010；陆兆华，2013；Grekousis et al.，2015；宫鹏等，2016）。专门的湿地生境分类系统中，国际上使用最为广泛的是《关于特别是作为水禽栖息地的国际重要湿地公约》（简称《湿地公约》），其将海洋和海岸湿地细分为多达12个类型（表2.1）。专门针对海岸带区域土地利用/覆盖分类系统的讨论并不多见，尤其是在较大的时空尺度上；在国家尺度相关的论述中，具有较大影响力或代表性的有：美国海岸带变化分析计划（C-CAP）的土地覆盖分类系统（Klemas et al.，1993）、澳大利亚土地利用与管理（ALUM）的分类系统（ABARES and AGDAFF，2010）和中国海岸带土地利用分类系统（邸向红等，2014）。

表 2.1　《湿地公约》的湿地分类系统

一级类型	二级类型	三级类型
天然湿地	海洋和海岸湿地	浅海水域、海草床、珊瑚礁、岩石性海岸、沙滩或鹅卵石海岸、河口水域、潮间带海涂、咸水沼泽、红树林/潮间带森林、海岸性咸水湖、海岸性淡水湖、三角洲
	内陆湿地	河流/溪流、淡水湖、咸水湖、淡水沼泽/池塘、泥滩藓沼泽、苔原/高山湿地、灌丛湿地、林木湿地、淡水泉（包括绿洲）、地热湿地
人工湿地		池塘、灌溉地（包括稻田）、盐田、水库、运河、污水处理厂等

本研究在参考前人分类研究成果的基础上，参考机构组织和国家尺度的分类系统（《湿地公约》《中国生态分类系统标准》《土地利用现状分类》（GB/T 21010—2017）等的分类系统）及相关学者提出的分类系统等（Hansen et al.，2000；Di Gregorio and Jansen，2000；邸向红等，2014；Ning et al.，2015），结合在黄河三角洲区域野外实地调查所获得的湿地环境和生态现状特征的相关资料，陆海兼顾，既考虑黄河三角洲生境自身特征，又兼顾人类活动的影响程度，并且考虑多源、多类型卫星影像数据的可获取性及其对土地利用/覆盖类型的解析能力，提出黄河三角洲土地利用/覆盖分类系统，分为8个一级类型、26个二级类型（表2.2）。

表 2.2 黄河三角洲土地利用 / 覆盖分类系统

一级类型		二级类型		含义
代码	名称	代码	名称	
1	建设用地	11	城镇用地	指城市及县镇以上建成区用于生活居住的各类房屋用地及其附属设施用地，包括普通住宅、公寓、别墅等用地
		12	农村居民点	指县镇以下的居民点用地，即农村用于生活居住的宅基地
		13	工矿用地	指工业、采矿、仓储用地
		14	交通用地	指主干路、次干路和支路用地，包括其交叉路口用地和交通枢纽用地（城镇之外的车站、机场等），不包括居住用地、工业用地等内部的道路用地
2	耕地	21	水田	指有灌溉水源保证和灌溉设施，在一般年景能正常灌溉，用以种植水稻（*Oryza sativa* var. *glutinosa*）、莲（*Nelumbo nucifera*）等水生农作物的耕地，包括实行水稻和旱地作物轮种的耕地
		22	旱地	无灌溉水源及灌溉设施，靠天然降水生长作物的耕地；有灌溉水源和灌溉设施，在一般年景下能正常灌溉的旱作物耕地；以种菜为主的耕地、蔬菜大棚地；正常轮作的休闲地和轮歇地
3	林草地	31	有林地	指郁闭度＞20%的天然林和人工林，包括有林地、经济林地、防护林地等成片林地
		32	灌木林地	指郁闭度＞40%、高度在2m以下的矮林地和灌丛林地
		33	其他林地	包括疏林地、未成林造林地、迹地、苗圃和各类园地（果园、桑园、茶园及其他作物园地）
		34	草地	指土地表层盐碱聚集少，在各种自然因素长期作用下形成的草场，以天然草本植物为主，用于放牧或割草
4	内陆水体	41	河渠	指天然形成或人工开挖的河流及主干渠常年水位以下的土地
		42	湖泊	指陆域环境上天然形成的积水区及常年水位以下的有一定规模且不与海洋发生直接联系的水体
		43	水库坑塘	指人工修建形成的蓄水区及常年水位以下的土地
		44	沿海潟湖	有通道与海水相连的海岸性咸、碱水湖
		45	河口水域	从近口段的潮区界（潮差为零）至口外海滨段的淡水舌峰缘之间的永久性水域
5	滨海盐碱地	51	芦苇盐碱地	指表层盐碱聚集，生长天然耐盐植物芦苇的土地
		52	柽柳盐碱地	指表层盐碱聚集，生长天然耐盐植物柽柳的土地
		53	碱蓬盐碱地	指表层盐碱聚集，生长天然耐盐植物碱蓬的土地
		54	灌草盐碱地	指不易区分优势种、生长天然耐盐植物（芦苇、柽柳、碱蓬等植被）的土地
		55	滩涂盐碱地	指无植被覆盖的沿海大潮高潮位与低潮位之间的潮侵地带

续表

一级类型		二级类型		含义
代码	名称	代码	名称	
6	盐田养殖地	61	盐田	人工修建的洼地，导入海水后蒸发制盐的滩涂
		62	养殖地	内陆及海岸带人工修建或利用自然形成的池塘进行水生生物养殖的养殖地（有明显人工构筑物，高潮位也基本不受影响的养殖区）
7	未利用地	71	未利用地	指表层为土质，基本无植被覆盖的土地或表层为岩石、石砾，包括裸土地、裸岩石砾地、土堆和不明地类等
8	浅海水域	81	海草床	大面积的连片能在浅海环境中生存的显花植物及生长于河口区和其他的一些咸水环境中的水生植物
		82	海洋牧场	利用天然浅海水域进行海产品养殖的区域
		83	其他浅海水域	浅海底部基质为无机部分组成、植被盖度小的区域，多数情况下低潮时水深小于6m

　　基于土地利用／覆盖分类系统，建立各个类型的遥感影像解译标志，能够有助于在土地利用／覆盖分类过程中提高信息采集的效率，以及充分保证提取结果的准确性、客观性、统一性。影像解译标志的建立能直接反映判别地物信息的影像特征，解译者利用这些标志在卫星影像上识别地类、地物的性质、类型或状况，有利于解译者对遥感信息做出正确判断和快速采集，对于采用人机交互方式从遥感影像上采集地类、地物等基础地理信息数据是十分必要的，尤其是在研究区范围较大、时序较长、研究人员知识背景差异较大且外业踏勘条件受到较多限制的情况下，可以使研究人员迅速适应解译区的地类、地物和解译采集要求。

　　同一地类在不同传感器卫星影像数据上的成像特征是不一样的，而同类传感器卫星影像上分布于不同位置的同一地类的成像特征也是不一样的，因此，应将不同类型影像同一地类、同类影像不同位置的同一地类进行归并，建立遥感影像地类解译标志检索库，以便于在应用多源、多时相遥感影像进行生境分类制图时能够快速查询和比对，从而提高分类精度和工作效率。

　　本研究对黄河三角洲区域的土地利用／覆盖类型进行了详细的野外考察，考察线路和样点的布设遵循由海向陆、沿黄河及某些道路两侧合理分布的原则，同时也兼顾交通便利、采样方便；所获得的采样点具有沿海密集、内陆稀疏的特点，考察过程中获取和记录样点的生境类型、植被优势种、经纬度坐标等信息，拍摄现场实景照片并记录考察的日期和时间等信息。所使用的卫星影像数据源较为多样，以多时相中、高分辨率卫星影像为主，包括Landsat、SPOT和高分二号（GF-2）影像数据（附录1～附录3），同时，利用谷歌地球（Google Earth）影像数据辅助于土地利用／覆盖类型的判断。借鉴前人的经验知识，主要依据遥感影像的颜色、纹理等特征，判断和识别不同的地物类型，实现遥感影像地类与实际景观一一对应，从而建立了 Landsat、高分二号、SPOT 影像以及谷歌地球影像的解译标志数据库（附录 4 ～附录 7）。

（二）土地利用／覆盖制图的技术与方法

遥感影像解译是根据影像的颜色、纹理等特征，以及地物几何特征、物理性质和空间分布等的先验知识，从遥感影像上获取地物的类型、分布、属性等信息的过程。传统的遥感影像解译方法包括目视解译和计算机解译两种类型，适用于空间分辨率相对较低的多光谱影像数据。其中，目视解译是专业人员通过直接观察或借助判读仪器，根据地物在遥感影像上的色（色调、颜色、阴影、反差等）和形（形状、大小、空间分布、纹理特征等）进行分析、识别及提取地物信息的过程；计算机解译则是在计算机系统支持下，综合运用地学分析、遥感影像处理、地理信息系统、模式识别技能和人工智能技术，根据遥感影像中目标地物的各种图像特征（色差、形状、纹理与空间分布等），综合地物的解译经验和成像规律等知识进行分析和推理，实现地学专题信息的智能化获取（邓书斌，2010）。

目视解译方法的优点包括：能够较为直观地判断影像上的地物、地类，更能根据专业背景知识，通过肉眼观察，经过综合分析、逻辑推理、验证检查等过程，将遥感影像所包含的地物信息提取和解析出来（党杨梅等，2009）；能够准确判断影像的边缘，准确地分辨相似光谱的边界，尤其是在全色影像的光谱信息不是很丰富的情况下，目视解译更能显示出优越性。而计算机解译，只是通过建立较为完善的遥感信息解译模型，实现计算机对遥感数据的自动处理并解译和提取所需的地理信息数据，虽可提高遥感数据提取和判读速度，但提取质量远不如目视解译高，对于较粗犷的调查较适用。此外，计算机解译方法受到卫星影像数据"同物异谱"和"异物同谱"现象的影响与制约，错判、误判问题较为突出，尤其是在研究区面积较大、时相较多的情况下，适用性较低。本研究对生境类型解译结果要求较高的边缘准确性，不宜采用计算机解译方法。因其不能加入权属、分类、等需判断、分析诸多因素，数据采集不够客观，改动性比较大，不能够起到减少工作量、提高工作效率的作用。因而，本研究采用目视解译的方法完成遥感影像解译，获得多时相的土地利用／覆盖数据。

在进行卫星影像地物目视解译时，为了能够科学、客观、真实地反映研究区地物真实情况，一般遵循以下原则：①科学性原则，地物的解译必须秉承科学客观的基本原则，以保证解译结果能反映地物的实际情况；②合理性原则，地物解译方法必须科学合理，具有说服力，以确保地物解译的合理性和可信性；③实用性原则，对地物的解译必须实用可行，可操作性强；④简单性原则，地物的解译在确保满足需求、精度足够的前提下，分类系统及具体的解译方法和技术流程越简单越好。由于不同地物在遥感影像上特征的差异，要科学、客观、真实地反映某一地物的真实情况，适用的遥感影像解译方法也存在差别，要根据具体问题具体分析。

在实际的遥感影像解译过程中，应按照从已知到未知、先易后难、先整体后局部、先宏观后微观的工作过程来进行。具体而言，宜先掌握整个解译区域的基本情况，确定整体的轮廓和宏观分异特征，根据区域地类组成特点和分布特征，逐渐深入，逐步细化地类、地物；先解译自己最熟悉、掌握最准确的地类和地物，如水体、居民点、道路、耕地、林地等较为直观的地类、地物；在此基础上，根据客观规律和影像特征、权属界线等相关信息，推理、判断不易区分的地类和地物。

基于所建立的黄河三角洲土地利用 / 覆盖分类系统和多源卫星影像解译标志数据库，利用 ArcGIS 10.1 软件，运用目视解译的方法获得黄河三角洲 2000 年、2005 年、2010 年和 2015 年的土地利用 / 覆盖类型分布图，具体的遥感影像解译技术流程如图 2.1 所示。

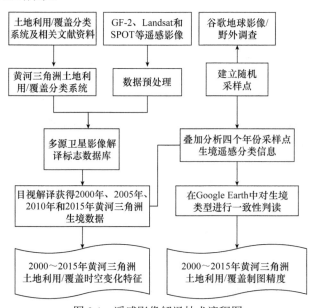

图 2.1   遥感影像解译技术流程图

针对黄河三角洲区域 2000 年、2005 年、2010 年和 2015 年土地利用 / 覆盖遥感制图结果进行精度评价，在二级类型层面，基于遥感影像解译结果和采样点验证样本信息建立混淆矩阵，计算总体精度和 Kappa 系数，具体流程如下。

（1）生成随机采样点。利用 ArcGIS 10.1 中的 Create Random Points 工具随机生成采样点，2000 年共计 622 个，2005 年共计 620 个，2010 年共计 635 个，2015 年共计 271 个；此外，2015 年采样点数据还包括 402 个实地采样点，共计 673 个。

（2）获得采样点地类信息。将采样点数据与土地利用／覆盖解译结果数据进行叠加分析，获取四个年份中每个样点所对应的遥感影像解译的地类结果。

（3）校正采样点信息。将采样点空间分布数据转换为 KML 格式文件并导入 Google Earth 中，根据 Google Earth 中的高分辨率卫星影像对每个采样点的土地利用／覆盖类型进行判读并记录地类，各个时相样本的采集时间须与遥感影像解译的数据时间对应或前后相差不超过一年。

（4）精度水平计算。利用遥感影像解译信息和 Google Earth 判读信息建立混淆矩阵，对黄河三角洲区域 26 个二级类型分别进行一致性检验，获得各个年份黄河三角洲土地利用／覆盖遥感制图精度评价结果，如表 2.3 所示。

表 2.3　黄河三角洲土地利用／覆盖遥感制图精度

年份	2000	2005	2010	2015
总体精度（%）	92.60	92.91	93.54	92.16
Kappa 系数	0.9135	0.9209	0.9221	0.9136

总的来说，黄河三角洲区域多时相土地利用／覆盖遥感制图结果的精度比较高，四个年份的解译结果，总体精度均高于 92%，Kappa 系数均在 0.91 以上。

（三）土地利用／覆盖时空特征分析方法

景观格局指数反映景观结构组成和空间配置等方面的特征，可用来定量描述景观空间结构随时间的变化特征，是对景观格局特征信息的高度浓缩（陈芝聪等，2016），一般区分三个层次进行描述：斑块水平、斑块类型水平和景观水平（邱剑南等，2015）。景观格局特征主要包括景观多样性与异质性，多样性指景观在格局、功能和动态方面的多样性或变异性，异质性指镶嵌体的空间复杂性或景观组成单元空间分布的非均匀性和非随机性，包括梯度与镶嵌结构两部分，由连通性、蔓延与聚集性、破碎性等要素构成。结合前人的研究成果和黄河三角洲区域的景观组成特征，综合考虑各景观格局指数的生态学意义和黄河三角洲区域人类活动的特点，遵循简单、有效原则，从斑块类型水平和景观水平两方面选取相关指数对景观格局特征进行计算和分析（陈文波等，2002；韩美等，2017）。其中，选取的斑块类型水平格局指数包括景观类型面积（CA）、景观斑块数（NP）、景观斑块密度（PD）、景观形状指数（LSI）、最大斑块指数（LPI）以及平均斑块面积（AREA_MN）；选取的景观水平格局指数包括多样性（SHDI、SHEI）、破碎度（NP、PD）和聚散性（IJI、CONTAG）。利用 Fragstats 4.2 景观指数计算软件计算黄河三角洲景观格局在斑块类型层级和景观层级上的指标。各指标的计算公式及其生态含义见表 2.4、表 2.5。

表 2.4　斑块类型水平格局指数计算公式及其生态含义

景观格局指数	计算公式	生态含义
景观类型面积（CA）	$CA = \sum_{j=1}^{n} a_{ij} \times \dfrac{1}{10\,000}$	CA 度量景观组成，即多大的景观面积是由该斑块类型组成的，也是计算其他指标的基础（CA > 0）
景观斑块数（NP）	$NP = n$	NP 在类型水平上等于景观中某一斑块类型的斑块总数。NP 反映景观的空间格局，常用来描述景观的异质性和破碎度，NP 越大，破碎度越高；NP 越小，破碎度越低（NP ≥ 1）
景观斑块密度（PD）	$PD = \dfrac{N}{A} \times 10\,000$	PD 反映景观空间结构的复杂性，是景观破碎度的度量指标，在一定程度上反映人类活动对景观的干扰程度（PD > 0）
景观形状指数（LSI）	$LSI = \dfrac{e_i}{\min e_i}$	LSI 反映景观类型的聚集程度，也可以表示景观形状的复杂程度。LSI 越大，斑块越离散，形状越不规则（LSI ≥ 1）
最大斑块指数（LPI）	$LPI = \dfrac{\max_{j=1}^{n}(a_{ij})}{A} \times 100\%$	LPI 表示某一斑块类型中的最大斑块占整个景观面积的比例，即最大斑块对整个类型或者景观的影响程度，常用来度量优势度，也反映人类活动的方向和强弱（0 < LPI ≤ 100）
平均斑块面积（AREA_MN）	$AREA\_MN = \dfrac{A_i}{n}$	AREA_MN 用于描述景观粒度，在一定意义上揭示了景观破碎化程度

注：n 是景观类型 i 中的斑块总数；a_{ij} 为斑块 ij 的面积；N 是景观中斑块类型的数目；A 为整个景观的面积；A_i 为景观类型 i 的总面积；e_i 是类型 i 的边缘总长度；$\min e_i$ 为 e_i 的最小可能值，下文同

表 2.5　景观水平格局指数计算公式及其生态含义

景观格局指数	计算公式	生态含义
Shannon 多样性指数（SHDI）	$SHDI = -\sum_{i=1}^{m}(p_i \times \ln p_i)$	SHDI 反映景观异质性特征，随着景观中斑块类型数的增加及其面积比重的均衡化，SHDI 增大（SHDI ≥ 0）
Shannon 均匀度指数（SHEI）	$SHEI = -\sum_{i=1}^{m}(p_i \times \ln p_i)/\ln m$	SHEI 较小时优势度较高，景观受少数几种优势景观类型所支配；SHEI 趋近于 1 时优势度低，景观中没有明显的优势类型，各景观类型均匀分布（0 ≤ SHEI < 1）
景观斑块数（NP）	$NP = n$	NP 在景观水平上等于景观中所有的斑块总数。NP 反映景观的空间格局，常用来描述景观的异质性和破碎度，NP 越大，破碎度越高；NP 越小，破碎度越低（NP ≥ 1）

景观格局指数	计算公式	生态含义
景观斑块密度（PD）	$PD = \dfrac{N}{A} \times 10\,000$	PD 反映景观空间结构的复杂性，是景观破碎度的度量指标，在一定程度上反映人类活动对景观的干扰程度（PD＞0）
散布与并列指数（IJI）	$IJI = \dfrac{-\sum\limits_{k=1}^{m}\left[\left(\dfrac{e_{ik}}{\sum\limits_{k=1}^{m}e_{ik}}\right)\ln\left(\dfrac{e_{ik}}{\sum\limits_{k=1}^{m}e_{ik}}\right)\right]}{\ln(m-1)} \times 100$	IJI 显著反映那些受到某种自然条件严重制约的生态系统的分布特征，如山区的各种生态系统严重受到垂直地带性的作用，其分布多呈环状，IJI 一般较低；而干旱区中的许多过渡植被类型受制于水的分布与多寡，彼此邻近，IJI 一般较高
蔓延度（CONTAG）	$CONTAG = \left\{1 + \dfrac{\sum\limits_{i=1}^{m}\sum\limits_{k=1}^{m}\left[p_i\left(\dfrac{g_{ik}}{\sum\limits_{k=1}^{m}g_{ik}}\right)\right]\cdot\left[\ln p_i\left(\dfrac{g_{ik}}{\sum\limits_{k=1}^{m}g_{ik}}\right)\right]}{2\ln m}\right\} \times 100$	描述景观中斑块空间分布的集聚趋势，蔓延度高表明景观中优势斑块类型形成良好的连接性，反之表明景观是具有多种要素的密集格局。生境破碎化过程中蔓延度降低，细化程度提高，生态效应遭到破坏（0＜CONTAG≤100）

注：m 为景观类型总数；p_i 指景观类型 i 所占的面积比例；e_{ik} 为斑块类型 i、k 之间景观边缘的总长度；g_{ik} 为斑块类型 i 和 k 之间相邻的格网单元数

二、黄河三角洲土地利用／覆盖变化特征

（一）时间变化特征

从 2000～2015 年土地利用／覆盖类型分布面积和占比的变化（表 2.6，表 2.7）来看，耕地一直是黄河三角洲区域的主要土地利用类型，所占比重一直高于 42%。耕地中旱地所占的比重最大，但水田的面积呈持续上升的趋势，而旱地的面积呈波动下降的趋势。其次是浅海水域，面积呈现增长的趋势；浅海水域的增加主要是海岸侵蚀、水深增加等导致海洋牧场（82）和其他浅海水域（83）的增加，而海草床（81）是在逐年减少的。盐田养殖地（6）和建设用地（1）比重增加较多，分别增加了 4.32 个和 4.17 个百分点，两种用地面积都大幅增长，增幅分别达 43.34% 和 57.52%。滨海盐碱地（5）的面积出现锐减的态势，其所占比重由 2000 年的第 3 位下降为 2015 年的第 6 位，面积减幅高达 67.41%。内陆水体（4）呈先减少后增加的趋势，2015 年的面积较 2000 年小幅度增加；其内部变化相对复杂，湖泊（42）、水库坑塘（43）、沿海潟湖（44）以及河口水域（45）

呈先减少后增加的趋势，而河渠（41）则相反。林草地（3）和未利用地（7）所占比重较低，面积分别呈波动减少和持续减少的趋势；其中草地（34）面积整体呈骤减趋势，而有林地（31）面积增加的相对较多。综上所述，耕地（2）是黄河三角洲地区的主导用地类型，多年来其面积基本保持稳定，导致该区域土地用地结构和空间布局发生显著变化的主要因素是盐田养殖地（6）、建设用地（1）的增加以及滨海盐碱地（5）的减少。

表 2.6　黄河三角洲土地利用／覆盖一级类型数量结构

土地利用／覆盖类型	2000 年		2005 年		2010 年		2015 年	
	面积（km²）	占比（%）	面积（km²）	占比（%）	面积（km²）	占比（%）	面积（km²）	占比（%）
1-建设用地	1 199.78	7.25	1 450.61	8.77	1 742.57	10.53	1 889.90	11.42
2-耕地	6 996.22	42.28	6 974.83	42.16	7 059.75	42.67	6 979.38	42.18
3-林草地	603.97	3.65	613.93	3.71	492.45	2.98	550.26	3.33
4-内陆水体	868.08	5.25	821.32	4.96	891.04	5.39	923.42	5.58
5-滨海盐碱地	2 515.79	15.21	1 781.51	10.77	1 074.82	6.49	819.88	4.96
6-盐田养殖地	1 649.45	9.97	2 175.40	13.15	2 339.60	14.14	2 364.37	14.29
7-未利用地	51.25	0.31	45.03	0.27	42.22	0.26	37.75	0.23
8-浅海水域	2 660.53	16.08	2 682.44	16.21	2 902.59	17.54	2 980.11	18.01
总计	16 545.07	100.00	16 545.07	100.00	16 545.07	100.00	16 545.07	100.00

表 2.7　黄河三角洲土地利用／覆盖二级类型数量结构

土地利用／覆盖类型	2000 年		2005 年		2010 年		2015 年	
	面积（km²）	占比（%）	面积（km²）	占比（%）	面积（km²）	占比（%）	面积（km²）	占比（%）
11-城镇用地	308.92	1.87	374.26	2.26	430.53	2.60	451.41	2.73
12-农村居民点	570.11	3.44	572.35	3.46	576.29	3.48	577.78	3.49
13-工矿用地	213.81	1.29	387.84	2.34	614.20	3.71	733.08	4.43
14-交通用地	106.94	0.64	116.16	0.70	121.54	0.74	127.63	0.77
21-水田	426.4	2.58	470.50	2.84	535.47	3.24	553.68	3.35
22-旱地	6569.82	39.71	6504.33	39.31	6524.28	39.43	6425.71	38.83
31-有林地	110.81	0.67	111.10	0.67	97.68	0.59	150.17	0.91
32-灌木林地	17.28	0.1	21.02	0.13	19.65	0.12	22.99	0.14
33-其他林地	239.59	1.44	242.03	1.46	240.64	1.45	240.61	1.45
34-草地	236.29	1.43	239.78	1.45	134.48	0.81	136.49	0.83
41-河渠	336.75	2.04	342.60	2.07	344.52	2.08	338.48	2.05

续表

土地利用/覆盖类型	2000 年		2005 年		2010 年		2015 年	
	面积（km²）	占比（%）	面积（km²）	占比（%）	面积（km²）	占比（%）	面积（km²）	占比（%）
42-湖泊	8.99	0.05	8.42	0.05	12.94	0.08	17.17	0.1
43-水库坑塘	483.03	2.92	440.19	2.66	504.48	3.05	531.79	3.21
44-沿海潟湖	9.7	0.06	2.02	0.01	2.41	0.01	2.85	0.02
45-河口水域	29.61	0.18	28.09	0.18	26.69	0.16	33.12	0.2
51-芦苇盐碱地	194.68	1.18	184.54	1.13	120.94	0.73	108.26	0.65
52-柽柳盐碱地	196.26	1.19	153.28	0.93	90.11	0.54	67.04	0.41
53-碱蓬盐碱地	242.71	1.47	191.66	1.16	140.28	0.85	139.3	0.84
54-灌草盐碱地	834.5	5.04	489.10	2.96	304.18	1.84	292.87	1.77
55-滩涂盐碱地	1047.64	6.33	762.93	4.61	419.32	2.52	212.41	1.28
61-盐田	462.49	2.8	601.05	3.63	961.89	5.81	1006.21	6.08
62-养殖地	1186.96	7.17	1574.36	9.52	1377.71	8.33	1358.16	8.21
71-未利用地	51.25	0.31	45.03	0.27	42.25	0.26	37.75	0.23
81-海草床	10.95	0.07	9.82	0.06	8.92	0.05	8.03	0.05
82-海洋牧场	9.2	0.06	18.07	0.11	26.98	0.16	37.81	0.23
83-其他浅海水域	2640.38	15.96	2654.54	16.04	2866.69	17.36	2934.27	17.74

从 2000～2015 年黄河三角洲区域各土地利用/覆盖类型面积变化的速率（表 2.8，表 2.9）来看，建设用地（3.83%）和盐田养殖地（2.89%）处于急速增加的状态，而滨海盐碱地（−4.49%）处于剧烈减少的时期，未利用地（−1.76%）减少得相对不明显，而其他类型则变化缓慢。工矿用地和城镇用地的增加是建设用地增加的主要动力，海洋牧场用地的变化速率总体上最高，达 20.73%，盐田和湖泊用地总体上增加的趋势较快，而沿海潟湖、柽柳盐碱地、灌草盐碱地和滩涂盐碱地总体减少的趋势较快。不同时期不同土地利用/覆盖类型的面积变化速率既存在相似性，又存在一定的差异性：2000～2005 年，盐田养殖地和建设用地高速增加，滨海盐碱地则剧烈减少，林草地和浅海水域处于缓慢增加阶段，内陆水体和耕地则缓慢减少，而未利用地减少的速率比前两者高；2005～2010 年，建设用地和滨海盐碱地继续分别保持着高速的增加和减少趋势，林草地呈现高速减少的趋势，耕地的变化速率最小，仅为 0.24%，除上述地类外，其他用地类型都保持着 1%以上幅度的变动；2010～2015 年，此阶段仅未利用地的变化速率是大于上一阶段的，且其变化趋势是相同的，其他用地类型（除耕地和林草地外）均保持与上一阶段相同的变化方向，且变化速率均减小。

表 2.8 黄河三角洲土地利用／覆盖一级类型面积变化速率

土地利用／覆盖类型	2000～2005 年		2005～2010 年		2010～2015 年		2000～2015 年	
	变化面积（km²）	变化速率（%）	变化面积（km²）	变化速率（%）	变化面积（km²）	变化速率（%）	变化面积（km²）	变化速率（%）
1-建设用地	250.83	4.18	291.96	4.03	147.33	1.69	690.12	3.83
2-耕地	−21.39	−0.06	84.92	0.24	−80.37	−0.23	−16.84	−0.02
3-林草地	9.96	0.33	−121.48	−3.96	57.81	2.35	−53.71	−0.59
4-内陆水体	−46.76	−1.08	69.72	1.70	32.38	0.73	55.34	0.42
5-滨海盐碱地	−734.28	−5.84	−706.69	−7.93	−254.94	−4.74	−1695.91	−4.49
6-盐田养殖地	525.95	6.38	164.20	1.51	24.77	0.21	714.92	2.89
7-未利用地	−6.22	−2.43	−2.78	−1.23	−4.50	−2.13	−13.50	−1.76
8-浅海水域	21.91	0.16	220.15	1.64	77.52	0.53	319.58	0.80

注：变化面积、变化速率为正表示面积增加，变化面积、变化速率为负表示面积减少，下文同

表 2.9 黄河三角洲土地利用／覆盖二级类型面积变化速率

土地利用／覆盖类型	2000～2005 年		2005～2010 年		2010～2015 年		2000～2015 年	
	变化面积（km²）	变化速率（%）	变化面积（km²）	变化速率（%）	变化面积（km²）	变化速率（%）	变化面积（km²）	变化速率（%）
11-城镇用地	65.34	4.23	56.27	3.01	20.88	1.62	142.49	3.08
12-农村居民点	2.24	0.08	3.94	0.14	1.49	0.09	7.67	0.09
13-工矿用地	174.03	16.28	226.36	11.67	118.88	6.45	519.27	16.19
14-交通用地	9.22	1.72	5.38	0.93	6.09	1.67	20.69	1.29
21-水田	44.10	2.07	64.97	2.76	18.21	1.13	127.28	1.99
22-旱地	−65.49	−0.20	19.95	0.06	−98.57	−0.50	−144.11	−0.15
31-有林地	0.29	0.05	−13.42	−2.42	52.49	17.91	39.36	2.37
32-灌木林地	3.74	4.33	−1.37	−1.30	3.34	5.67	5.71	2.20
33-其他林地	2.44	0.20	−1.39	−0.11	−0.03	0.00	1.02	0.03
34-草地	3.49	0.30	−105.30	−8.78	2.01	0.50	−99.80	−2.82
41-河渠	5.85	0.35	1.92	0.11	−6.04	−0.58	1.73	0.03
42-湖泊	−0.57	−1.27	4.52	10.74	4.23	10.90	8.18	6.07
43-水库坑塘	−42.84	−1.77	64.29	2.92	27.31	1.80	48.76	0.67
44-沿海潟湖	−7.68	−15.84	0.39	3.86	0.44	6.09	−6.85	−4.71
45-河口水域	−1.52	−1.03	−1.40	−1.00	6.43	8.03	3.51	0.79
51-芦苇盐碱地	−10.14	−1.04	−63.60	−6.89	−12.68	−3.49	−86.42	−2.96
52-柽柳盐碱地	−42.98	−4.38	−63.17	−8.24	−23.07	−8.53	−129.22	−4.39

续表

土地利用/覆盖类型	2000～2005 年		2005～2010 年		2010～2015 年		2000～2015 年	
	变化面积（km²）	变化速率（%）	变化面积（km²）	变化速率（%）	变化面积（km²）	变化速率（%）	变化面积（km²）	变化速率（%）
53-碱蓬盐碱地	−51.05	−4.21	−51.38	−5.36	−0.98	−0.23	−103.41	−2.84
54-灌草盐碱地	−345.40	−8.28	−184.92	−7.56	−11.31	−1.24	−541.63	−4.33
55-滩涂盐碱地	−284.71	−5.44	−343.61	−9.01	−206.91	−16.45	−835.23	−5.31
61-盐田	138.56	5.99	360.84	12.01	44.32	1.54	543.72	7.84
62-养殖地	387.40	6.53	−196.65	−2.50	−19.55	−0.47	171.20	0.96
71-未利用地	−6.22	−2.43	−2.78	−1.23	−4.50	−3.55	−13.50	−1.76
81-海草床	−1.13	−2.06	−0.90	−1.83	−0.89	−3.33	−2.92	−1.78
82-海洋牧场	8.87	19.28	8.91	9.86	10.83	13.38	28.61	20.73
83-其他浅海水域	14.16	0.11	212.15	1.60	67.58	0.79	293.89	0.74

（二）空间变化特征

黄河三角洲土地利用/覆盖的空间分布存在较为明显的规律性，由海向陆整体上呈现为"浅海水域—滨海湿地—人工湿地—陆域多类型混合区域"依次分布的宏观格局特征（图 2.2）。为详细了解该区域土地利用/覆盖的海陆空间分布特征，以海岸线为基准，分别向内陆和海洋方向建立间隔为 10km 的多环缓冲区，统计分析区域生境的空间组成与格局特征，2000 年和 2015 年的结果分别如表 2.10 和表 2.11 所示。

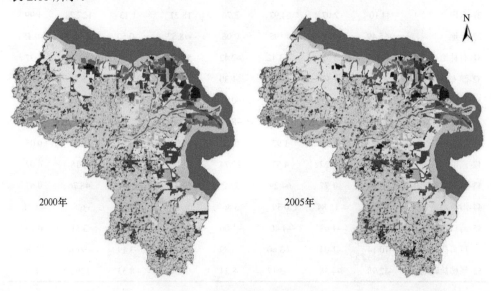

2000年　　　　　　　　　2005年

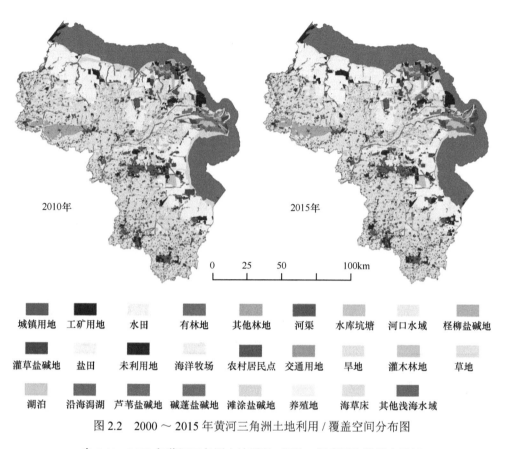

图 2.2　2000～2015 年黄河三角洲土地利用/覆盖空间分布图

表 2.10　2000 年黄河三角洲土地利用/覆盖一级类型海陆梯度特征

离岸距离（km）	特征值	土地利用/覆盖类型								总计
		1-建设用地	2-耕地	3-林草地	4-内陆水体	5-滨海盐碱地	6-盐田养殖地	7-未利用地	8-浅海水域	
−20～−10	面积（km²）	0.00	0.00	0.00	0.00	0.00	0.00	0.00	470.46	470.46
	占比（%）	0.00	0.00	0.00	0.00	0.00	0.00	0.00	17.68	
−10～0	面积（km²）	0.00	0.00	0.00	0.00	0.00	0.00	0.00	2 190.07	2 190.07
	占比（%）	0.00	0.00	0.00	0.00	0.00	0.00	0.00	82.32	
0～10	面积（km²）	85.63	24.81	8.84	129.90	1 886.26	438.68	16.04	0.00	2 590.16
	占比（%）	7.14	0.35	1.46	14.96	74.98	26.60	31.30	0.00	
10～20	面积（km²）	105.17	562.29	111.21	211.87	479.20	747.47	21.77	0.00	2 238.98
	占比（%）	8.77	8.04	18.41	24.41	19.05	45.32	42.49	0.00	
20～30	面积（km²）	174.42	1 280.61	82.41	196.91	113.52	340.95	7.17	0.00	2 195.99
	占比（%）	14.54	18.30	13.64	22.68	4.51	20.67	13.99	0.00	

续表

离岸距离（km）	特征值	土地利用 / 覆盖类型								总计
		1-建设用地	2-耕地	3-林草地	4-内陆水体	5-滨海盐碱地	6-盐田养殖地	7-未利用地	8-浅海水域	
30～40	面积（km²）	201.42	1 642.73	65.79	141.75	33.19	68.10	4.17	0.00	2 157.15
	占比（%）	16.79	23.48	10.89	16.33	1.32	4.13	8.14	0.00	
40～50	面积（km²）	261.69	1 588.70	53.05	89.46	2.40	20.08	0.62	0.00	2 016.00
	占比（%）	21.81	22.71	8.78	10.31	0.10	1.22	1.21	0.00	
50～60	面积（km²）	253.12	1 201.78	217.68	61.51	1.22	21.24	0.83	0.00	1 757.38
	占比（%）	21.10	17.18	36.04	7.09	0.05	1.29	1.62	0.00	
60～70	面积（km²）	108.89	632.22	64.32	35.02	0.00	12.30	0.50	0.00	853.25
	占比（%）	9.08	9.04	10.65	4.03	0.00	0.75	0.97	0.00	
70～80	面积（km²）	9.44	63.08	0.67	1.66	0.00	0.63	0.15	0.00	75.63
	占比（%）	0.79	0.90	0.11	0.19	0.00	0.04	0.29	0.00	
总计	面积（km²）	1 199.78	6 996.22	603.97	868.08	2 515.79	1 649.45	51.25	2 660.53	16 545.07

表 2.11　2015 年黄河三角洲土地利用 / 覆盖一级类型海陆梯度特征

离岸距离（km）	特征值	土地利用类型								总计
		1-建设用地	2-耕地	3-林草地	4-内陆水体	5-滨海盐碱地	6-盐田养殖地	7-未利用地	8-浅海水域	
−20～−10	面积（km²）	3.23	0.00	0.00	0.00	0.00	0.00	0.00	467.22	3.23
	占比（%）	0.17							15.68	0.17
−10～0	面积（km²）	33.15	0.00	0.00	14.55	38.97	0.00	0.00	2 103.41	33.15
	占比（%）	1.75			1.58	4.75	0.00		70.58	1.75
0～10	面积（km²）	199.20	55.32	21.51	235.00	624.42	1 036.85	8.39	409.48	199.20
	占比（%）	10.54	0.79	3.91	25.45	76.16	43.85	22.22	13.74	10.54
10～20	面积（km²）	249.81	681.91	63.55	198.44	133.33	894.60	17.35	0.00	249.81
	占比（%）	13.22	9.77	11.55	21.49	16.26	37.84	45.96	0.00	13.22
20～30	面积（km²）	302.24	1 276.57	90.44	162.03	21.16	337.79	5.76	0.00	302.24
	占比（%）	15.99	18.29	16.44	17.55	2.58	14.29	15.26	0.00	15.99
30～40	面积（km²）	265.05	1 643.62	63.62	131.82	2.00	46.87	4.17	0.00	265.05
	占比（%）	14.02	23.55	11.56	14.27	0.25	1.98	11.05	0.00	14.02
40～50	面积（km²）	341.60	1 521.60	45.05	85.16	0.00	21.87	0.72	0.00	341.60
	占比（%）	18.08	21.80	8.19	9.22	0.00	0.92	1.91	0.00	18.08
50～60	面积（km²）	343.18	1 118.06	219.09	58.18	0.00	18.02	0.85	0.00	343.18
	占比（%）	18.16	16.02	39.81	6.30	0.00	0.76	2.25	0.00	18.16

续表

离岸距离 （km）	特征值	土地利用类型								总计
		1-建设 用地	2-耕地	3-林 草地	4-内陆 水体	5-滨海 盐碱地	6-盐田 养殖地	7-未利 用地	8-浅海 水域	
60～70	面积（km²）	142.88	619.34	46.33	36.58	0.00	7.74	0.36	0.00	142.88
	占比（%）	7.56	8.88	8.42	3.96	0.00	0.33	0.95	0.00	7.56
70～80	面积（km²）	9.56	62.97	0.67	1.65	0.00	0.63	0.15	0.00	9.56
	占比（%）	0.51	0.90	0.12	0.18	0.00	0.03	0.40	0.00	0.51
总计	面积（km²）	1 889.90	6 979.39	550.26	923.41	819.88	2 364.37	37.75	2 980.11	16 545.07

在土地利用／覆盖一级分类层面，在海域方向，由海岸线向海延伸 20km 宽度范围之内主要是浅海水域，其中 70% 以上的浅海水域分布在离岸 10km 以内，但其比例由 2000 年至 2015 年下降近 12 个百分点。在陆域方向，在离海岸线 10km 范围内，滨海盐碱地分布最多，2000 年和 2015 年面积占比均高达 74% 以上，其次是盐田养殖地和内陆水体。2015 年近 22% 的未利用地聚集于离岸 10km 范围以内，该区域是未利用地的主要聚集地。就盐田养殖地而言，在离岸 0～20km 的范围内，2000 年至 2015 年盐田养殖地的面积及占比最大，约占所有盐田养殖地的 71% 以上。建设用地和耕地面积随着离海岸线距离的增加呈先增加后减少的趋势，在离岸 20～60km 的范围内分布较为集中，2000 年该范围内的分布面积分别占各自总量的 74.24% 和 81.67%，2015 年则分别占 66.25% 和 79.66%。林草地在距海岸线 50～60km 的范围内分布最多。

2000 年和 2015 年黄河三角洲土地利用／覆盖二级类型海陆梯度特征分别见表 2.12 和表 2.13。2000 年，向海 20km 范围以内全都是浅海水域类型，到 2015 年时，在这一空间范围内新增了工矿用地、水库坑塘、河口水域以及芦苇、柽柳、碱蓬和灌草盐碱地。2000 年在离岸 0～10km 分布面积最大的是滩涂盐碱地，而 2015 年则是盐田养殖地，这一空间范围也是工矿用地分布最广的区域。旱地在离岸 30～50km 的范围内分布最多，其他林地则在离岸 50～60km 的范围内分布最多。人类较高强度开发活动的空间拓展以及河口三角洲侵蚀淤积动态过程，是导致黄河三角洲土地利用／覆盖的面积结构及空间格局发生变化的主要驱动力。

表 2.12　2000 年黄河三角洲土地利用／覆盖二级类型海陆梯度特征　　（单位：km²）

土地利用／ 覆盖类型	离岸距离（km）									
	−20～−10	−10～0	0～10	10～20	20～30	30～40	40～50	50～60	60～70	70～80
11-城镇用地	0.00	0.00	0.00	35.78	56.49	51.49	80.11	61.95	22.58	0.51
12-农村居民点	0.00	0.00	1.05	21.45	82.24	115.43	131.20	140.55	71.47	6.71

续表

土地利用/覆盖类型	离岸距离（km）									
	−20～−10	−10～0	0～10	10～20	20～30	30～40	40～50	50～60	60～70	70～80
13-工矿用地	0.00	0.00	71.25	31.99	16.94	18.46	33.44	32.54	7.31	1.87
14-交通用地	0.00	0.00	13.33	15.94	18.75	16.03	16.94	18.07	7.53	0.34
21-水田	0.00	0.00	9.47	74.76	146.87	135.81	43.24	14.81	1.44	0.00
22-旱地	0.00	0.00	15.35	487.53	1133.74	1506.92	1545.47	1186.96	630.77	63.08
31-有林地	0.00	0.00	6.45	33.71	32.34	15.76	5.85	7.84	8.34	0.52
32-灌木林地	0.00	0.00	0.00	2.62	6.45	2.95	0.69	0.75	3.81	0.00
33-其他林地	0.00	0.00	0.00	2.88	4.46	4.36	10.42	184.91	32.57	0.00
34-草地	0.00	0.00	2.38	72.01	39.16	42.72	36.10	24.18	19.59	0.15
41-河渠	0.00	0.00	67.02	58.25	58.31	55.46	40.30	37.42	19.33	0.67
42-湖泊	0.00	0.00	0.00	0.11	1.89	6.76	0.14	0.00	0.08	0.00
43-水库坑塘	0.00	0.00	23.56	153.51	136.71	79.54	49.01	24.10	15.61	0.99
44-沿海潟湖	0.00	0.00	9.70	0.00	0.00	0.00	0.00	0.00	0.00	0.00
45-河口水域	0.00	0.00	29.61	0.00	0.00	0.00	0.00	0.00	0.00	0.00
51-芦苇盐碱地	0.00	0.00	117.30	56.65	10.26	9.25	0.00	1.22	0.00	0.00
52-柽柳盐碱地	0.00	0.00	184.37	11.89	0.00	0.00	0.00	0.00	0.00	0.00
53-碱蓬盐碱地	0.00	0.00	236.71	6.01	0.00	0.00	0.00	0.00	0.00	0.00
54-灌草盐碱地	0.00	0.00	323.02	387.34	97.80	23.94	2.40	0.00	0.00	0.00
55-滩涂盐碱地	0.00	0.00	1024.86	17.31	5.47	0.00	0.00	0.00	0.00	0.00
61-盐田	0.00	0.00	72.26	292.23	96.64	1.13	0.23	0.00	0.00	0.00
62-养殖地	0.00	0.00	366.42	455.23	244.31	66.97	19.85	21.24	12.30	0.63
71-未利用地	0.00	0.00	16.04	21.77	7.17	4.17	0.62	0.83	0.50	0.15
81-海草床	0.00	10.95	0.00	0.00	0.00	0.00	0.00	0.00	0.00	0.00
82-海洋牧场	0.00	9.20	0.00	0.00	0.00	0.00	0.00	0.00	0.00	0.00
83-其他浅海水域	470.46	2169.92	0.00	0.00	0.00	0.00	0.00	0.00	0.00	0.00

表 2.13　2015 年黄河三角洲土地利用／覆盖二级类型海陆梯度特征　（单位：km²）

土地利用/覆盖类型	离岸距离（km）									
	−20～−10	−10～0	0～10	10～20	20～30	30～40	40～50	50～60	60～70	70～80
11-城镇用地	0.00	0.00	1.75	46.90	100.75	82.46	96.34	90.41	32.29	0.51
12-农村居民点	0.00	0.00	2.76	24.17	83.49	116.11	131.91	140.59	72.01	6.74
13-工矿用地	3.23	33.06	178.07	158.25	97.35	48.29	93.10	90.43	29.34	1.96
14-交通用地	0.00	0.09	16.61	20.49	20.65	18.19	20.25	21.76	9.24	0.34

续表

土地利用／覆盖类型	离岸距离（km）									
	−20～−10	−10～0	0～10	10～20	20～30	30～40	40～50	50～60	60～70	70～80
21-水田	0.00	0.00	9.47	136.63	196.71	155.26	39.07	16.02	0.52	0.00
22-旱地	0.00	0.00	45.85	545.28	1079.86	1488.36	1482.53	1102.04	618.82	62.97
31-有林地	0.00	0.00	16.37	45.73	46.63	18.81	5.02	11.51	5.58	0.52
32-灌木林地	0.00	0.00	0.00	6.40	8.01	2.71	0.69	0.37	4.80	0.00
33-其他林地	0.00	0.00	0.00	0.16	5.04	8.56	15.71	187.02	24.13	0.00
34-草地	0.00	0.00	5.15	11.27	30.75	33.54	23.63	20.19	11.81	0.15
41-河渠	0.00	0.62	72.29	55.29	56.56	55.96	39.92	37.69	19.48	0.67
42-湖泊	0.00	0.00	2.14	0.11	6.76	7.96	0.11	0.00	0.08	0.00
43-水库坑塘	0.00	8.43	130.11	143.05	98.71	67.91	45.12	20.49	17.01	0.98
44-沿海潟湖	0.00	0.00	2.85	0.00	0.00	0.00	0.00	0.00	0.00	0.00
45-河口水域	0.00	5.50	27.62	0.00	0.00	0.00	0.00	0.00	0.00	0.00
51-芦苇盐碱地	0.00	3.44	88.70	15.32	0.81	0.00	0.00	0.00	0.00	0.00
52-柽柳盐碱地	0.00	1.25	63.33	2.46	0.00	0.00	0.00	0.00	0.00	0.00
53-碱蓬盐碱地	0.00	5.37	132.40	1.53	0.00	0.00	0.00	0.00	0.00	0.00
54-灌草盐碱地	0.00	28.91	128.27	113.33	20.35	2.00	0.00	0.00	0.00	0.00
55-滩涂盐碱地	0.00	0.00	211.71	0.70	0.00	0.00	0.00	0.00	0.00	0.00
61-盐田	0.00	0.00	345.84	414.76	226.17	19.45	0.00	0.00	0.00	0.00
62-养殖地	0.00	0.00	691.01	479.84	111.62	27.42	21.87	18.02	7.74	0.63
71-未利用地	0.00	0.00	8.39	17.35	5.76	4.17	0.72	0.85	0.36	0.15
81-海草床	0.00	2.03	5.99	0.00	0.00	0.00	0.00	0.00	0.00	0.00
82-海洋牧场	0.00	9.20	28.61	0.00	0.00	0.00	0.00	0.00	0.00	0.00
83-其他浅海水域	467.23	2092.17	374.88	0.00	0.00	0.00	0.00	0.00	0.00	0.00

（三）面积转移变化特征

黄河三角洲区域三个时期（2000～2005年、2005～2010年、2010～2015年）土地利用／覆盖变化较为显著的区域主要集中在沿海地带，总的来说，变化面积在逐渐减少（表2.14）。2000～2015年，随着时间的推移转入城镇用地的土地面积有明显增加的趋势，共转入695.24km²，其中耕地的转出贡献率最大，占41.28%。耕地的变化速率最小，共转入406.23km²，而转出面积则高达423.06km²，转入土地主要来源于滨海盐碱地。滨海盐碱地是转出面积最多的用地类型，转出面积高达1778.75km²，而转入面积则仅有82.82km²，其主要转变为盐田养殖地，占比高达 48.73%。盐田养殖地的转入面积最大，达到了 952.15km²，主要来源于滨海盐碱地。林草地、内陆水体和未利用地都是转出面积大于转入面积，林草地和内陆水体主要转化为耕地，而未利用地主要转化为盐田养殖地。总体来看，三个时段的总转化量分别为 1735.17km²、1551.95km² 和 730.90km²，表明黄河三角洲土地利用/覆盖类型整体的变动速率正在变缓，趋向于相对稳定状态。

表 2.14　2000 ～ 2015 黄河三角洲土地利用/覆盖面积转移矩阵

土地利用/覆盖类型		1-建设用地	2-耕地	3-林草地	4-内陆水体	5-滨海盐碱地	6-盐田养殖地	7-未利用地	8-浅海水域
		2005 年							
2000 年	1-建设用地	1184.88	7.60	1.48	0.70	1.36	3.70	0.05	0.00
	2-耕地	131.77	6641.02	107.41	21.02	35.11	59.75	0.13	0.00
	3-林草地	35.11	101.95	446.45	6.23	6.43	7.70	0.11	0.00
	4-内陆水体	7.17	60.44	19.22	711.06	22.27	41.40	0.00	6.51
	5-滨海盐碱地	60.42	114.19	23.50	59.20	1653.66	531.07	1.76	72.00
	6-盐田养殖地	21.60	47.96	14.76	13.68	19.86	1528.76	2.83	0.00
	7-未利用地	2.71	1.67	1.12	1.85	0.75	3.01	40.15	0.00
	8-浅海水域	6.96	0.00	0.00	7.58	42.07	0.00	0.00	2603.93
		2010 年							
2005 年	1-建设用地	1438.08	7.35	2.03	0.82	2.08	0.26	0.00	0.00
	2-耕地	133.51	6754.65	33.32	22.13	7.91	22.51	0.79	0.00
	3-林草地	41.84	109.37	443.05	13.26	0.56	5.09	0.75	0.00
	4-内陆水体	8.25	32.29	4.42	726.39	34.70	4.08	1.92	9.27
	5-滨海盐碱地	47.24	88.39	7.82	93.74	978.20	316.51	7.71	241.89
	6-盐田养殖地	52.99	67.02	1.38	29.81	38.81	1977.82	7.58	0.00
	7-未利用地	7.02	0.68	0.43	0.08	0.00	13.33	23.49	0.00
	8-浅海水域	13.64	0.00	0.00	4.81	12.56	0.00	0.00	2651.43
		2015 年							
2010 年	1-建设用地	1739.45	0.13	0.00	0.00	2.68	0.02	0.29	0.00
	2-耕地	32.52	6906.43	69.78	4.17	13.98	32.77	0.10	0.00
	3-林草地	5.91	22.01	463.49	0.66	0.00	0.00	0.38	0.00
	4-内陆水体	5.03	12.88	1.52	864.04	7.31	0.10	0.00	0.15
	5-滨海盐碱地	27.87	10.01	12.40	19.55	751.70	135.08	0.00	118.22
	6-盐田养殖地	69.26	26.95	2.37	12.94	27.20	2195.59	5.27	0.00
	7-未利用地	0.24	0.98	0.70	6.72	1.10	0.81	31.70	0.00
	8-浅海水域	9.61	0.00	0.00	15.33	15.90	0.00	0.00	2861.74

（四）景观格局指数变化特征

1. 斑块类型水平的变化特征

2000～2015年黄河三角洲土地利用/覆盖在斑块类型水平的景观格局指数变化如图2.3所示，黄河三角洲景观的破碎化程度在不断加剧，斑块类型更加多样化。分析其原因，主要是黄河三角洲土地资源开发规模扩大、人口增加与城镇

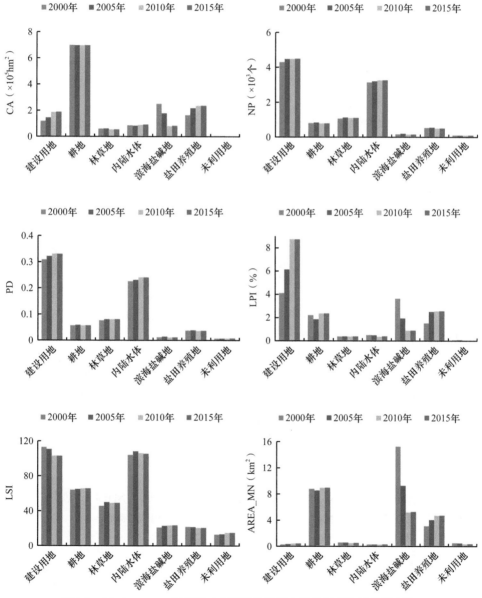

图2.3　2000～2015年黄河三角洲斑块类型水平的景观格局指数变化

的扩张以及工矿用地增加，加速了滨海湿地的破碎化。具体而言，黄河三角洲景观构成在斑块类型水平上的变化趋势特征如下。

在景观类型面积（CA）方面，2000～2015年，耕地面积最大，是最主要的景观类型；建设用地和盐田养殖地逐年增加，而滨海盐碱地急剧减少，主要是高强度的人类开发活动导致的。

在景观斑块数（NP）方面，2000～2015年，各景观斑块数变化存在较大的差异，建设用地斑块数增加显著，而盐田养殖地斑块数呈显著下降的趋势，主要是大规模开发使得盐田养殖地的分布趋于集中且连片。

在景观斑块密度（PD）方面，各景观斑块密度存在较大的差异，建设用地和内陆水体斑块密度整体呈现显著的增加趋势，耕地和林草地斑块密度呈先增加后趋于平稳的态势，盐田养殖地斑块密度呈先增后减的趋势，未利用地斑块密度呈先降后微升再微降的态势。

在最大斑块指数（LPI）方面，2000～2015年，LPI变化最大的类型是建设用地，由2000年的4.10%增加至2015年的8.72%，说明建设用地的优势度在大幅增加；盐田养殖地的LPI增加趋势也较为显著，由2000年的1.52%增加至2015年的2.57%。滨海盐碱地的LPI下降趋势最为显著，由2000年的3.64%下降至2015年的0.88%，可见滨海盐碱地的优势度在大幅消减。未利用地的LPI呈持续下降的变化趋势，林草地的LPI呈相反的变化趋势，而耕地的LPI呈波动增加的趋势。

在景观形状指数（LSI）方面，对比不同年份各个土地利用/覆盖类型的LSI可以看出，2000～2015年，各个土地利用/覆盖类型的LSI变化差异显著：建设用地和盐田养殖地的LSI呈显著的下降趋势，说明这些斑块类型的形状趋于聚集化、规则化。而滨海盐碱地和未利用地的LSI上升趋势明显，大斑块不断分散成小斑块，斑块离散程度和形状复杂程度均有所增加。

平均斑块面积（AREA_MN）一定程度上反映景观的破碎化情况。2000～2015年，滨海盐碱地的AREA_MN变化最为显著，由2000年的15.25km^{2}骤降至2015年的5.26km^2，表明高强度开发活动使得滨海盐碱地破碎化程度严重；而盐田养殖地的AREA_MN增加趋势最为显著，由2000年的3.10km^{2}增至2015年的4.71km^2，体现了盐田养殖规模的扩大化以及集聚效应。

2. 景观水平的变化特征

基于景观水平的景观格局指数，包括多样性（SHDI、SHEI）、破碎度（NP、PD）和聚散性（IJI、CONTAG），计算结果见表2.15和图2.4。

表 2.15　2000～2015 黄河三角洲景观水平的景观格局指数

年份	多样性		破碎度		聚散性	
	SHDI	SHEI	NP（个）	PD	CONTAG（%）	IJI（%）
2000	1.449 9	0.745 1	10 095	0.727 1	60.944 9	68.762 0
2005	1.460 2	0.750 4	10 429	0.752 3	60.621 8	68.962 4
2010	1.416 4	0.727 9	10 382	0.767 7	61.696 1	66.778 6
2015	1.419 9	0.729 7	10 386	0.765 6	61.609 8	66.801 6

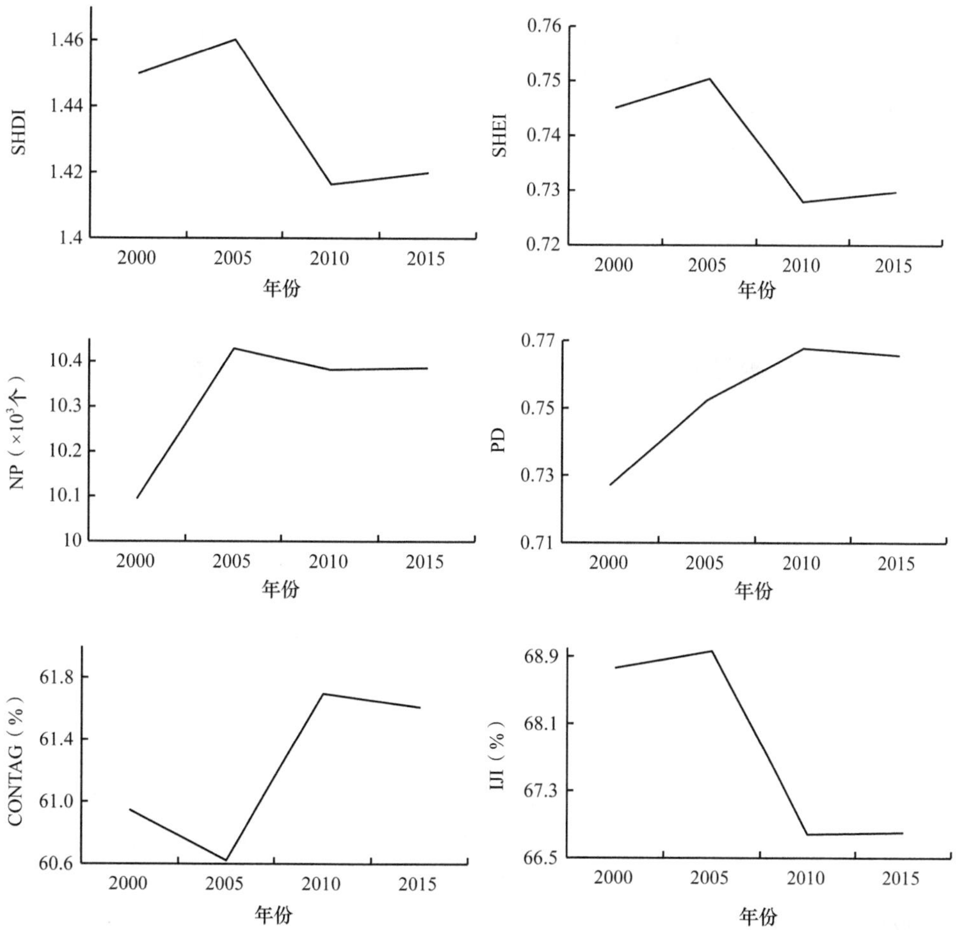

图 2.4　2000～2015 年黄河三角洲景观水平的景观格局指数变化

在景观多样性方面，2000～2015 年，SHDI 与 SHEI 两个指数的变化趋势一致，均呈现整体降低的特征。其中，SHDI 由 2000 年的 1.4499 降至 2015 年 1.4199，而 SHEI 则由 0.7451 降至 0.7297。不同阶段多样性变化趋势存在一定差异，其中

2000～2005 年 SHDI 和 SHEI 均小幅度增加，而 2005～2010 年都呈下降趋势，2010～2015 年则有小幅度上升，这表明个别景观类型的优势度提升显著，景观受少数几种优势景观类型所支配。

在景观破碎度方面，分析 2000～2015 年景观斑块数（NP）和景观斑块密度（PD）两个指数的变化特征，结果表明：PD 整体呈增加的趋势，从 2000 年的 0.7271 增加到 2015 年的 0.7656，说明景观整体的破碎化程度有所加剧，而景观中斑块的细化程度也随之增加。15 年间，NP 的增加较为显著，表明黄河三角洲景观总体呈破碎化发展趋势。

在景观聚散性方面，黄河三角洲景观散布与并列指数（IJI）从 2000 年的 68.7620 降低为 2015 年的 66.8016，表明斑块类型之间的邻接性正在减弱，各景观类型之间的分布关系混合程度变低，表明不同景观类型之间的分布关系变得显著。2000～2015 年，景观蔓延度（CONTAG）呈先降后升再降的趋势，整体呈上升趋势，由 2000 年的 60.9449% 上升至 2015 年的 61.6098%，说明景观中优势斑块类型的连接性增强，优势斑块类型集聚化明显，而其他斑块类型的破碎化态势显著。

第二节　黄河三角洲主要人工地物变化特征

一、主要人工地物遥感提取及分析方法

（一）源数据及提取方法

本研究基于多时相中、高分辨率卫星影像数据，通过目视解译，提取并建立黄河三角洲风机、油井和道路 3 种人工地物的空间分布数据集。所使用的卫星影像数据包括 Landsat、高分二号（GF-2）和 SPOT 数据（表 2.16～表 2.18），选用的影像数据清晰、无云、质量良好；影像数据的地理坐标范围为（36°43′15″～38°24′04″N，117°30′50″～119°21′01″E）。限于数据可得性和准确性，2000 年关键地物数据提取参照 SPOT-1、SPOT-2、Landsat-5 和 Landsat-7 影像，2015 年关键地物数据提取以高分二号影像为主，结合 Landsat-8 影像和 ArcGIS Online 发布的 World Imagery 中 2015 年全色分辨率为 0.5m 的 GeoEye 影像（Esri 2009）（图 2.5）。

表 2.16　代表性人工地物提取使用的多时相 Landsat 数据

卫星	采集时间	全色分辨率	条带号	行编号
Landsat-5	2001/3/10	30m	121	034
Landsat-5	2001/7/16	30m	121	034

续表

卫星	采集时间	全色分辨率	条带号	行编号
Landsat-7	2000/6/10	15m	122	033
Landsat-7	2000/6/10	15m	122	034
Landsat-7	2001/5/12	15m	112	034
Landsat-7	2001/6/6	15m	121	034
Landsat-7	2001/6/6	15m	121	035
Landsat-8	2015/10/2	15m	121	034

表 2.17 代表性人工地物提取使用的多时相高分二号数据

卫星	传感器	全色分辨率	采集时间	中心经纬度	影像编号
GF-2	PMS2	0.8m	2015/5/26	38.1°N，118.8°E	827736
GF-2	PMS2	0.8m	2015/5/26	37.9°N，118.8°E	827737
GF-2	PMS2	0.8m	2015/8/8	37.4°N，118.9°E	967999
GF-2	PMS2	0.8m	2015/8/8	37.2°N，118.9°E	968000
GF-2	PMS2	0.8m	2015/9/7	38.1°N，118.5°E	1027068
GF-2	PMS2	0.8m	2015/9/7	37.9°N，118.5°E	1027069
GF-2	PMS2	0.8m	2015/9/7	37.7°N，118.4°E	1027070
GF-2	PMS2	0.8m	2015/9/21	37.7°N，119.0°E	1051966
GF-2	PMS2	0.8m	2015/9/21	37.0°N，118.8°E	1051970
GF-2	PMS2	0.8m	2015/10/1	37.7°N，118.8°E	71793
GF-2	PMS2	0.8m	2015/10/1	37.4°N，118.7°E	71795
GF-2	PMS2	0.8m	2015/10/1	37.2°N，118.6°E	71796
GF-2	PMS2	0.8m	2015/10/16	37.9°N，119.0°E	1104114
GF-2	PMS2	0.8m	2015/10/16	37.0°N，118.7°E	1116398

表 2.18 代表性人工地物提取使用的多时相 SPOT 数据

卫星	采集时间	传感器	全色分辨率	影像编号
SPOT-1	2000/3/16	HRV1	10m	174575
SPOT-1	2000/3/16	HRV1	10m	174591
SPOT-1	2000/3/16	HRV1	10m	174595
SPOT-1	2000/3/16	HRV2	10m	174581
SPOT-1	2000/3/16	HRV2	10m	174586
SPOT-1	2000/3/16	HRV2	10m	174590
SPOT-2	2000/8/26	HRV2	10m	174582
SPOT-2	2000/8/26	HRV2	10m	174583

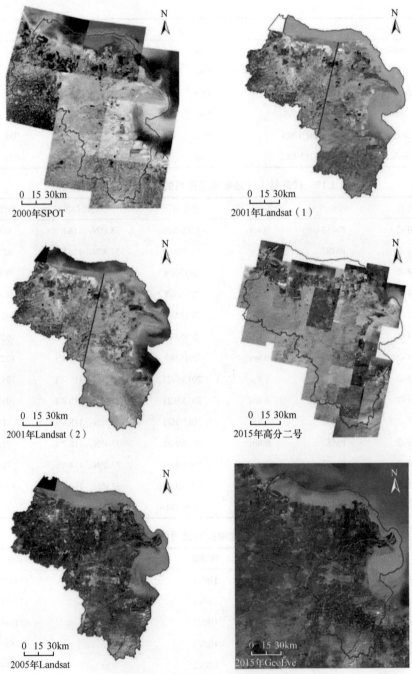

图 2.5　多源、多时相卫星影像图

风机、油井 2 种人工地物的提取方法（图 2.6）：将研究区域共 1.65 万 km² 的空间范围按照 3km×3km 大小的方格进行渔网分割并编号（0～3409），利用渔网分割多源、多时相卫星影像，在每个方格内进行 2 类地物的信息提取；提取过程中，将比例尺固定在 1：10 000 进行目视检索，确定风机、油井后，将比例尺放大至 1：4000 进行目视解译和属性标记；油井按照面状要素建立空间分布数据，风机按照点状要素建立空间分布数据。

a. 渔网分割　　　　　　　　　　　　　b. 目视检索

c. 目标解译

图 2.6　数据生产示意图

为了对可再生能源进行开发利用，增加能源供应，改善能源结构，保护环境，我国于 2005 年 2 月通过了《中华人民共和国可再生能源法》，自 2006 年 1 月 1 日起施行。该法律促进了我国风能和太阳能等新能源发电进入大规模发展阶段。黄河三角洲区域的风电发展方面，在 2006 年之前数量较少、规模较小，因此，本研究仅对 2015 年的风力发电设备进行数据提取。提取结果显示，2000 年获得 11 666 个油井面状图斑数据，2015 年获得 20 044 个油井面状图斑数据以及 994 个风机点状分布数据。利用 ArcGIS 10.2 软件中的 Data Management 工具将面状要素转换为点状要素分布数据，在此基础上，进行风机和油井空间分布特征分析。

道路的提取方法：基于 2015 年的高分二号、Landsat-8 等中、高分辨率卫星影像进行目视解译，提取出黄河三角洲区域道路空间分布数据；利用网络爬虫工具对国内主流地图导航网站进行数据爬取，提取出 2015 年几种高等级道路的空间分布数据（高速、国道和省道分层存储），对卫星影像目视解译结果进行修订，补充道路等级信息。在 2015 年道路数据提取及分级的基础上，对照 2000 年 Landsat-7 卫星影像进行反推，同时结合山东省地图出版社出版的早期年份东营市、潍坊市和滨州市的交通旅游地图，完成 2000 年黄河三角洲道路数据的提取和分级。

根据黄河三角洲的实际情况，将 2000 年和 2015 年的道路划分为 2 个等级进行道路密度分析及变化热点分析：高等级道路主要包括高速、国道和省道 3 种类型，低等级道路主要包括县道、乡道和一般道路；2 个等级的道路，分别赋予 0.6 和 0.4 的道路权重系数。

黄河三角洲区域道路提取结果表明：2000 年高等级道路的长度为 768.51km，低等级道路的长度达到了 5841.17km；2015 年高等级道路长度为 1793.88km，低等级道路长度达到了 25 643.80km。

（二）风机、油井和道路空间分析方法

1. 风机、油井空间分析方法

本研究借助 ArcGIS 10.2 软件中的 Spatial Analyst 工具和 Spatial Statistics 工具，采用以下三种方法进行风机／油井空间分布特征的分析。

1）核密度估计法

核密度估计法（kernel density estimation）可以通过计算单位网格内风机／油井的数量和密度，进而估算其周围单位面积区域内风机／油井的数量和密度，得到网络单元的核密度，并产生一个光滑的表面。在二维空间中，核密度函数（Density）可表示为（刘锐等，2011；禹文豪和艾廷华，2015；王洋等，2016；李晓彤等，2018）

$$\text{Density} = \frac{1}{(\text{radius})^2} \sum_{i=1}^{n} \left[\frac{3}{\pi} d \left(1 - \left(\frac{\text{dist}_i}{\text{radius}} \right)^2 \right)^2 \right] \tag{2.1}$$

式中，radius 为搜索半径；$i = 1, \cdots, n$ 为输入点；d 为核密度函数系数；dist_i 为点 i 和 (x, y) 预测位置之间的距离。计算后可用 Jenks 自然间断分类法识别集聚密度。

2）标准差椭圆法

标准差椭圆法通过分别计算横向和纵向上的标准距离来计算点群发展的趋势及在空间中的离散程度。依据椭圆曲线的面积、x 轴和 y 轴的标准距离及旋转角等信息可以观察风机/油井的中心变化趋势、集聚程度和方向趋势等，椭圆的长半轴表示风机、油井数据的空间分布方向，短半轴表示其空间分布范围，长、短半轴值相差越大，其扁率就会越大，数据的方向性越明显；反之，长、短半轴值大小越接近，方向性越不明显，若长、短半轴完全相等，则表示数据没有任何的方向特征（方叶林等，2013；苗毅等，2017）。根据研究目的及研究尺度的不同，所选择的不同测算值形成的椭圆曲线包含不同数量的要素，如 1 个标准差的范围覆盖 68% 的空间点群内容，面积小表征分布集中，本研究选取 1 个标准差。

圆心（SDE_x，SDE_y）计算公式为

$$\mathrm{SDE}_x = \sqrt{\frac{\sum_{i=1}^{n}\left(x_i - \bar{x}\right)^2}{n}} \tag{2.2}$$

$$\mathrm{SDE}_y = \sqrt{\frac{\sum_{i=1}^{n}\left(y_i - \bar{y}\right)^2}{n}} \tag{2.3}$$

式中，x_i 和 y_i 是每个要素的坐标；$\bar{x}$ 和 $\bar{y}$ 是算数平均中心坐标。椭圆的方向，以 x 轴为准，正北方为 0°，顺时针旋转，计算公式为

$$\tan\theta = \frac{A+B}{C} \tag{2.4}$$

$$A = \sum_{i=1}^{n}\widetilde{x}_i^{\,2} - \sum_{i=1}^{n}\widetilde{y}_i^{\,2} \tag{2.5}$$

$$B = \sqrt{\left(\sum_{i=1}^{n}\widetilde{x}_i^{\,2} - \sum_{i=1}^{n}\widetilde{y}_i^{\,2}\right)^2 + 4\left(\sum_{i=1}^{n}\widetilde{x}_i\widetilde{y}_i\right)^2} \tag{2.6}$$

$$C = 2\sum_{i=1}^{n}\widetilde{x}_i\widetilde{y}_i \tag{2.7}$$

式中，$\widetilde{x}_i$ 和 $\widetilde{y}_i$ 分别是平均中心坐标 $\bar{x}$、$\bar{y}$ 和坐标 x、y 的差。

最后确定 x 轴的标准差 σ_x 和 y 轴的标准差 σ_y，公式如下：

$$\sigma_x = \sqrt{2}\sqrt{\frac{\sum_{i=1}^{n}\left(\widetilde{x}_i\cos\theta - \widetilde{y}_i\sin\theta\right)^2}{n}} \tag{2.8}$$

$$\sigma_y = \sqrt{2}\sqrt{\frac{\sum_{i=1}^{n}\left(\widetilde{x_i}\sin\theta + \widetilde{y_i}\cos\theta\right)^2}{n}} \qquad (2.9)$$

3）平均最近邻距离法

平均最近邻距离是表示在地理空间中同类型的点状事物之间相互近邻程度的地理指标。其测定方法为：测定出每个点与其最邻近点之间的距离 r_i，取这些距离的平均值 $\overline{r_i}$，表征近邻程度的平均最近邻距离。本研究应用平均最近邻距离法来测定风机/油井的空间集聚程度，定义平均最近邻指数 R 为（王洋等，2016；车冰清等，2017；李阳和陈晓红，2017）

$$R = \frac{\overline{r_1}}{r_0} = 2\overline{r_1}\sqrt{D} \qquad (2.10)$$

$$\overline{r_1} = \frac{\sum_{i=1}^{n}d_i}{n} \qquad (2.11)$$

$$r_0 = \frac{1}{2\sqrt{\frac{n}{A}}} = \frac{1}{2\sqrt{D}} \qquad (2.12)$$

式中，$\overline{r_1}$ 为同类型风机/油井最近邻实际距离的平均值；r_0 为最近邻距离的期望值；d_i 表示最近邻实际距离；n 为同类型风机/油井的实际数量；A 为研究区面积；D 为风机/油井密度。

当 $R < 1$ 时，风机/油井集聚分布；当 $R > 1$ 时，风机/油井分散分布；当实际值等于期望值，即 $\overline{r_1} = r_0$ 时，风机/油井随机分布。其标准差 Z 可以表示为

$$Z = \frac{(\overline{r_1} - r_0)\sqrt{\frac{n^2}{A}}}{0.26136} \qquad (2.13)$$

式中，Z 值过低代表风机/油井强烈集聚，过高则代表强烈分散。P 值作为显著性指标与 Z 值具有对应关系，P 值的 0.1、0.05、0.01 分别对应 Z 的临界数值（图像双侧）1.65、1.96、2.58。当 $P < 0.01$ 时，风机/油井强烈集聚（分散）；当 $0.01 < P < 0.05$ 时，风机/油井较强集聚（分散）；当 $0.05 < P < 0.1$ 时，风机/油井一般性集聚（分散）；当 $P > 0.1$ 时，显著性较差，为随机分布。

2. 道路空间分析方法

1）道路加权密度计算

道路加权密度的计算公式如下：

$$D_j^w = \frac{\sum\limits_{i=1}^{n} l_i^a w_i}{S_j} \tag{2.14}$$

式中，D_j^w 为研究单元 j 的道路设施网络加权密度（km/km^2）；l_i^a 为研究单元 j 内等级为 a 的道路 i 的长度，w_i 为其权重；n 为研究单元 j 内的道路数量；S_j 为区域 j 的面积。道路加权密度能够更真实地反映研究单元间的密度分布状况（陈少沛等，2019）。

2）克里金插值

本研究使用规则格网作为研究区域单元，为进一步提高插值的准确性，此处单独将格网细化至 1km×1km，道路密度值存储于格网中心点，为能准确表达道路密度的空间形态，使用克里金插值法生成空间分布趋势面。

克里金（Kriging）插值法又称空间自协方差最佳插值法，是假定采样点之间的距离或方向可以反映表面变化的空间相关性分析算法（梅志雄和黎夏，2008）。ArcGIS 的 Kriging 插值工具将数学函数与指定数量的点或指定半径内的所有点进行拟合以确定每个位置的输出值，功能包括数据的探索性统计分析、变异函数建模和创建表面等，其一般表示为

$$\hat{Z}(S_0) = \sum\limits_{i=1}^{n} \lambda_i Z(S_i) \tag{2.15}$$

式中，S_0 为预测位置；$Z(S_i)$ 为第 i 个位置处的测量值；λ_i 为第 i 个位置处测量值的位置权重；n 为测量值数。

3）全局空间自相关分析

空间自相关分析分为全局空间自相关分析和局部空间自相关分析（Cliff，1973；段滢滢和陆锋，2012），全局空间自相关的测度指标主要是莫兰指数（Moran's I），计算公式如下：

$$I = \frac{n}{\sum\limits_{i=1}^{n}(y_i - \bar{y})^2} \cdot \frac{\sum\limits_{i=1}^{n}\sum\limits_{j=1}^{n} w_{ij}(y_i - \bar{y})(y_j - \bar{y})}{\sum\limits_{i=1}^{n}\sum\limits_{j=1}^{n} w_{ij}} \tag{2.16}$$

式中，I 为莫兰指数，取值范围为 $-1 \sim 1$，$I > 0$ 表示正相关，即某区域与其邻近区域的相似性大于差异性，说明相似的观测值趋于空间集聚；反之，表示相邻区域趋于空间离散，即存在显著差异；当 I 为零时，观测值不存在相关性，随机分布。

4）局部空间自相关分析

全局空间自相关分析并不能判断空间数据是高值聚集还是低值聚集，需要通过局部空间自相关分析进一步度量每个区域与周边地区之间的局部空间关联度和

空间差异程度，并提示空间异质，说明空间依赖是如何随位置变化的（Kosfeld et al.，2007）。因此，进一步应用 ArcGIS 和 GeoDa 提供的 Anselin Local Moran's I 和 G 系数局部空间自相关分析法。Anselin 在 1995 年定义了空间联系局部指标（local indicators of spatial association，LISA），用于检测局部空间的聚集性及分析局部空间的不稳定性，其公式为

$$I_i = \frac{y_i - \overline{Y}}{S_i^2} \sum_{i=1, j \neq 1}^{n} w_{ij} \left(y_i - \overline{Y} \right) \tag{2.17}$$

式中，y_i 为空间域 i 的属性值；$\overline{Y}$ 为关联属性值的平均值；w_{ij} 代表空间域 i 和 j 的空间权重。当 I_i 为正时，空间域 i 与具有同样高或低属性值的空间域邻近，即空间域 i 是聚类空间域的一部分；当 I_i 为负时，空间域 i 与具有包含不同值的空间域邻近，即该空间域为异常值。

　　局部 G 系数是一种基于距离权矩阵的局部空间自相关指标，能够探测高值或低值要素在空间上发生聚类的位置（Ord and Getis，1995），计算公式为

$$G_i^* = \frac{\sum_{j=1}^{n} w_{ij} y_i}{\sum_{j=1}^{n} y_i} \tag{2.18}$$

式中，w_{ij} 为空间单元 i 和 j 之间的距离权重。显著的正 G_i^* 表示空间单元 i 的邻近空间单元的观测值高，显著的负 G_i^* 表示空间单元 i 的邻近空间单元的观测值低。该算法旨在查看邻近要素环境中的每一个要素。

　　考虑到在计算道路密度时，以行政区域（如行政区或街道）为单位，存在着由于某些区域的面积过大或过小引起的该区域的密度值被过分缩小或夸大的不足，在进行局部空间自相关分析时，对整个研究区域进行统一的研究单元划分。本研究运用 ArcGIS 10.2 对研究区域进行规则网格（Fishnet）分区，同时要考虑到区域大小，避免产生的数据量过大而难以操作，并各有一个中心点，用于存储该网格单元的道路密度值。

二、黄河三角洲风机、油井和道路时空变化特征

（一）风机、油井和道路提取结果

　　2014 年沾化县被撤销，设立沾化区，行政空间范围并无改变，为方便描述，本研究统一使用沾化区进行空间范围描述。2015 年黄河三角洲风机提取结果如图 2.7 所示，可见，风机的分布较为集中，主要分布在距海不远的海岸带区域；从行政区角度而言，主要分布在河口区，其次是寿光市、沾化区、广饶县，在垦利县、无棣县等区域也有少量分布。

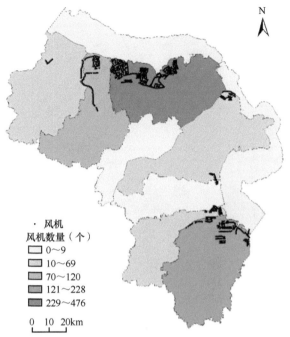

图 2.7　2015 年黄河三角洲风机提取结果图

2000 年、2015 年黄河三角洲油井提取结果如图 2.8 所示，可见，油井的分布极为广泛和密集，以东营区、垦利区和河口区的分布数量较为显著。

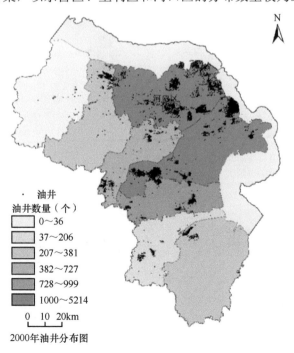

2000年油井分布图

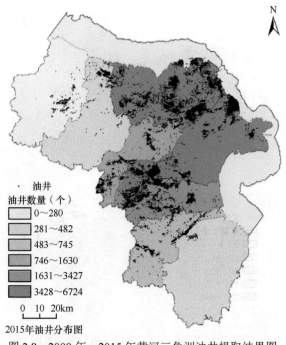

图 2.8　2000 年、2015 年黄河三角洲油井提取结果图

　　2000 年、2015 年道路提取结果以及在县（市、区）层面分等级加权计算的道路密度如图 2.9 所示。可以看出，2000 ～ 2015 年黄河三角洲道路基础设施建

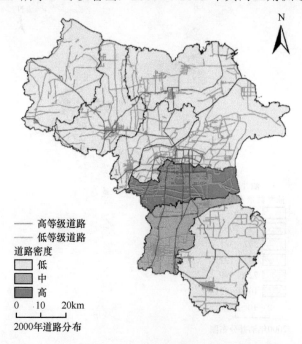

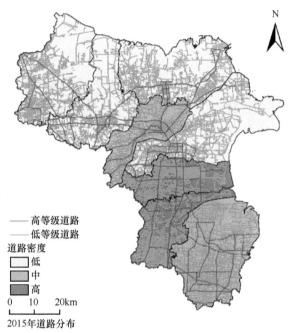

图 2.9　2000 年、2015 年黄河三角洲道路提取结果图

设规模迅速扩大，各县（市、区）道路密度提升明显，尤其是西部和南部县（市、区）道路密度增长幅度较大。

统计县（市、区）级别行政区内风机和油井的数量以及分等级加权计算道路密度，结果如表 2.19 所示。可见，油井数量方面，无论是 2000 年还是 2015 年，均以河口区和垦利县较为突出，其次是东营区；风机数量方面，以河口区为最多，其次是寿光市；道路密度方面，2000 年和 2015 年均以东营区最为突出，其次是广饶县。

表 2.19　黄河三角洲风机、油井和道路密度统计表

行政区划	面积（km²）	2000 年油井数量（个）	2000 年道路密度（km/km²）	2015 年油井数量（个）	2015 年风机数量（个）	2015 年道路密度（km/km²）
无棣县	1982.74	36	0.10	280	34	0.69
沾化区	1726.62	381	0.20	482	120	0.68
东营区	1142.27	999	0.49	3427	9	1.25
广饶县	1158.27	206	0.32	745	58	1.16
河口区	2058.18	3775	0.15	6724	476	0.68
垦利县	2201.13	5214	0.23	6320	69	0.62
利津县	1056.81	727	0.19	1630	0	0.90
寿光市	2269.68	328	0.16	436	228	1.00

（二）风机、油井和道路分布特征

1. 风机分布特征

通过对 2015 年黄河三角洲风机提取结果进行搜索半径为 13 000m 的核密度分析，经 Jenks 自然间断分类法和分级色彩设置（Graduated Colors）处理后进行空间可视化，探索出 2015 年黄河三角洲风机的空间分布格局和热点区域（图 2.10）。

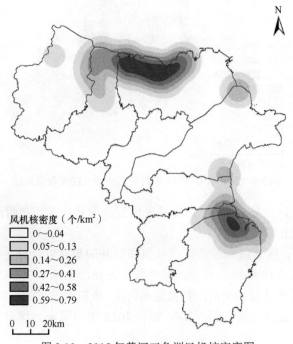

图 2.10　2015 年黄河三角洲风机核密度图

由图 2.10 可见，2015 年黄河三角洲风机的分布极为不均。数量上，各行政区差距较大，其中河口区数量最多，为 476 个，其次为寿光市，为 228 个，而利津县没有风机。空间分布上，风机核密度分析表明，风机主要分布在黄河三角洲东部和北部临海地带且具有两大核心区和三个小集聚区：第一个核心区是沾化区北部至河口区北部沿海的狭长地带，最大核密度达到 0.79 个 /km²，风机数量占总量的 59.96%，分布面积较大；第二个核心区是广饶县东部至寿光市东北部沿海的团块状地带，最大核密度达到 0.58 个 /km²，风机数量占总量的 28.77%，分布面积较小；在无棣县西北部、垦利县北部、东营区东北部有小规模的风机集聚。

这也可以从一定程度上反映该地区盛行风向的分布情况。

利用 ArcGIS 选取 1 个标准差级别（包含 68% 的点数据）计算得到 2015 年黄河三角洲风机标准差椭圆相关数据（表 2.20），进行空间可视化后得到图 2.11。扁率表示它的方向明确性和向心力的程度，其扁率为 0.68，说明风机的分布具有明确的方向性，标准差椭圆为西北—东南走向，旋转角为 144°32′20.94″，基本与盛行风向垂直。

表 2.20　2015 年黄河三角洲风机标准差椭圆信息表

y 轴标准差（m）	x 轴标准差（m）	旋转角	扁率	面积（km²）	圆心 Y 坐标	圆心 X 坐标
21 570.11	67 952.06	144°32′20.94″	0.68	4 603.80	37°47′52.07″N	118°34′40.81″E

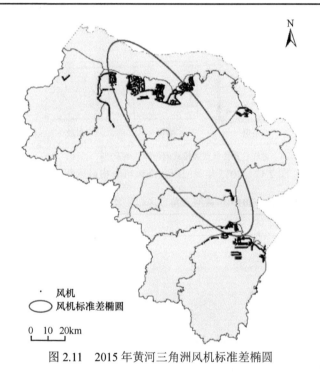

图 2.11　2015 年黄河三角洲风机标准差椭圆

采用平均最近邻距离法，利用 ArcGIS 软件对 2015 年 994 个风机的空间分布特征进行分析（图 2.12，表 2.21），得出黄河三角洲风机平均密度为 0.06 个/km²，平均观测距离约为 542.39m，最近邻比率 R 约为 0.27，小于 1，且 Z 得分约为 −44.28，小于 −2.58，在 0.01 显著性水平下通过检验，说明风机的分布具有显著的强烈集聚性。

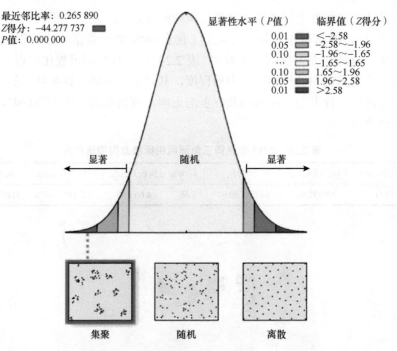

Z得分约为−44.28，则随机产生此聚类模式的可能性小于1%

图 2.12　2015 年黄河三角洲风机平均最近邻分析图

表 2.21　2015 年黄河三角洲风机平均最近邻分析汇总表

指标	数值
平均观测距离（m）	542.39
预期平均距离（m）	2039.91
最近邻比率 R	0.27
Z 得分	−44.28
P 值	0.00

2. 油井分布特征

利用 2000 年、2015 年的油井数据提取结果进行搜索半径为 13 000m 的核密度分析，经 Jenks 自然间断分类后利用分级色彩设置进行空间可视化（图 2.13），可以看出黄河三角洲油井的时空分布格局及分布热点区。2000 年油井在数量上各行政区差异较大，垦利县油井数量最多，达到 5214 个，其次是河口区，数量为 3775 个，无棣县数量最少，仅有 36 个；在空间分布上呈现两大核心区为主，团块成片的分布特征。第一个核心区位于垦利县北部沿海地区，最大核密度达到 13.62 个 /km²，第二个核心区位于垦利县西南部，最大核密度也达到了 13.62 个 /km²，

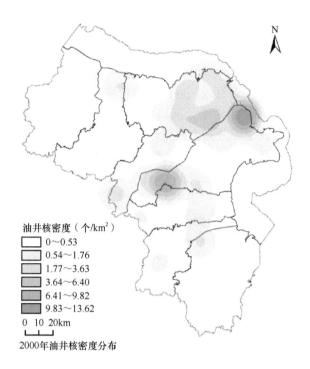

油井核密度（个/km²）
- 0～0.53
- 0.54～1.76
- 1.77～3.63
- 3.64～6.40
- 6.41～9.82
- 9.83～13.62

0　10　20km

2000年油井核密度分布

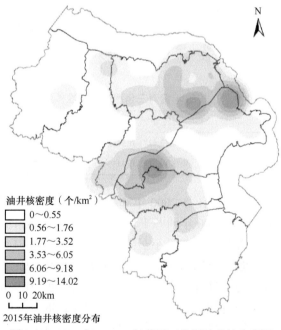

油井核密度（个/km²）
- 0～0.55
- 0.56～1.76
- 1.77～3.52
- 3.53～6.05
- 6.06～9.18
- 9.19～14.02

0　10　20km

2015年油井核密度分布

图2.13　2000年、2015年黄河三角洲油井核密度图

但面积小于第一个核心区；而在沾化区北部、河口区东部大部分区域、纵贯垦利县南部至寿光市北部的条带状区域等，呈现团块连接成片的分布特征，最大核密度达到 6.40 个 /km²。2015 年油井仍呈现分布不均的特征，但在数量和空间分布范围上均大于 2000 年，所有行政区内油井数量均呈现增长态势，总增长 8378 个，其中河口区增幅最大，达 2949 个，河口区油井数量最多，为 6724 个，无棣县数量最少，为 280 个。在空间分布上，呈现三大核心区连片分布的空间分布特征，分别位于垦利县北部沿海地区、河口区东南部以及垦利县西南部和东营区西北部的交界地带，其最大核密度均达到 14.02 个 /km²，而核心区周围的油井数量呈鞍状连接成片，高、低核密度面积均明显扩大，广饶县和利津县尤为明显。

2000 年、2015 年黄河三角洲油井标准差椭圆各参数计算结果如表 2.22 所示，其空间分布如图 2.14 所示。两个时相的标准差椭圆均以该年份重心为中心，所涵盖的行政区变化不大，主要包含河口区、利津县、垦利县和东营区。从旋转角的变化来看，由 2000 年的 36°43′2.42″ 缩小至 2015 年的 30°6′39.72″，表明总体上油井分布方向为东北—西南走向，但有向正东—正西方向转变的趋势，东北—西南分布格局呈现弱化趋势。从长、短轴方向上看，短轴标准差从 2000 年的 27 694.28m 增长至 2015 年的 28 947.85m，说明黄河三角洲地区油井在西北—东南走向上出现分散；长轴标准差从 2000 年的 42 444.84m 增长至 2015 年的 44 214.93m，说明该区域油井在东北—西南走向上也出现分散趋势，且更为明显。从面积和扁率上看，2000～2015 年，标准差椭圆面积从 3692.64km² 增长至 4020.75km²，扁率从 0.3475 缩小至 0.3453，说明油井的分布范围不断扩大，但分布的方向性在不断减弱。

表 2.22　2000 年、2015 年黄河三角洲油井标准差椭圆参数汇总表

年份	y 轴标准差（m）	x 轴标准差（m）	旋转角	扁率	面积（km²）	y 坐标	x 坐标
2000	42 444.84	27 694.28	36°43′2.42″	0.3475	3 692.64	37°45′33.84″N	118°42′36.00″E
2015	44 214.93	28 947.85	30°6′39.72″	0.3453	4 020.75	37°42′27.72″N	118°38′09.61″E

通过平均最近邻距离法计算 2000 年和 2015 年黄河三角洲油井的分布特征（表 2.23，图 2.15），得出 2000 年油井平均密度为 0.71 个 /km²，平均观测距离为 189.66m，最近邻比率 R 约为 0.32，小于 1，且 Z 得分约为 –140.95，小于 –2.58，在 0.01 显著性水平下通过检验，表明 2000 年油井分布具有强烈的空间集聚特征；2015 年油井平均密度为 1.21 个 /km²，平均观测距离为 191.93m，最近邻比率 R 约为 0.42，小于 1，且 Z 得分约为 –156.35，小于 –2.58，在 0.01 显著性水平下通过检验，表明 2015 年油井分布具有强烈的空间集聚特征。纵向比较 2000 年和 2015 年相关参数，2000 年的平均观测距离和 R 均小于 2015 年，说明 2000 年黄河三角洲油井分布集聚特征更为明显，而 2015 年油井的平均密度更高。

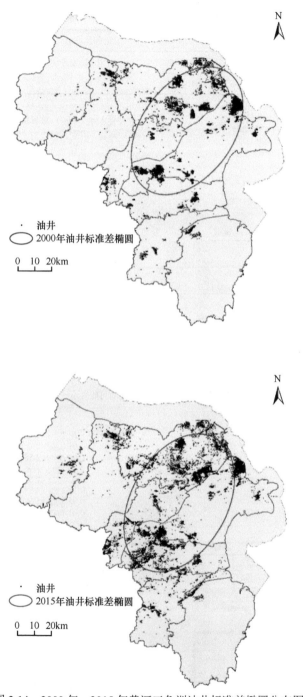

图 2.14　2000 年、2015 年黄河三角洲油井标准差椭圆分布图

表 2.23　2000 年、2015 年黄河三角洲油井平均最近邻分析汇总表

年份	平均观测距离（m）	预期平均距离（m）	最近邻比率 R	Z 得分	P 值
2000	189.66	594.35	0.32	−140.95	0.00
2015	191.93	454.98	0.42	−156.35	0.00

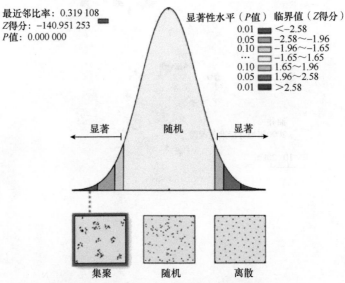

Z 得分约为 −140.95，则随机产生此聚类模式的可能性小于 1%

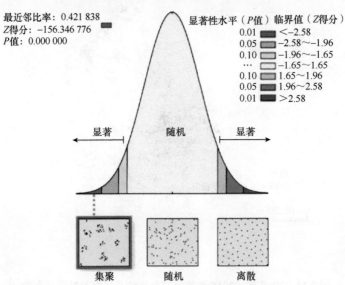

Z 得分约为 −156.35，则随机产生此聚类模式的可能性小于 1%

图 2.15　2000 年、2015 年黄河三角洲油井平均最近邻分析图

3. 道路分布特征

县（市、区）级别行政区层面的道路密度如图 2.9、表 2.19 所示。利用 2000 年和 2015 年的道路提取数据，计算其单位格网内的道路加权密度［公式（2.14）］，并将计算结果存储在格网中心点，在此基础上应用 ArcGIS 软件 ArcTool box 中的克里金空间插值工具，利用格网中心点的道路加权密度分别生成 2000 年、2015 年道路密度空间趋势图，如图 2.16 所示。

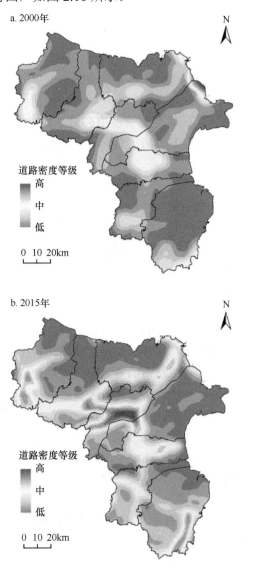

图 2.16　2000 年、2015 年黄河三角洲道路密度空间趋势图

由图 2.9 可见，在县（市、区）级别行政区层面道路分布及变化特征如下：2000 年，道路密度普遍不高；东营区道路密度最大，最大密度约 0.49km/km²，属于道路高密度区；广饶县次之，最大密度约 0.32km/km²，属于道路中密度区；无棣县、河口区、沾化区、利津县、垦利县和寿光市属于道路低密度区，最大密度约 0.23km/km²。2015 年，道路密度普遍显著提高；东营区、广饶县密度较大，最大密度达到 1.25km/km²，属于道路高密度区；利津县和寿光市道路密度次之，最大密度约 1.0km/km²，属于道路中密度区；无棣县、沾化区、河口区和垦利县道路密度最低，最大密度达到 0.69km/km²，属于道路低密度区。总体来看，2000～2015 年，黄河三角洲各行政区道路密度均有不同程度提高，其中，东营区一直为道路高密度区，广饶县自中密度区上升为高密度区，利津县和寿光市自低密度区上升为中密度区，广饶县和寿光市道路密度提升幅度最大，垦利县提升幅度最小，道路密度的变化一定程度上反映城市经济社会的发展情况，说明广饶县和寿光市经济发展速度较快。道路密度中高值主要分布在黄河三角洲中南部，低值主要分布在沿海地区，说明黄河三角洲人口分布和道路建设受到距海远近的影响。

由图 2.16 可见，总体上道路密度高值主要分布在黄河三角洲中部地区，特别是东营区北部、利津县西南部和垦利县南部，主要原因是此处位于"十字"路口处，北至东营港，东至莱州湾，南至潍坊市，西至滨州市，且为东营市的主要县（区），人口密集，城市发展迅速，人员物资交流运输频繁，道路交通需求量较高。具体来看，2000 年除中部地区的明显高值外，沾化区东南部、广饶县南部和寿光市南部地区存在小区域的高值分布，结合卫星影像发现这些地点为城市或乡村的居民点。2015 年黄河三角洲道路密度普遍提高，尤其是利津县和东营区道路密度优势范围进一步扩大，河口区东部和南部出现明显的道路密度高值区，主要是由于东营港的不断发展和东营港疏港高速的建设促进了该地区道路密度的提高，此外，滨州市的无棣县和潍坊市的寿光市凭借地理位置优势，邻于多条省内、省际交通干线，如滨德高速、青银高速和长深高速，其道路密度得到明显提升。

基于空间插值的道路密度空间特征分析反映了黄河三角洲道路分布的总体特征，但是对内部区域差异程度需要进行更加深入的探讨。本研究使用 ArcGIS 软件的全局空间自相关分析（Global Moran's I）对 5km×5km 的规则格网数据集的道路加权密度进行全局空间自相关分析，空间关系准则选择使用多边形一阶邻接关系。

如图 2.17 所示，2000 年道路密度的 Global Moran's I 约为 0.43，Z 得分约为 21.04，P 值趋近于 0，在 0.01 显著性水平下通过检验；2015 年道路密度的 Global Moran's I 约为 0.56，Z 得分约为 27.14，P 值趋近于 0，在 0.01 显著性水平下通过检验。以上结果表明，2 个年份近邻格网都具有较高的空间集聚性，均具有正

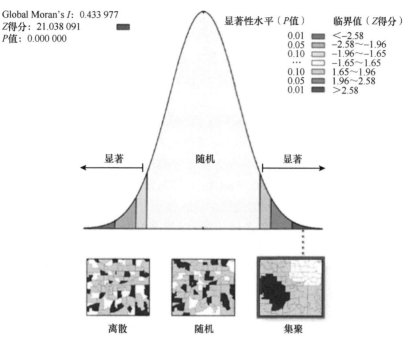

Z得分约为21.04，则随机产生此聚类模式的可能性小于1%。

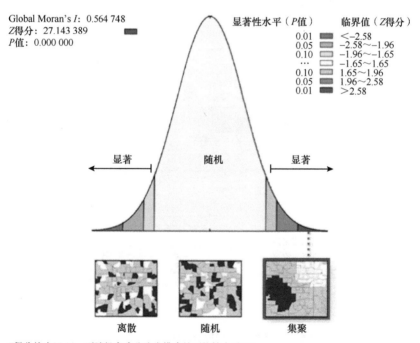

Z得分约为27.14，则随机产生此聚类模式的可能性小于1%。

图 2.17　2000 年、2015 年道路密度 Global Moran's I 分析图

的空间自相关关系，这说明黄河三角洲道路密度具有显著的空间集聚特征，且2015 年道路密度的空间集聚性要高于 2000 年。此外，区域的道路密度也能在一定程度上反映该区域交通、经济和商业等城市功能的发展程度，Global Moran's I 的提高也说明了黄河三角洲地区 2000～2015 年城市和经济发展水平得到明显的提高。

Global Moran's I 揭示了道路密度的全局空间聚类特征，而 Anselin Local Moran's I 和局部 G 系数能够探测出区域单元属于高值集聚还是低值集聚的空间特征，因此可以更准确地探测道路密度分布的形态差异，进一步揭示路网分布的发展变化规律。基于此，通过 ArcGIS 软件的聚类和异常值分析（Anselin Local Moran's I）工具对各网格单元的道路加权密度进行局部空间相关分析，分别获得 Local Moran's I 指数、Z 得分、P 值和聚类 / 异常值类型（图 2.18）。

可见，2000 年在连接垦利县南部和东营区中北部的团块状区域内，以及分布在无棣县南部、沾化区东南部、河口区南部、利津县中部、广饶县南部和寿光市南部的分散区域内呈现出高高（HH）聚类区，除此以外的大部分地区观测到的空间模式反映零假设（CSR）所表示的理论上的随机模式，呈现不显著聚类特征；2015 年高高（HH）聚类和低低（LL）聚类分布范围明显扩大，高高聚类主要分布在黄河三角洲中部、西部和南部地区，低低聚类主要分布在北部沿海和东部沿海地区。这说明 2000～2015 年道路密度高高聚类区具有由中部地区向西部

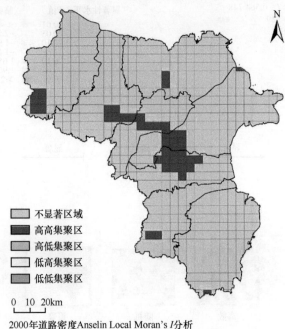

图例
不显著区域
高高集聚区
高低集聚区
低高集聚区
低低集聚区

0　10　20km

2000年道路密度Anselin Local Moran's I分析

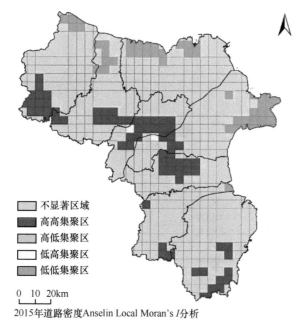

2015年道路密度Anselin Local Moran's *I*分析

图 2.18 2000 年、2015 年道路密度 Anselin Local Moran's *I* 分析图

和南部方向延伸扩散的趋势，而北部和东部沿海地区则呈现低值集聚状态，这也一定程度上反映了黄河三角洲经济和城市的发展趋势，即内陆腹地交通便利，发展较快，而部分沿海地区则受自然保护区设立、自然条件较差和人口密度较低等的限制而发展较慢。2000 年垦利县北部沿海地区出现一个面积较小的高高集聚区，结合此地特殊的历史背景和能源利用开发方式（图 2.8），分析发现此处为胜利油田油井的主要集聚建设区，是国家能源的主要产地之一，2000 年胜利油田重组改制为胜利石油管理局和胜利油田有限公司，开采石油的工程建设项目增多，这进一步促进了道路等基础设施的建设和道路密度的提高。

聚类和异常值分析（Anselin Local Moran's *I*）能大致测算出聚集区域的中心，但辨别高低值聚集位置仍然存在不可忽视的误差，而 *G* 系数分析能较准确地探测出高值和低值集聚区域范围。因此，本研究进一步通过 ArcGIS 软件的 *G* 系数分析工具，即热点分析（Getis-Ord Gi*），对黄河三角洲的道路密度高值（热点）和低值（冷点）的空间聚类特征进行分析，揭示其空间集聚及差异特征，如图 2.19 所示。

可见，冷热点分析得到的结果与 Anselin Local Moran's *I* 分析得到的高聚类、低聚类结果在空间上耦合，但是细节更为详细准确。例如，2000 年冷点分布面积较小，热点分布面积较大且集中，这说明 2000 年黄河三角洲地区以高等级道路建设为主，低等级道路建设相对较少，高等级道路主要集中在人员密集的居住

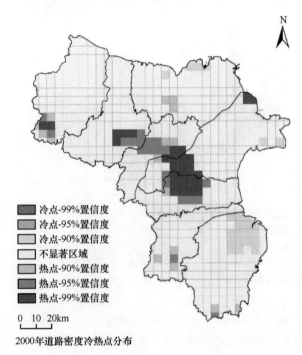

冷点-99%置信度
冷点-95%置信度
冷点-90%置信度
不显著区域
热点-90%置信度
热点-95%置信度
热点-99%置信度

0 10 20km

2000年道路密度冷热点分布

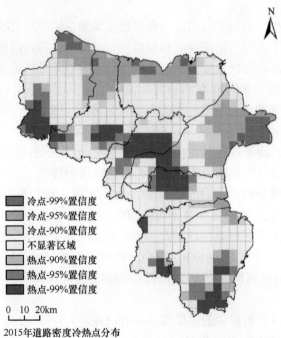

冷点-99%置信度
冷点-95%置信度
冷点-90%置信度
不显著区域
热点-90%置信度
热点-95%置信度
热点-99%置信度

0 10 20km

2015年道路密度冷热点分布

图 2.19 2000 年、2015 年道路密度冷热点分布图

区和部分资源开发地区；2015年无棣县北部、沾化区北部和河口区北部的沿海地区以及垦利县东部沿海地区的冷点分布较为显著，寿光市南部和无棣县南部地区热点分布面积增长幅度较大，这说明垦利县东部和河口区北部等沿海地区存在较大面积的等级较低的道路集聚，寿光市和无棣县高等级道路建设发展迅速，如高速、国道等。

第三节　小　　结

本章基于多时相、多类型中、高分辨率卫星影像数据，从黄河三角洲湿地环境和生境的类型与分布特征角度出发，并参考已有研究成果，将黄河三角洲土地利用／覆盖类型分为8个一级类型、26个二级类型，构建多源卫星影像各种地类的遥感影像解译标志数据库；在此基础上，利用ArcGIS 10.2等软件，主要运用目视解译的方法获得2000年、2005年、2010年、2015年的土地利用／覆盖分类数据，4个年份解译结果的总体精度均高于92%、Kappa系数均达0.91以上；同时，提取了风机、油井和道路3种主要人工地物的分布数据。综上，本章通过分析土地利用／覆盖变化特征以及3种主要人工地物的分布和变化特征，综合反映黄河三角洲区域生境的时空变化特征。

黄河三角洲由海向陆土地利用／覆盖整体上呈现出"浅海水域—滨海湿地—人工湿地—陆域多类型混合区域"的格局特征。向海20km以内，2000年仅有浅海水域类型，2015年这一空间范围新增了工矿用地、水库坑塘、河口水域以及芦苇、柽柳、碱蓬和灌草盐碱地。在离岸0～10km，2000年主要为滩涂盐碱地，2015年为盐田养殖地，且离岸0～10km为整个研究区工矿用地分布最广的区域。旱地在离岸30～50km分布最多，其他林地则在离岸50～60km分布最多。人类高强度的开发活动以及河口三角洲侵蚀淤积活动，是使黄河三角洲土地利用结构发生变化的主要驱动力。

黄河三角洲土地利用/覆盖显著变化区主要集中在沿海地带。2000～2015年，随时间推移转入城镇用地的面积有明显增加的趋势，共转入695.24km²，其中耕地的转出贡献率最大，为41.28%。耕地的变化速率最小，共转入406.23km²，而转出423.06km²，其转入土地主要来源于滨海盐碱地。滨海盐碱地是转出面积最多的用地类型，共转出1778.75km²，且仅有82.82km²转入，其主要转变为盐田养殖地，占比高达48.73%。林草地、内陆水体和未利用地都是转出面积大于转入面积，林草地和内陆水体主要转化为耕地，而未利用地主要转化为盐田养殖地。总体来看，三个时段的总转化量分别为1735.17km²、1551.95km²和730.90km²，表明黄河三角洲地区的土地利用／覆盖类型变动速率正在变缓，趋向于稳定状态。

2000～2015年黄河三角洲区域景观格局的破碎化程度一直在加剧，斑块类型更加多样化。从斑块类型水平上看，在景观类型面积方面，耕地是最主要的景观类型；在景观斑块数方面，建设用地斑块数增加显著，而盐田养殖地斑块数显著下降；在平均斑块面积方面，滨海盐碱地的下降最为显著，高强度开发活动使得滨海盐碱地破碎化程度严重，而盐田养殖地增加最为显著，体现了盐田养殖规模的扩大化以及集聚效应。从景观水平上看，在景观多样性方面，个别景观类型优势度增高显著，景观受少数几种优势景观类型所支配；在景观破碎度方面，黄河三角洲景观斑块数的增加，斑块的细化程度随之增加，景观整体的破碎化程度有所加剧；在景观聚散性（IJI 和 CONTAG）方面，IJI 反映斑块类型之间的邻接性正在减弱，CONTAG 反映黄河三角洲景观中优势斑块类型集聚化明显、连接性增强，其他斑块类型破碎化态势显著。

在风机和油井 2 种点状能源地物的分布与变化方面：2015 年，黄河三角洲风机空间分布具有不均衡性，呈现两大核心区为主、三个小集聚区为辅的空间分布格局，分布方向明确呈西北—东南走向，空间集聚特征明显。2000 年和 2015 年油井空间分布也具有不均衡性且存在时间变异特征，2000 年油井呈现两大核心区为主、团块成片分布为辅的空间分布格局，2015 年油井呈现三大核心区为主，核心区周围油井呈鞍状分布的空间格局特征。比较 2 个年份的油井空间分布特征发现：两者均为东北—西南走向分布，且均具有显著的空间集聚特征，2000 年油井分布具有范围小、方向性更强、集聚特征更显著的特点，2015 年油井分布具有分布范围大、方向性较弱、集聚特征较弱的特点。

在道路这一线状地物的分布与变化方面：2000 ～ 2015 年，黄河三角洲路网密度不断提高，呈现出明显的空间集聚特征；2000 年道路密度的 Global Moran's I 约为 0.43，具有显著的空间集聚性，高值主要集中在黄河三角洲中部地区，但是道路密度的高高聚类区域和热点区域以及低低聚类区域和冷点区域的面积均相对较小，这说明 2000 年黄河三角洲高等级道路主要集中于中部地区建设，其余地区建设的道路等级较低且比较分散；2015 年道路密度的 Global Moran's I 约为 0.56，集聚特征相对 2000 年更加明显，主要表现在道路密度高值由中部地区向西部和南部地区延伸扩散，且高高聚类和热点区域以及低低聚类和冷点区域的面积明显扩大，这说明至 2015 年黄河三角洲的高等级道路建设主要集中于内陆地区，沿海地区主要修建等级较低的道路，但分布较为集中。

黄河三角洲土地利用/覆盖变化以及风机、油井和道路 3 种主要人工地物的时空分布特征，分别从类型和干扰特征两个方面反映了黄河三角洲生境的现状和时空演变特征，能够为后续对生态系统服务、生态连通性、鸟类栖息地质量等的评估和研究奠定重要的基础。

参考文献

车冰清, 简晓彬, 陆玉麒. 2017. 江苏省商业网点的空间分布特征及其区域差异因素. 地球信息科学学报, 19(8): 1060-1068.

陈少沛, 房明, 庄大昌. 2019. 广州市道路密度空间分异及对城市形态影响分析. 地理信息世界, 26(6): 37-43.

陈文波, 肖笃宁, 李秀珍. 2002. 景观指数分类、应用及构建研究. 应用生态学报, 13(1): 121-125.

陈芝聪, 谢小平, 白毛伟. 2016. 南四湖湿地景观空间格局动态演变. 应用生态学报, 27(10): 3316-3324.

党杨梅, 杨敏华, 常正科. 2009. SPOT5 影像目视判读在土地利用类型更新中的应用研究. 测绘与空间地理信息, 32(2): 125-127.

邓书斌. 2010. ENVI 遥感图像处理方法. 北京: 科学出版社.

邸向红, 侯西勇, 吴莉. 2014. 中国海岸带土地利用遥感分类系统研究. 资源科学, 36(3): 463-472.

段滢滢, 陆锋. 2012. 基于道路结构特征识别的城市交通状态空间自相关分析. 地球信息科学学报, 14(6): 768-774.

方叶林, 黄震方, 陈文娣, 等. 2013. 2001～2010 年安徽省县域经济空间演化. 地理科学进展, 32(5): 831-839.

宫攀, 陈仲新, 唐华俊, 等. 2006. 土地覆盖分类系统研究进展. 中国农业资源与区划, 27(2): 35-40.

宫鹏, 张伟, 俞乐, 等. 2016. 全球地表覆盖制图研究新范式. 遥感学报, 20(5): 1002-1016.

韩美, 张翠, 路广, 等. 2017. 黄河三角洲人类活动强度的湿地景观格局梯度响应. 农业工程学报, 33(6): 265-274.

侯婉, 侯西勇. 2018. 考虑湿地精细分类的全球海岸带土地利用/覆盖遥感分类系统. 热带地理, 38(6): 866-873.

侯西勇, 邸向红, 侯婉, 等. 2018. 中国海岸带土地利用遥感制图及精度评价. 地球信息科学学报, 20(10): 1478-1488.

李晓彤, 宋俊学, 程钰. 2018. 山东省传统村落空间分布格局研究. 山东师范大学学报 (自然科学版), 33(3): 334-343.

李阳, 陈晓红. 2017. 哈尔滨市商业中心时空演变与空间集聚特征研究. 地理研究, 36(7): 1377-1385.

刘锐, 胡伟平, 王红亮, 等. 2011. 基于核密度估计的广佛都市区路网演变分析. 地理科学, 31(1): 81-86.

陆兆华. 2013. 黄河三角洲退化湿地生态修复——理论、方法与实践. 北京: 科学出版社.

梅志雄, 黎夏. 2008. 基于 ESDA 和 Kriging 方法的东莞市住宅价格空间结构. 经济地理, 28(5): 862-866.

苗毅, 王成新, 吴莹, 等. 2017. 中国民航机场结构的时空演变特征及优化选择. 经济地理, 37(11): 37-45.

邱剑南, 侯淑涛, 范永辉, 等, 2015. 富锦市土地利用景观格局遥感分析. 测绘科学, 40(2): 115-118, 154.

王万茂, 韩桐魁. 2005. 土地利用规划学. 北京: 科学出版社.

王洋, 杨忍, 李强, 等. 2016. 广州市银行业的空间布局特征与模式. 地理科学, 36(5): 742-750.

吴鹏飞, 朱波. 2008. 重庆市生物多样性与生境敏感性评价. 西南农业学报, 21(2): 301-304.

杨立民, 朱智良. 1999. 全球及区域尺度土地覆盖土地利用遥感研究的现状和展望. 自然资源学报, 14(4): 340-344.

叶庆华. 2010. 黄河三角洲景观图谱的时空特征研究. 北京: 气象出版社.

禹文豪, 艾廷华. 2015. 核密度估计法支持下的网络空间 POI 点可视化与分析. 测绘学报, 44(1): 82-90.

Australian Bureau of Agricultural and Resource Economics and Sciences (ABARES), Australian Government-Department of Agriculture, Fisheries and Forestry (AGDAFF). 2010. The Australian Land Use and Management (ALUM) Classification Version 7, May 2010. http://www.agriculture. gov.au/abares/aclump/Documents/ALUM_Classification_V7_May_2010_detailed.pdf.

Badruddin A Z M. 1995. The relationship between broad land use and cover categories and their use in GIS. New York: State University of New York.

Cliff A D. 1973. Spatial Autocorrelation. London: Pion: 7-17.

Di Gregorio A, Jansen L J M. 2000. Land Cover Classification System (LCCS): classification concepts and user manual. Rome: FAO.

Grekousis G, Mountrakis G, Kavouras M. 2015. An overview of 21 global and 43 regional land-cover mapping products. International Journal of Remote Sensing, 36(21): 5309-5335.

Hansen M C, Defries R S, Townshend J R G, et al. 2000. Global land cover classification at 1 km spatial resolution using a classification tree approach. International Journal of Remote Sensing, 21(6/7): 1331-1364.

Klemas V V, Dobson J E, Ferguson R L, et al. 1993. A coastal land cover classification system for the NOAA coastwatch change analysis program. Journal of Coastal Research, 9(3): 862-872.

Kosfeld R, Eckey H F, Türck M. 2007. LISA (Local Indicators of Spatial Association). Zeitschrift Für Studium Und Forschung, 36(3): 157-162.

Ning J, Liu J Y, Zhao G S. 2015. Spatio-temporal characteristics of disturbance of land use change on major ecosystem function zones in China. Chinese Geographical Science, 25(5): 523-536.

Ord J K, Getis A. 1995. Local spatial autocorrelation statistics: Distribution issues and an application. Geographical Analysis, 27(4): 286-306.

第三章

生态系统服务价值和生态连通性评估[①]

① 本章作者主要为中国科学院烟台海岸带研究所的刘玉斌、宋百媛、侯西勇。本章具体内容是在刘玉斌等（2019）和宋百媛等（2019）两篇文章的基础上做了必要的更新或补充。

在全球气候变化和区域高强度人类开发活动的影响下，景观格局破碎化、生物多样性减少、生态系统服务价值丧失、生态连通性降低等问题日趋严重，海岸带区域尤为突出。海岸带区域处于陆海交互地带，是全球环境变化的缓冲区，独特的位置与环境使其成为物质循环、能量流动和物种迁移演变最活跃的地区之一，其生态系统在调节气候、涵养水源、净化环境、维持生物多样性等方面发挥着不可替代的重要作用。然而，高强度的人类活动，使海岸带湿地生态系统的物质循环和能量流动受到严重干扰，原有生态系统组分和有机结构受到破坏，整体生态服务功能和生态连通性无法正常发挥。黄河三角洲的发育过程对毗邻的莱州湾具有非常显著的影响，因此，本章以黄河三角洲—莱州湾海岸带为研究区。黄河三角洲—莱州湾海岸带处于河—海—陆—气交汇处，气候变化和人类活动的影响广泛而深刻，是环境变化的敏感区、环境灾害的多发区，环境特征的多重界面特征和复杂性使其成为多学科关注的焦点。基于卫星遥感技术监测黄河三角洲—莱州湾海岸带区域 2000 ～ 2015 年的土地利用 / 覆盖变化，进而利用模型方法对 2025 年的土地利用 / 覆盖变化进行多情景分析和模拟，在此基础上，将历史与未来相结合，采用效益转移法（benefit transfer method，BTM）评估和分析生态系统服务价值的时空特征，基于最小累积阻力（minimum cumulative resistance，MCR）模型和生态连接度指数（ecological connectivity index，ECI），对该区域的生态连通性进行综合评价。

第一节　生态系统服务价值和生态连通性评估方法

一、土地利用变化监测及情景分析方法

（一）多要素数据来源与处理

多时相土地利用分类数据来自中国海岸带土地利用数据集，该数据集基于 2000 年 1 ∶ 10 万比例尺中国土地利用数据（刘纪远等，2003，2014）和多时相 Landsat 卫星影像数据，针对中国海岸带区域进行土地利用数据分类系统调整，充分强调海岸带区域的特殊性，将中国海岸带区域土地利用分为 8 个一级类型、24 个二级类型，在此基础上，进行 2000 年时相数据修改以及后续时相的数据更新，从而生成中国海岸带区域 2000 年、2005 年、2010 年、2015 年 4 个年份的土地利用分类数据集（邸向红等，2014；Di et al.，2015；侯西勇等，2018），从中提取出黄河三角洲—莱州湾海岸带区域 2000 年、2005 年、2010 年和 2015 年 4 个年份的数据用于本研究。为便于研究以及突出区域特征，将数据重分类为耕地、林地、草地、建设用地、内陆水体、滨海湿地、浅海水域、人工湿地和未利用地共

9 个类型。2000 ～ 2015 年黄河三角洲—莱州湾海岸带土地利用空间分布如图 3.1 所示。

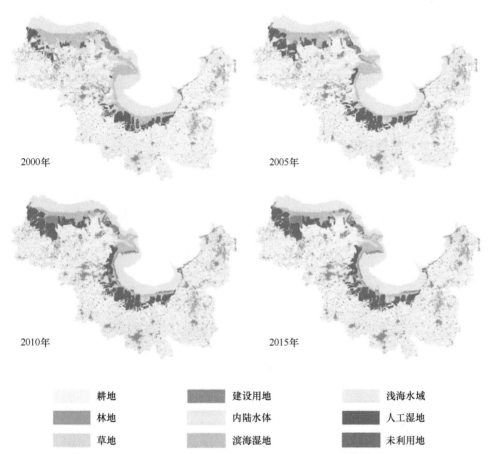

图 3.1 2000 ～ 2015 年黄河三角洲—莱州湾海岸带土地利用空间分布

土地利用空间分布与时间变化受到自然和人文多类型因素的耦合驱动及影响，根据已有研究的经验总结（Vakhshoori and Zare，2016；苏红帆等，2016）和黄河三角洲—莱州湾海岸带区域的实际特征，并兼顾多要素空间数据的可获取性和匹配性，土地利用变化情景分析与模拟选取 6 个驱动力因子，数据来源及处理如表 3.1 所示。

表 3.1 驱动力因子数据来源与处理

驱动力因子	数据来源	处理
高程、坡度	地理空间数据云（http://www.gscloud.cn/）下载 30m 分辨率的 GDEMV2 DEM 数据	进行表面分析生成坡度

续表

驱动力因子	数据来源	处理
到交通道路的距离	国道、高速公路、铁路矢量图	进行欧氏距离分析
到河渠的距离	基于 2015 年土地利用数据提取河渠数据	进行欧氏距离分析
到城镇的距离	基于 2015 年土地利用数据提取城镇建设用地数据	进行欧氏距离分析
到海岸线的距离	中国海岸线数据（侯西勇等，2016）	进行欧氏距离分析

（二）土地利用变化情景分析与模拟方法

1. 土地利用转移概率矩阵

土地利用转移概率矩阵来源于系统分析中对系统状态的定义以及状态之间转移特征的定量描述（刘瑞和朱道林，2010），在土地利用变化分析中已被广泛使用，可以直接反映出不同土地利用类型之间的来源与去向，全面显示区域土地利用的变化特征，表达式为

$$P_{ij} = \begin{bmatrix} P_{11} & \cdots & P_{1n} \\ \vdots & \ddots & \vdots \\ P_{n1} & \cdots & P_{nn} \end{bmatrix} \tag{3.1}$$

式中，P_{ij} 为状态转移矩阵，矩阵元素是土地利用转移面积或转移比例。

2. Markov 模型

Markov 过程是一种具有"无后效性"的特殊随机运动过程（除多等，2005）。Markov 模型是一种基于转移概率的数学统计模型，土地利用的动态演化过程具有较明显的 Markov 性质，因而可以利用土地利用类型的转移概率对土地利用的面积进行预测（陈永林等，2018）。

设 S_t 是一随机过程，将某一时刻的土地利用类型对应于 Markov 过程的可能状态，土地利用类型之间相互转换的面积比例作为转移概率，其公式为

$$S_{t+1} = P_{ij} \cdot S_t \tag{3.2}$$

式中，S_t、S_{t+1} 分别为 t、$t+1$ 时刻的系统状态；P_{ij} 为转移概率矩阵。

3. FLUS 模型

FLUS 模型是用于模拟人类活动与自然影响下的土地利用变化以及未来土地利用情景的模型（Li et al.，2017）。该模型源自元胞自动机（cellular automata，CA）技术，但做了较大的改进：采用能够有效处理非线性关系的人工神经网络（artificial neural network，ANN）算法从一期土地利用数据与包含人为活动与自然效应的多种驱动力因子获取各类用地类型的适宜性概率。ANN 算法的优点是：

特别适用于模拟复杂的非线性系统，显著优于多准则判断等传统分析方法（黎夏和叶嘉安，2005）；从一期土地利用分布数据中采样，能较好地避免误差传递的发生（朱寿红等，2017）；基于 CA 技术进行用地空间配置，模拟过程采用基于轮盘赌选择的自适应惯性竞争机制，能有效处理多种土地利用类型在自然作用与人类活动共同影响下发生相互转化时的不确定性与复杂性，具有较高的模拟精度并且能获得与现实土地利用分布非常相似的结果（Liu et al.，2017）。模型具体使用 BP-ANN 方法，这是一种多层前馈神经网络算法，分为输入层、隐藏层和输出层 3 层，用于训练和评估每个栅格土地利用类型发生的概率（付玲等，2016）。

基于自适应惯性机制的元胞自动机技术，对邻域影响的计算公式为

$$\Omega_{p,k}^{t} = \frac{\sum\limits_{N \times N} \mathrm{con}\left(c_p^{t-1}=k\right)}{N \times N - 1} \times w_k \tag{3.3}$$

式中，$\Omega_{p,k}^{t}$ 表示邻域影响程度；$\sum\limits_{N \times N} \mathrm{con}\left(c_p^{t-1}=k\right)$ 表示在 $N \times N$ 的 Moore 邻域窗口，上一次迭代结束后第 k 种地类的栅格总数；w_k 为各类用地的邻域作用的权重。

自适应惯性系数用于判断特定土地利用类型的发展趋势与实际需求是否存在较大差距，如存在，则在下一次迭代中调整该土地利用的发展趋势，从而动态控制该土地利用类型的数量（Liu et al.，2017），其表达式为

$$I_k^t = \begin{cases} I_k^{t-1} & \text{若 } |D_k^{t-1}| \leqslant |D_k^{t-2}| \\[2mm] I_k^{t-1} \times \dfrac{D_k^{t-2}}{D_k^{t-1}} & \text{若 } D_k^{t-1} < D_k^{t-2} < 0 \\[2mm] I_k^{t-1} \times \dfrac{D_k^{t-1}}{D_k^{t-2}} & \text{若 } 0 < D_k^{t-2} < D_k^{t-1} \end{cases} \tag{3.4}$$

式中，I_k^t 表示 k 类用地在 t 时刻的自适应惯性系数；D_k^{t-1}、D_k^{t-2} 分别为 $t-1$、$t-2$ 时刻第 k 类用地的栅格数与需求数量之差。

4. 情景分析与模拟

情景分析是对未来态势进行探测的常用方法，考虑多方面的因素从而预测多种可能情景，提供更加科学的参考依据（郭延凤等，2012）。根据研究区土地利用和经济社会发展的现状特征，设置趋势延续（business as usual，BAU）、社会经济发展（social and economic development，SED）和生态保护优先（ecological protection priority，EPP）3 种情景，将目标年份设定为 2025 年，利用 2005～2015 年的转移概率矩阵，基于 Markov 数学方法实现 3 种情景的总量计算：直接预测得到 BAU 情景，修改转移概率矩阵和地类转换限制矩阵，进而预测得

到 SED 和 EPP 情景。多情景空间模拟使用 FLUS 模型，选取均匀采样模式，基于 2015 年土地利用状况和土地利用变化驱动力因子，将各因素进行归一化，提取 0.1% 的栅格样本进行 ANN 样本训练及适应性概率计算。2025 年黄河三角洲—莱州湾海岸带土地利用变化多情景空间分布如图 3.2 所示。

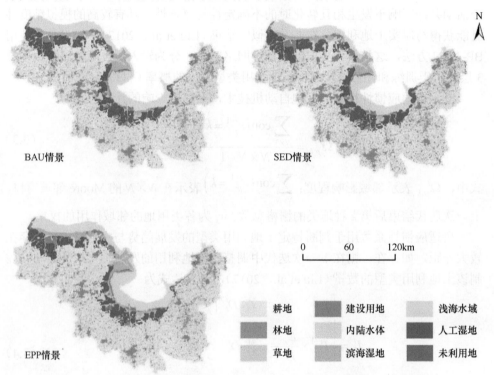

图 3.2　2025 年黄河三角洲—莱州湾海岸带土地利用变化多情景空间分布

二、生态系统服务识别及价值评估

（一）生态系统服务识别

黄河三角洲—莱州湾海岸带生态系统服务识别、分类与制图是实现其自然资源合理利用、生态系统保护与综合管理的重要科学参考。参考前人的研究并结合黄河三角洲—莱州湾海岸带生境特征（Quintas-Soriano et al.，2016；De Groot et al.，2012；Reynaud and Lanzanova，2017；Chaikumbung et al.，2016；Woodward and Wui，2001；Costanza，2008；谢高地和肖玉，2013；谢高地等，2015；国家林业局，2008；郑伟，2011；刘键，2008；韩美，2012；张绪良等，2009；王永丽，2012；李琳，2011；徐晴，2008；刘庆等，2010），对该区域典型生态系统服务进行识别、分类，共识别出 27 种典型生态系统服务类型（表 3.2），并将其划分为供给服务、调节服务、支持服务和文化服务四大类。在此基础上，基于遥感影像解译的土地利用数据对黄河三角洲—莱州湾海岸带生态系统服务的多样性在 1km 格网上进行制图，探讨其结构特征和空间分布规律。

表 3.2　黄河三角洲—莱州湾海岸带生态系统服务类型识别

生态系统服务类型	耕地	林地	草地	建设用地	内陆水体	滨海湿地	浅海水域	人工湿地	未利用地
食物生产	√	√	√	—		√		√	—
原材料生产	√	√	√	—		√		√	√
能源供给	√	√	√	√					—
水供给	—	—	—	—	√	—		√	—
医药资源	—	—	—	—		√			—
观赏资源	√	√	√	—		√		√	—
基因资源	—	—	—	—					√
空气调节	√	√	√	—		√	√	√	—
气候调节	√	√	√	—		√	√	√	—
废弃物处理	—	√	√	—		√		√	—
侵蚀防护									
生物控制	—	√	√	—		√		√	—
疾病调控									
干扰调节	—	√	√	—		√	√	√	—
水土保持									
授粉传种	√	√	√	—					—
噪声调节	—	√	—	—					—
成土造陆	—	√	√	—		√			—
初级生产	√					√		√	
水盐循环	—	√	√	—		√			—
栖息地	√	√	√	—		√		√	√
维持生物多样性	√	√	√	—		√		√	—
休闲娱乐	√	√	√	√		√		√	—
文化遗产	—	√	√	√					—
科研教育	—	√	√	—		√		√	—
美学价值	√	√	√	—		√		√	—
精神与宗教价值	—	√	—	—		√	√	√	—

注：√表示能够识别，—表示无法识别

（二）生态系统服务价值评估

参考 Costanza 等（1997）生态系统服务分类系统和千年生态系统服务（millennium ecosystem assessment，MA）分类体系，将生态系统服务划分为食物生产、原材料生产、气候调节（包括气体调节）、水文调节、废弃物处理、水土保持、维持生物多样性、文化娱乐共 8 项。借鉴相关研究成果，利用效益转移法（BTM）获得黄河三角洲—莱州湾海岸带不同土地利用类型生态系统服务的单价（表 3.3），其中，浅海水域价值为均值，其余土地利用类型直接采用效益转移法计算；计算过程中，利用居民消费价格指数（consumer price index，CPI）和生产价格指数（producer price index，PPI）转换为 2015 年物价水平（李晓炜等，2016）。

表 3.3　黄河三角洲—莱州湾海岸带不同土地利用类型生态系统服务的单价

（单位：元 /hm^2）

生态系统服务类型	耕地[*]	林地[+]	草地[+]	内陆水体[*]	滨海湿地[+]	浅海水域[+※#]	人工湿地[×]	未利用地[φ]
食物生产	559.79	2 753.18	10 975.88	296.69	10 230.04	17 316.74	37 846.40	15.08
原材料生产	218.32	1 666.64	497.23	195.93	6 160.12	213.2	0.00	0.00
气候调节	946.05	1 399.61	368.32	1 438.67	49 870.29	4 660.49	0.00	0.00
水文调节	431.04	1 758.72	552.48	10 507.29	11 206.08	246.34	9 010.57	45.62
废弃物处理	778.11	64.46	690.60	8 312.91	1 492 839.85	0.00	0.00	15.08
水土保持	822.90	902.38	405.15	229.51	36 592.42	176 939.08	0.00	30.41
维持生物多样性	570.99	10 101.13	11 178.46	1 920.08	157 805.95	1 148.40	0.00	517.41
文化娱乐	95.17	9 115.88	1 777.14	2 485.47	20 193.05	7 135.15	5 070.21	15.08
总计	4 422.37	27 762.00	26 445.26	25 386.55	1 784 897.80	207 659.40	51 927.18	638.68

资料来源：※（Costanza et al.，1997），*（谢高地等，2008），+（De Groot et al.，2012），#（张朝晖等，2007），×（李琳，2011），φ（刘庆等，2010）

注：建设用地的生态系统服务价值为 0，下文同

Costanza 等（1997）提出的生态系统服务价值评估体系是迄今为止应用最为广泛的评估体系，应用该方法估算生态系统服务价值，其公式如下：

$$\text{ESV}_k = \sum_f A_k \times \text{VC}_{kf} \tag{3.5}$$

$$\text{ESV}_f = \sum_k A_k \times \text{VC}_{kf} \tag{3.6}$$

$$\text{ESV} = \sum_k \sum_f A_k \times \text{VC}_{kf} \tag{3.7}$$

式中，ESV_k、ESV_f 和 ESV 分别为第 k 类土地利用类型的服务价值、第 f 项服务的价值和生态系统服务总价值；A_k 是第 k 类土地利用类型的面积；VC_{kf} 为价值系数，即第 k 类土地利用类型第 f 项服务的单位面积服务价值。

三、生态连通性及其评估方法

（一）生态连通性概念

生态连通性的概念最早由 Merriam 提出，Forman、Schrelber、Haber、Taylor、Tischendorf 等从不同角度发展了生态连通性的概念和内涵（陈利顶和傅伯杰，1996）。生态连通性常用于描述生境斑块间物质、能量、生物及信息流等的迁移扩散过程，衡量其生境生态结构、功能或过程的有机联系，反映生境的功能特征和生境的破碎化程度（刘世梁等，2012）。生态连通性研究一般包括两个方面：以分析景观和生境斑块为基础的结构连通性和以分析生物或物质对生境响应为基础的功能连通性（Taylor et al.，1993）。

生态连通性是测度景观对于生物、信息流在斑块间运动的促进或者阻碍作用程度的指标，用于描述区域结构和功能的变化，综合考虑动态过程以及生态过程，主要采用不同的手段量化结构和功能变化，包括实验研究方法、模型模拟特定生态过程的研究方法以及利用景观格局指数量化的研究方法（富伟等，2009；吴昌广等，2010；吴健生等，2012；Fang et al.，2018）。其主要理论基础包括渗透理论和图论理论。渗透理论在景观生态连通性的应用中，表示景观组分密度存在阈值，支持某一特定的生态过程（如流行病、火、生物多样性变化等）在景观中发生渗透，渗透理论认为连接度的变化或者景观的破碎化与景观要素（斑块）丧失呈线性关系，仅考虑了维持某种生态功能的景观组分密度对景观连接度的影响，在复杂的景观格局以及功能变化的分析中具有一定的局限性（富伟等，2009）。图论理论将生境斑块与斑块间生态流的格局抽象为点线图形，即采用拓扑学方法把景观镶嵌体中的斑块、廊道、基质等抽象为节点、连接以及它们之间的生态流关系，通过简单、直观的图形方式反映生态系统中复杂的网络结构关系，能较好地反映结构连接度和功能连接度。

（二）生态连通性评估方法

采用最小累积-阻力（MCR）模型进行生态连通性评估，"源"和"阻力面"是 MCR 模型中最基本的 2 个概念："源"指功能的耗费中心，"阻力面"则是实现某种生态过程需要克服的景观阻力（吴昌广等，2010）。根据国内外相关研究的结果，并结合黄河三角洲—莱州湾海岸带土地利用的特征，确定生态功能源，并计算 9 种土地利用类型的生态系统服务价值，利用生态系统服务价值构建阻力面。以生态功能区为源，依据生态系统服务价值构建的阻力面，利用 ArcGIS 软件中的 Cost Distance 工具计算最小累积阻力和综合累积阻力，基于此再利用生态连接度指数计算黄河三角洲—莱州湾海岸带的生态连通性，主要方法如下。

（1）最小累积阻力（MCR）：是指模拟生态流从源经过具有不同生态系统服务功能的景观过程中所需要的费用或克服阻力所做的功（吴昌广等，2009）。最小累积阻力模型是景观水平上进行景观连接度评价的最好工具之一，最早由 Knaapen 等提出，其关键因素包括源地、距离和介质要素，计算公式如下：

$$MCR = f_{\min} \sum_{j=m}^{i=n} D_{ij} \times R_i \qquad (3.8)$$

式中，MCR 为最小累积阻力值；$f_{\min}$ 表示空间任意点的最小阻力值与其到所有源的距离和景观基质特征的正相关关系；D_{ij} 表示从源 j 出发穿过阻力面到达任意点 i 的距离；R_i 表示空间点 i 到最近源的阻力值。

源（生态功能区）的确定是陆海生境研究的基础，依据景观生态源和汇的理论，生态功能源应具有一定的空间扩展性和连续性，面积较小的生态用地"孤岛"通常不具备维持区内生物多样性的功能，参考国内外已有研究确定适用的最小面积限制阈值（Marulli and Mallarach，2005；谢鹏飞等，2015；张利等，2014），见表 3.4。

表 3.4 黄河三角洲—莱州湾海岸带生态功能区划分

生态功能区	判别标准	土地利用类型	编码
水生态区	100hm²	浅海水域、河渠、湖泊、水库坑塘、河口水域等	R_1
滨海湿地生态区	30hm²	河口三角洲湿地、滩涂	R_2
林地生态区	40hm²	有林地、疏林地、灌丛林地、其他林地	R_3
草地生态区	60hm²	高覆盖度草地、中覆盖度草地、低覆盖度草地	R_4

阻力面很大程度上表征了生态流从源经过具有不同生态系统服务功能的景观过程中所需克服的阻力。生态系统服务价值是衡量生态系统服务功能的重要指标，其高低可表征生态系统间物质、能量、信息流运动的难易程度。利用生态系统服务价值构建阻力面能大大克服人为赋值构建阻力面的主观性问题，更好地反映生态系统间生物流的状态，公式如下（Wang et al.，2015）：

$$CV_i = \left(ESV_{\max} - ESV_i\right) / \left(ESV_{\max} - ESV_{\min}\right) \qquad (3.9)$$

式中，CV_i 表示 i 像元的阻力系数值；ESV_i 为第 i 个像元的生态系统服务价值；$ESV_{\max}$、$ESV_{\min}$ 分别是给定区域内生态系统服务价值的最大值和最小值。

（2）生态连接度指数（ECI）：用于描述不同景观斑块在物质、能量、物种的流动迁移以及生态结构、过程、功能间的有机联系。以区域生态功能分区斑块为源，以相对生态系统服务价值强度为阻力面计算综合累积阻力面，进而计算生态连接度指数，公式如下（Marulli and Mallarach，2005）：

$$d_i = \sum_{r=1}^{m} d_{ri}$$

$$\text{ECI}_i = 10 - 9\frac{\ln\left(1+\left(d_i - d_{\min}\right)\right)^b}{\ln\left(1+\left(d_{\max} - d_{\min}\right)\right)^a} \tag{3.10}$$

式中，d_i 指第 i 个像元到各生态功能区的总耗费距离；d_{ri} 指第 i 个像元到第 r 种生态类型区的耗费距离；$d_{\max}$、$d_{\min}$ 是给定区域像元到各生态功能区总耗费距离 d_i 的最大值和最小值，为使得不同时期的 ECI 具有可比性，最值取多时期最值；a、b 均为正整数，$b \leqslant a$，参考相关文献（Marulli and Mallarach，2005；谢鹏飞等，2015；张利等，2014；Wang et al.，2015；武剑锋等，2008），取 $a=b=1$；ECI_i 为第 i 个像元的生态连接度指数。

第二节 生态系统服务价值和生态连通性变化特征

一、生态系统服务的时空变化特征

（一）生态系统服务多样性时空变化特征

1. 时间变化特征

2000～2015 年黄河三角洲—莱州湾海岸带生态系统服务的多样性整体呈下降的趋势，其下降区域的分布面积显著大于上升区域，多样性变化最为剧烈的空间区域分布在距离海岸线 20km 以内的陆域部分，不同时期生态系统服务的多样性空间变化存在一定的差异性（图 3.3）。随着时间的推移，黄河三角洲—莱州湾海岸带生态系统服务的多样性空间变化区域面积呈现持续下降的趋势。

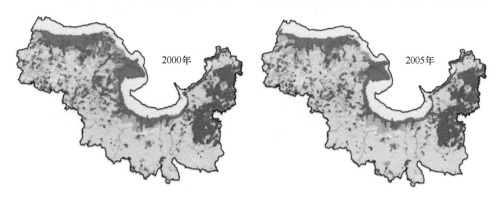

2000年　　　　　　　　2005年

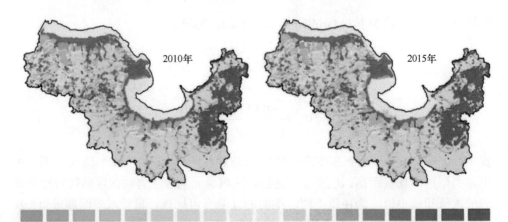

图 3.3　不同时期黄河三角洲—莱州湾海岸带生态系统服务多样性空间变化分布

2000～2015 年生态系统服务的多样性下降最为显著的区域多集中于距离海岸线
10km 的陆域部分，上升区域小而分散，多集中于生态环境改善区和黄河口新生
湿地区域。

2. 空间分布特征

　　黄河三角洲—莱州湾海岸带生态系统服务多样性的空间分布存在一定的规律
性，生态系统服务多样性的高值区集中于海岸带滩涂、黄河三角洲湿地以及植被
覆盖度较高的山地区域，低值区多集中于人为干扰活动剧烈的地区，尤其是建设
用地（城镇用地、农村居民点、工矿用地、交通用地等）和盐田养殖地（图 3.4）。
2000 年和 2005 年黄河三角洲—莱州湾海岸带生态系统服务多样性数值较高的区
域大体呈"S"状沿海岸线连续分布，但 2010 年和 2015 年其空间的连续性被明
显削弱，在东营港及其毗邻区域以及莱州湾的南岸和东岸区域出现了间断；2000
年和 2005 年生态系统服务多样性低值区为若干个团块并呈现"孤岛"状分布，
但到了 2010 年和 2015 年低值区范围明显扩大并开始呈现出连片分布的态势。

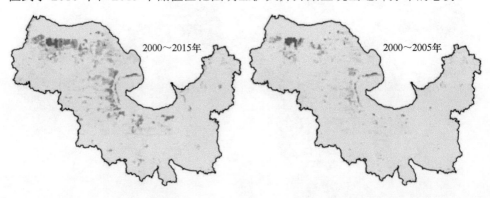

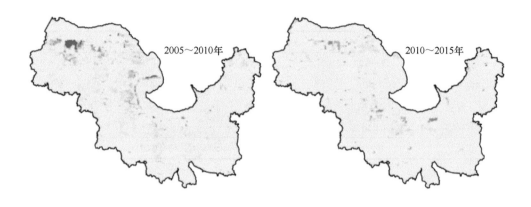

图 3.4　2000 ~ 2015 年黄河三角洲—莱州湾海岸带生态系统服务多样性空间分布

（二）生态系统服务价值时空变化特征

1. 时间变化特征

黄河三角洲—莱州湾海岸带不同生态系统服务的价值如表 3.5 所示，2000 ~ 2015 年，黄河三角洲—莱州湾海岸带生态系统服务价值下降显著，滨海湿地生态系统服务价值损失最大。2000 年生态系统服务总价值为 4692.59 亿元，2015 年下降为 3011.93 亿元，15 年间减少了 1680.66 亿元，降幅高达 35.82%。不同土地类型所提供的生态系统服务价值不同，其中，滨海湿地的生态系统服务价值占比最大，高达 65% 以上，除人工湿地外，其余各土地类型的生态系统服务价值都在减少，滨海湿地生态系统服务价值减少 1704.75 亿元，降幅最大，达 45.85%；草地、浅海水域生态系统服务价值总量减少较多，分别为 16.63 亿元、15.83 亿元，耕地、林地和未利用地生态系统服务价值损失较小，分别为 1.10 亿元、1.15 亿元和 0.18 亿元，其中未利用地的降幅最大，达 30.51%；人工湿地生态系统服务价值增加了 62.58 亿元，增幅高达 94.13%。城镇用地、工矿交通建设用地、盐田养殖地扩张，导致滩涂、河口三角洲湿地、耕地、林地、草地等被侵占，是造成生态系统服务价值减少的主要原因。

表 3.5　黄河三角洲—莱州湾海岸带不同生态系统服务价值变化

土地利用类型	2000 年价值（亿元）	2015 年价值（亿元）	变化量（亿元）	变化率（%）
耕地	63.26	62.16	-1.10	-1.74
林地	17.99	16.84	-1.15	-6.39
草地	55.82	39.19	-16.63	-29.79
内陆水体	32.20	28.60	-3.60	-11.18

土地利用类型	2000 年价值（亿元）	2015 年价值（亿元）	变化量（亿元）	变化率（%）
滨海湿地	3718.09	2013.34	−1704.75	−45.85
浅海水域	738.16	722.33	−15.83	−2.14
人工湿地	66.48	129.06	62.58	94.13
未利用地	0.59	0.41	−0.18	−30.51
总计	4692.59	3011.93	−1680.66	−35.82

2. 空间分布特征

由图 3.5、图 3.6 可知，2000 年和 2015 年黄河三角洲—莱州湾海岸带生态系统服务价值空间分布呈现一定的规律性，存在明显的陆海梯度变化特征，整体上

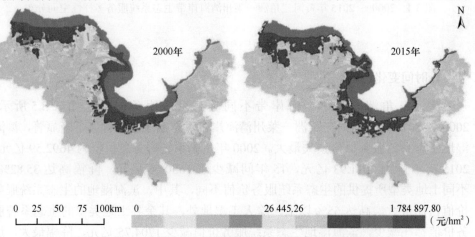

图 3.5 黄河三角洲—莱州湾海岸带生态系统服务价值空间分布

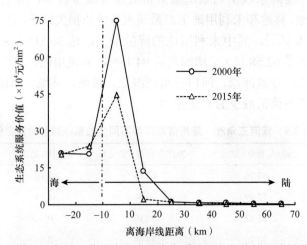

图 3.6 黄河三角洲—莱州湾海岸带生态系统服务价值的海陆梯度特征

以海岸滩涂地带为中心向两侧辐射呈条带状递减趋势，2015 年整个研究区域的单位面积生态系统服务价值明显低于 2000 年。生态系统服务价值高值区主要分布于黄河三角洲—莱州湾海岸带滩涂湿地区域，受人为干扰较少的黄河三角洲自然保护区最为突出，高值区呈块状或"孤岛"状为生态环境较好的地区；低值区主要集中于人类高强度开发区，如城镇建设、工矿交通、养殖围垦等区域。

2000～2015 年黄河三角洲—莱州湾海岸带生态系统服务价值既有上升区域，又有下降区域，整体上下降区域分布更广泛，上升区域小而分散（图 3.7）。从空间分布来看，黄河三角洲—莱州湾海岸带生态系统服务价值表现出沿海滩涂地区变化幅度大于内陆地区的特征，变化剧烈的区域主要集中于离岸 20km 范围内。与 2000 年相比，2015 年黄河三角洲—莱州湾海岸带生态系统服务价值显著下降，下降幅度较大的区域主要集中于沿海滩涂地带，尤其是黄河三角洲滨海湿地和莱州湾沿岸滨海湿地，下降幅度非常显著；生态系统服务价值上升幅度较大的区域主要集中于生态环境改善地区和新生湿地地区，黄河三角洲新生湿地为最典型区域。

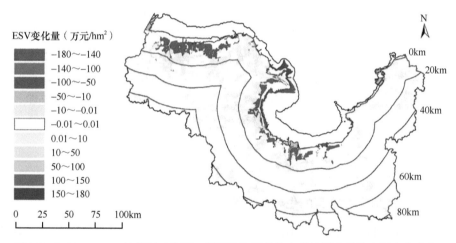

图 3.7　2000～2015 年黄河三角洲—莱州湾海岸带生态系统服务价值空间变化分布

3. 类型变化特征

从生态系统服务一级类型来看，调节服务价值最高，2 个年份的调节服务占比均超过 61%，其次为支持服务，2 个年份的支持服务占比均超过 23%，再次是供给服务，文化服务占比最小（表 3.6）。2000～2015 年黄河三角洲—莱州湾海岸带的调节服务、支持服务、文化服务整体上呈现减少的趋势，而供给服务呈现增加的趋势。与 2000 年相比，2015 年调节服务锐减 1478.22 亿元，支持服务和文化服务分别损失 207.79 亿元和 15.60 亿元，而供给服务增加了 20.95 亿元。

表 3.6　2000 ～ 2015 年不同生态系统服务类型价值 　　　（单位：亿元）

一级类型	二级类型	2000 年	2015 年	变化量
供给服务	食物生产	164.67	191.98	27.31
	原材料生产	19.09	12.73	−6.36
	合计	183.76	204.71	20.95
调节服务	气候调节	137.49	88.78	−48.71
	水文调节	57.60	55.70	−1.90
	废弃物处理	3132.89	1705.28	−1427.61
	合计	3327.98	1849.76	−1478.22
支持服务	保持土壤	718.71	669.74	−48.97
	维持生物多样性	374.03	215.21	−158.82
	合计	1092.74	884.95	−207.79
文化服务	文化娱乐	88.11	72.51	−15.60
	合计	88.11	72.51	−15.60
总计		4692.59	3011.93	−1680.66

　　从生态系统服务二级类型来看，废弃物处理价值最高，其次是保持土壤、维持生物多样性、食物生产、气候调节，文化娱乐、水文调节价值较低，而原材料生产价值最低。2000 ～ 2015 年废弃物处理、保持土壤、维持生物多样性、气候调节、文化娱乐、水文调节、原材料生产的价值呈现下降的趋势，而食物生产的价值呈现上升的趋势。

（三）2025 年不同情景下生态系统服务价值的变化特征

1. 不同土地利用类型的生态系统服务价值变化特征

　　2025 年不同情景下和 2015 年黄河三角洲—莱州湾海岸带生态系统服务价值如表 3.7 所示。总体而言，SED 和 BAU 情景下生态系统服务价值呈现下降的趋势，分别减少 434.58 亿元和 419.81 亿元，降幅分别达 14.43% 和 13.94%，而 EPP 情景下生态系统服务价值上升了 105.07 亿元，增幅达 3.49%。

表 3.7　2025 年不同情景下和 2015 年黄河三角洲—莱州湾海岸带不同生态系统服务价值

（单位：亿元）

土地利用类型	2025 年			2015 年
	BAU 情景	SED 情景	EPP 情景	
耕地	59.67	57.43	61.19	62.16
林地	14.91	15.07	16.02	16.84

续表

土地利用类型	2025 年			2015 年
	BAU 情景	SED 情景	EPP 情景	
草地	34.94	33.17	37.94	39.19
内陆水体	29.49	28.08	33.20	28.60
滨海湿地	1652.19	1629.06	2182.61	2013.34
浅海水域	652.25	652.23	657.48	722.33
人工湿地	148.24	161.96	128.38	129.06
未利用地	0.43	0.35	0.18	0.41
总计	2592.12	2577.35	3117.00	3011.93

不同土地利用类型所提供的生态系统服务价值占总价值的比重存在显著差异，其中滨海湿地所提供的生态系统服务价值所占比重最大，其次是浅海水域、人工湿地、耕地和草地，再次是内陆水体和林地，未利用地最小。与 2015 年相比，2025 年不同情景下不同土地利用类型提供的生态系统服务价值变化情况既存在一定的差异性，又存在一定的相似性。2025 年三种情景下，浅海水域、耕地、林地和草地生态系统服务价值呈现出下降的趋势，其中 EPP 情景下降最少，而 SED 情景下降显著。内陆水体生态系统服务价值在 SED 情景下下降，在 BAU 和 EPP 情景下上升，其中 EPP 情景上升幅度较大。未利用地生态系统服务价值在 BAU 情景下小幅上升，在 SED 和 EPP 情景下减少。人工湿地（盐田养殖地）生态系统服务价值在 BAU 和 SED 情景下出现显著增加的趋势，在 SED 情景下尤为突出，在 EPP 情景下小幅缩减。滨海湿地生态系统服务价值在 BAU 和 SED 情景下呈现最为显著的减少趋势，而在 EPP 情景下恰恰相反，呈现显著增加的趋势。

2. 多情景下生态系统服务价值类型变化特征

2025 年不同情景下黄河三角洲—莱州湾海岸带不同生态系统服务类型价值如表 3.8 所示。从生态系统服务一级类型来看，2025 年 3 种情景下调节服务价值占比最大，均高于 58%，其在 EPP 情景下占比最高，BAU 情景次之，SED 情景最低；其次为支持服务，3 种情景下支持服务价值占比均超过 27%；再次是供给服务，均超 6%；而文化服务价值占比最低，均低于 3%。与 2015 年相比，2025 年 SED 和 BAU 情景下调节服务价值下降显著，分别下降 333.80 亿元、313.73 亿元，EPP 情景下上升显著，上升了 148.71 亿元；而供给服务价值与调节服务价值的变化趋势恰恰相反，其在 SED 和 BAU 情景下呈现上升的态势，而在 EPP 情景下出现下降的趋势；支持服务价值在 SED、BAU 和 EPP 情景下都下降，分别下降 106.89 亿元、102.75 亿元和 38.16 亿元；与支持服务类似，文化服务在三种情景（SED、BAU 和 EPP）下也都呈现下降趋势，分别下降 4.68 亿元、5.51亿元和 0.31 亿元。

表 3.8　2025 年不同情景下和 2015 年黄河三角洲—莱州湾海岸带不同生态系统服务类型价值

（单位：亿元）

一级类型	二级类型	2025 年			2015 年
		BAU 情景	SED 情景	EPP 情景	
供给服务	食物生产	195.79	204.64	186.38	191.98
	原材料生产	11.10	10.87	13.16	12.73
	合计	206.89	215.51	199.54	204.71
调节服务	气候调节	76.48	75.25	92.05	88.78
	水文调节	56.60	58.00	58.28	55.70
	废弃物处理	1402.96	1382.71	1848.14	1705.28
	合计	1536.03	1515.96	1998.47	1849.76
支持服务	保持土壤	602.04	601.09	617.76	669.74
	维持生物多样性	180.16	176.96	229.03	215.21
	合计	782.20	778.06	846.79	884.95
文化服务	文化娱乐	67.00	67.83	72.20	72.51
	合计	67.00	67.83	72.20	72.51
总计		2592.13	2577.35	3116.99	3011.93

从生态系统服务二级类型来看，3 种情景下均是废弃物处理的价值占比最高，其次是保持土壤，气候调节、文化娱乐和水文调节的价值占比相对较小，原材料生产的价值占比最小。食物生产和维持生物多样性的价值占比较大，但是不同情景下有所差异，在 BAU 和 SED 情景下食物生产价值稍高于维持生物多样性价值，而在 EPP 情景下正好相反，维持生物多样性价值大于食物生产价值。总之，不同情景下不同生态系统服务类型的价值变化趋势既存在相似性，又有一定的差异性，其 BAU 和 SED 情景下变化趋势相似性较大，而与 EPP 情景差异较大。

二、生态连通性的时空变化特征

（一）时间变化特征

2000 ～ 2015 年，黄河三角洲—莱州湾海岸带生态连通性指数整体呈现明显的下降趋势，降幅达 12.69%。该区域不同等级生态连通性区域之间的相互转移矩阵见表3.9，2000年和2015年生态连通性中较低连通性（极低、低、中等连通性）区域分布面积占比较大，极低连通性区域分布面积所占比重分别为39.35%、43.34%，低连通性区域分布面积占比分别为41.09%、43.78%；中等连通性区域分布面积占比较大，分别为9.13%、8.07%。2000年和2015年较高连通性（高、极高、最高连通性）区域分布面积占比很小，高连通性分别为4.58%、3.42%，极高连通性分别为3.47%、1.35%，最高连通性2000年为2.37%，而2015年仅为0.04%。2015年极低和低连通性分布面积大大增加，中等连通性分布面积水平变化幅度较小，较高连通性分布面积下降显著，生态连通性整体处于较低水平。从不同连通性等级转移变化分析来看，2000～2015年的低连通性区域主要转为极低连通性区域，中等连通性区域主要变为低连通性区域，高连通性区域转变较为复杂，主要转变为中等和低连通性区域，极高连通性区域主要向中高连通性区域转变，最高连通性区域减少显著，主要转为中等、高和极高连通性区域。不同连通性区域的转变反映出人类活动和自然因素双重干扰下海岸带土地利用的变化特征及其影响下物质、能量、生物信息流的变化规律。

表3.9 2000～2015年黄河三角洲—莱州湾海岸带不同等级生态连通性区域之间的相互转移矩阵

（单位：hm^2）

2000年	2015年						
	极低连通性	低连通性	中等连通性	高连通性	极高连通性	最高连通性	合计
极低连通性	1 072 872.65	51 370.51	0.00	0.00	0.00	0.00	1 124 243.16（39.35%）
低连通性	165 199.43	995 615.28	10 366.74	1 627.74	1 156.68	0.00	1 173 965.87（41.09%）
中等连通性	152.91	138 112.73	112 782.86	5 948.71	3 964.86	0.00	260 962.07（9.13%）
高连通性	3.06	36 974.52	64 198.58	27 211.57	2 482.72	93.47	130 963.92（4.58%）
极高连通性	0.00	24 186.96	27 020.25	46 961.91	1 026.99	65.61	99 261.72（3.47%）
最高连通性	0.00	4 590.54	16 216.29	16 053.66	29 849.22	1 083.34	67 793.05（2.37%）
合计	1 238 228.05（43.34%）	1 250 850.54（43.78%）	230 584.72（8.07%）	97 803.59（3.42%）	38 480.47（1.35%）	1 242.42（0.04%）	2 857 189.79（100%）

注：括号中的数据为不同等级生态连通性区域的占比

（二）空间变化特征

黄河三角洲—莱州湾海岸带生态连通性变化呈明显的陆海梯度特征（图3.8），整体上以海岸滩涂地带为中心向外辐射呈带状递减。由于生态系统物质、能量、生物信息流经过具有不同生态服务功能景观的过程所需克服的阻力不同，如经过自然景观的阻力显著小于人为景观，因此连通性空间分布存在显著差异。连通性高值区集中于人为干扰少、生态系统服务价值高的海岸带滩涂或三角洲湿地地区，低值区多集中于人为干扰活动剧烈的地区，如城镇用地、农村居民点、工矿用地、交通用地等建设用地地区。

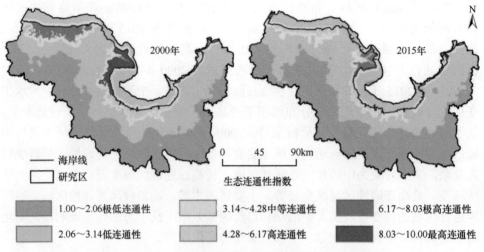

图 3.8 黄河三角洲—莱州湾海岸带生态连通性分级图

　　2000 年近海地区生态连通性指数较高的区域大体沿海岸线呈"乙"状分布，但在东营港及其毗邻区域存在间断，2015 年其空间的连续性进一步被削弱；高值区呈现"孤岛"状分布，而且生态连通性指数下降幅度最大，到 2015 年最高连通性区域几乎消失。这主要是由于近海地区大规模经济的开发和建设活动如港口建设、城镇建设、工矿交通设施建设、养殖围垦等侵占滨海湿地，近海湿地生态破碎化及"孤岛"化日趋严重，生态系统退化、生物多样性减少、生态系统服务价值丧失等一系列问题相继产生；近海海岸带地区的人类高强度开发活动，阻碍了生态系统间物质、能量、生物信息流的交互和流通，使得近海生态连通性大大降低。2000 年内陆区域生态连通性呈连续的"C"形，到 2015 年这种"C"形呈明显的扩张趋势，生态连通性低值区面积增加最大。快速的城市化过程和交通等基础设施的建设使区域人工障碍集聚化、扩张现象明显，加剧了黄河三角洲—莱州湾海岸带生态景观的破碎化和"孤岛"化，从而导致生态系统服务功能退化、生态连通性降低。

　　通过计算单位时间内生态连通性指数的变化幅度，反映黄河三角洲—莱州湾海岸带生态连通性的动态变化速率情况，结果如图 3.9 所示。分析可知，该区域生态连通性变化最显著的地区呈块状或"孤岛"状分布，多集中于黄河三角洲国家级自然保护区和沿海滩涂地区，绝大部分区域生态连通性呈下降趋势，仅有少部分地区生态连通性呈上升趋势，自然景观连通性下降幅度远大于人文景观。生态连通性增长的区域集中于新生滩涂湿地和植树造林、水库修建等生境改善区域，生态连通性增幅最大区域为黄河入海口附近的新生滩涂湿地，其余增幅较小的地区呈零星的"孤岛"状分布；生态连通性降低的区域集中于黄河故道附近的自然湿地和沿海的滩涂湿地，黄河故道地区生态连通性动态变化最为剧烈，生态连通性下降幅度最大。可见，人为因素和自然因素的双重作用，导致了黄河三角洲生态连通性的动态变化。

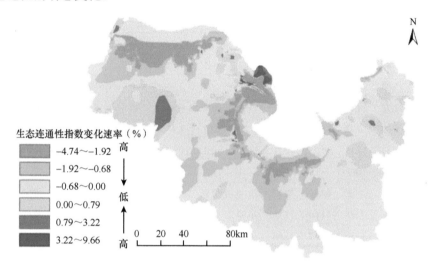

图 3.9 黄河三角洲—莱州湾海岸带生态连通性指数动态变化速率

（三）不同地类生态连通性的变化特征

2000 年和 2015 年黄河三角洲—莱州湾海岸带不同土地利用类型不同生态连通性等级的面积占比（表 3.10）显示，不同年份的同种土地利用的生态连通性结构既有相似性，又有一定的差别，相同年份不同土地利用类型的生态连通性结构差异性显著。绝大多数土地利用类型中，低连通性和极低连通性区域占比较大。2000 年和 2015 年耕地中极低连通性区域所占比重最大，均达 60% 以上，2015年极低连通性区域占比上升最多，除最高连通性区域外，其他呈现相反趋势。林地中低连通性区域占比最大，均高达 70% 以上。与林地类似，草地中低连通性区域占比也最大，均达 50% 以上。建设用地中极低连通性区域占比最大，低连通性次之，极低连通性均达 50% 以上，低连通性均在 35% 以上，高连通性微乎其微。在滨海湿地区域，高连通性和极高连通性区域占比较大，与 2000 年相比，2015 年滨海湿地连通性下降显著，2000 年极高连通性占比最大，为 45.36%，高、最高连通性次之，分别为 21.55%、32.43%，2015 年高连通性区域占比最大，为53.35%，中等、极高连通性次之，分别为 11.35%、33.39%，最高连通性区域占比由 32.43% 减至 1.06%，降幅最大。在人工湿地和未利用地，极低、低、中等连通性区域所占比重较大。总的来说,黄河三角洲—莱州湾海岸带较高连通性区域呈现向次一级或更低等级连通性转变的趋势。

表 3.10 2000 年和 2015 年黄河三角洲—莱州湾海岸带不同土地利用类型不同生态连通性等级的面积占比

(单位:%)

土地利用类型	极低连通性		低连通性		中等连通性		高连通性		极高连通性		最高连通性	
	2000 年	2015 年	2000 年	2015 年	2000 年	2015 年	2000 年	2015 年	2000 年	2015 年	2000 年	2015 年
耕地	60.46	64.99	36.72	33.61	2.47	1.33	0.34	0.07	0.01	0.00	0.00	0.00
林地	19.53	19.47	71.90	72.83	4.08	4.32	3.95	3.00	0.51	0.36	0.03	0.02
草地	21.76	30.47	54.80	55.26	15.96	10.38	6.88	3.82	0.58	0.07	0.02	0.00
建设用地	56.57	54.75	38.95	39.11	3.31	5.61	1.14	0.52	0.03	0.01	0.00	0.00
内陆水体	28.11	36.58	47.28	49.71	14.13	9.61	9.67	4.08	0.79	0.02	0.02	0.00
滨海湿地	0.00	0.00	0.02	0.85	0.64	11.35	21.55	53.35	45.36	33.39	32.43	1.06
浅海水域	0.62	2.02	62.82	70.72	28.08	22.88	8.01	4.25	0.45	0.12	0.01	0.01
人工湿地	0.13	1.09	51.60	73.16	36.97	23.25	11.23	2.49	0.07	0.01	0.00	0.00
未利用地	29.49	33.56	47.17	43.64	16.22	20.03	6.81	2.76	0.28	0.01	0.03	0.00

从 2000 年至 2015 年黄河三角洲—莱州湾海岸带不同土地利用类型不同生态连通性等级的面积变化(表 3.11)来看,自然景观面积总体减少,人工景观面积总体增加,其中人工湿地面积增加最多,建设用地次之,滨海湿地、草地、耕地、未利用地面积减少显著,林地、浅海水域面积略有减少。不同土地利用类型不同生态连通性等级的面积变化不同,耕地极低连通性面积增加最多,中等、低连通性面积减少明显;林地低连通性面积减少最多;草地中等、低连通性面积减少显著;建设用地低连通性和极低连通性面积大幅增加,极低连通性面积增加最为显著;滨海湿地极高、最高连通性面积降幅较大,中等、高连通性面积有所增加;人工湿地中等、低和极低连通性面积增加,高连通性面积减少;未利用地所有等级连通性面积均减少,低连通性面积减少最多。2015 年极低连通性和低连通性面积增长明显,相比 2000 年,极低连通性区域面积增加最多,为 113 984.87hm²,低连通性区域面积新增 76 884.67hm²;中等连通性区域面积减少 30 377.35hm²,高连通性区域面积减少 33 160.34hm²,极高连通性区域面积减少 60 781.25hm²,最高连通性区域面积减少最多,为 66 550.6hm²。

表 3.11　2000 年至 2015 年黄河三角洲—莱州湾海岸带不同土地利用类型
不同生态连通性等级的面积变化

（单位：hm²）

土地利用类型	极低连通性	低连通性	中等连通性	高连通性	极高连通性	最高连通性	合计
耕地	48 726.08	−52 816.47	−16 580.10	−3 895.13	−182.49	−18.37	−24 766.48
林地	−842.22	−2 421.49	−21.23	−739.24	−115.07	−5.97	−4 145.22
草地	−771.04	−33 788.50	−18 303.94	−8 859.22	−1 125.12	−47.24	−62 895.06
建设用地	59 617.38	46 120.91	12 056.78	−869.89	−45.73	−2.60	116 876.85
内陆水体	5 565.31	−3 961.41	−7 090.70	−7 677.99	−982.90	−28.59	−14 176.28
滨海湿地	0.00	910.50	11 460.24	15 302.86	−56 824.39	−66 358.93	−95 509.72
浅海水域	4 837.13	22 694.31	−20 229.63	−13 689.22	−1 180.18	−56.43	−7 624.02
人工湿地	2 548.04	115 767.53	10 453.91	−8 190.00	−72.43	−4.31	120 502.74
未利用地	−5 695.81	−15 620.71	−2 122.68	−4 542.51	−252.94	−28.16	−28 262.81
合计	113 984.87	76 884.67	−30 377.35	−33 160.34	−60 781.25	−66 550.6	0.00

（四）不同情景下生态连通性的变化特征

2025 年不同情景下黄河三角洲—莱州湾海岸带生态连通性整体呈现的变化趋势存在一定的差异性，在 BAU 和 SED 情景下生态连通性呈现下降的趋势，在 SED 情景下生态连通性下降更为显著，而在 EPP 情景下生态连通性呈上升的趋势（图 3.10）。总体而言，与 2015 年相比，2025 年在 BAU 情景下，黄河三角洲—莱州湾海岸带生态连通性整体下降 2.60%，在 SED 情景下生态连通性下降 5.76%，而在 EPP 情景下生态连通性上升 7.24%。

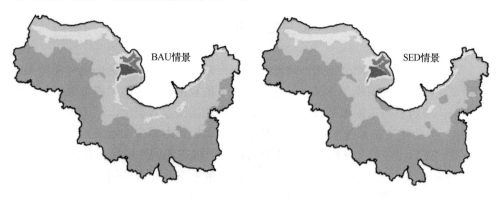

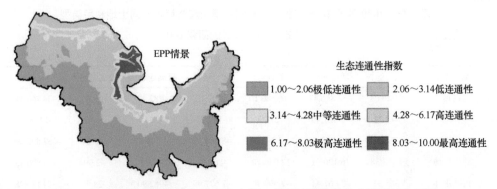

图3.10　2025年不同情景下黄河三角洲—莱州湾海岸带生态连通性分级图

从空间分布变化情况来看，黄河三角洲—莱州湾海岸带生态连通性变化呈明显的陆海梯度特征，整体上以海岸滩涂地带为中心向外辐射呈带状递减。不同情景下生态连通性高值区空间分布有显著的差异，在BAU和SED情景下生态连通性高值区呈现"孤岛"状分布，而在EPP情景下生态连通性高值区大体呈"S"状分布，但在孤东油田及其毗邻区域存在间断，这主要是油田开发活动侵占滨海湿地生态系统导致的。在BAU和SED情景下，快速的城市化过程和交通等基础设施的建设使区域人工障碍集聚化、扩张现象明显，加剧了黄河三角洲—莱州湾海岸带生态景观的破碎化和"孤岛"化，从而导致生态系统服务功能退化、生态连通性降低。在EPP情景下，重视陆海统筹、城乡统筹，进一步优化土地利用结构和格局，充分挖掘未利用土地的资源优势，合理划分生产、生活和生态空间，分类开发和管控，有效促进经济发展和生态保护之间的协调与平衡，在一定程度上提高了黄河三角洲—莱州湾海岸带局部区域的生态连通性。

第三节　小　　结

本章以黄河三角洲—莱州湾海岸带为例，基于遥感技术监测历史时期的土地利用变化特征，利用模型方法进行未来时期土地利用变化多情景模拟分析，在此基础上，将历史与未来相结合，识别该区域生态系统服务类型，采用效益转移法（BTM）评估其生态系统服务价值，基于最小累积阻力模型（MCR）和生态连接度指数（ECI），对黄河三角洲—莱州湾海岸带的生态连通性进行综合评价。

2000～2015年黄河三角洲—莱州湾海岸带生态系统服务的多样性整体呈下降的趋势，其下降区域的分布面积显著大于上升区域，下降最为显著的区域多集中于距离海岸线10km的陆域部分，上升区域小而分散，多集中于生态环境改善区和黄河口新生湿地区域。2000年黄河三角洲—莱州湾海岸带生态系统服务总价值为4692.59亿元，到2015年下降为3011.93亿元，15年间减少了1680.66

亿元，降幅高达 35.82%，滨海湿地生态系统服务价值损失最大，除人工湿地外，其余各土地类型的生态系统服务价值都在减少。从生态系统服务二级类型来看，废弃物处理价值最高，其次是保持土壤、维持生物多样性、食物生产、气候调节、文化娱乐、水文调节价值较低，而原材料生产价值最低。2000～2015 年废弃物处理、保持土壤、维持生物多样性、气候调节、文化娱乐、水文调节、原材料生产的价值呈现下降的趋势，而食物生产的价值呈现上升的趋势。至 2025 年，在 SED 和 BAU 情景下生态系统服务价值呈现下降的趋势，分别减少 434.58 亿元和 419.81 亿元，降幅分别达 14.43% 和 13.94%，而在 EPP 情景下生态系统服务价值上升了 105.07 亿元，增幅达 3.49%。

黄河三角洲—莱州湾海岸带生态连通性存在明显的陆海梯度变化特征，以海岸滩涂地带为中心向两侧辐射呈条带状递减。2000～2015 年生态连通性整体呈现明显的下降趋势，下降幅度达 12.69%；2000～2015 年黄河三角洲近海区域生态连通性指数较高的区域大体呈 "2" 状分布，但在东营港及其毗邻区域存在间断，15 年间其空间的连续性进一步被削弱；高值区呈 "孤岛" 状分布的态势加剧，到 2015 年最高连通性区域几乎消失。城市化和交通等基础设施建设使区域人工障碍物集聚化和扩张趋势明显，加剧了陆域生态景观的破碎化和 "孤岛" 化，从而导致生态系统服务功能退化、生态连通性降低。黄河三角洲—莱州湾海岸带生态连通性整体处于较低水平，极低连通性和低连通性分布面积占比较大，较高连通性区域呈现向次一级或更低等级连通性转变的趋势。至 2025 年，在 BAU 情景下黄河三角洲—莱州湾海岸带生态连通性整体下降 2.60%，在 SED 情景下生态连通性下降 5.76%，而在 EPP 情景下生态连通性上升 7.24%。本研究可为黄河三角洲—莱州湾海岸带生态系统保护与海岸带综合管理提供相关科学参考。

参考文献

陈利顶, 傅伯杰. 1996. 景观连接度的生态学意义及其应用. 生态学杂志, 15(4): 37-42, 73.

陈永林, 谢炳庚, 钟典, 等. 2018. 基于微粒群-马尔科夫复合模型的生态空间预测模拟——以长株潭城市群为例. 生态学报, 38(1): 55-64.

除多, 张镱锂, 郑度. 2005. 拉萨地区土地利用变化情景分析. 地理研究, 24(6): 869-877.

邸向红, 侯西勇, 吴莉. 2014. 中国海岸带土地利用遥感分类系统研究. 资源科学, 36(3): 463-472.

付玲, 胡业翠, 郑新奇. 2016. 基于 BP 神经网络的城市增长边界预测——以北京市为例. 中国土地科学, 30(2): 22-30.

富伟, 刘世梁, 崔保山, 等. 2009. 景观生态学中生态连接度研究进展. 生态学报, 29(11): 6174-6182.

郭延凤, 于秀波, 姜鲁光, 等. 2012. 基于 CLUE 模型的 2030 年江西省土地利用变化情景分析. 地理研究, 31(6): 1016-1028.

国家林业局. 2008. 森林生态系统服务功能评估规范 (LY/T 1721—2008). 北京: 中国标准出版社.

韩美. 2012. 基于多期遥感影像的黄河三角洲湿地动态与湿地补偿标准研究. 山东大学博士学位论文.

侯西勇, 邸向红, 侯婉, 等. 2018. 中国海岸带土地利用遥感制图及精度评价. 地球信息科学学报, 20(10): 1478-1488.

侯西勇, 毋亭, 侯婉, 等. 2016. 20 世纪 40 年代初以来中国大陆海岸线变化特征. 中国科学: 地球科学, 46(8): 1065-1075.

黎夏, 叶嘉安. 2005. 基于神经网络的元胞自动机及模拟复杂土地利用系统. 地理研究, 24(1): 19-27.

李琳. 2011. 基于 3S 技术的现代黄河三角洲湿地生态服务功能价值评估研究. 山东科技大学硕士学位论文.

李晓炜, 侯西勇, 邸向红, 等. 2016. 从生态系统服务角度探究土地利用变化引起的生态失衡——以莱州湾海岸带为例. 地理科学, 36(8): 1197-1204.

刘纪远, 匡文慧, 张增祥, 等. 2014. 20 世纪 80 年代末以来中国土地利用变化的基本特征与空间格局. 地理学报, 69(1): 3-14.

刘纪远, 张增祥, 庄大方, 等. 2003. 20 世纪 90 年代中国土地利用变化时空特征及其成因分析. 地理研究, 22(1): 1-12.

刘键. 2008. 黄河三角洲滨海湿地生态系统服务评价研究. 国家海洋局第一海洋研究所硕士学位论文.

刘庆, 李伟, 陆兆华. 2010. 基于遥感与 GIS 的黄河三角洲绿色空间生态服务价值评估. 生态环境学报, 19(8): 1838-1843.

刘瑞, 朱道林. 2010. 基于转移矩阵的土地利用变化信息挖掘方法探讨. 资源科学, 32(8): 1544-1550.

刘世梁, 杨珏婕, 安晨, 等. 2012. 基于景观连接度的土地整理生态效应评价. 生态学杂志, 31(3): 689-695.

刘玉斌, 李宝泉, 王玉珏, 等. 2019. 基于生态系统服务价值的莱州湾—黄河三角洲海岸带区域生态连通性评价. 生态学报, 39(20): 7514-7524.

宋百媛, 侯西勇, 刘玉斌. 2019. 黄河三角洲—莱州湾海岸带土地利用变化特征及多情景分析. 海洋科学, 43(10): 24-34.

苏红帆, 侯西勇, 邸向红. 2016. 北部湾沿海土地利用变化时空特征及情景分析. 海洋科学, 40(9): 107-116.

王秀兰, 包玉海. 1999. 土地利用动态变化研究方法探讨. 地理科学进展, 18(1): 83-89.

王永丽. 2012. 基于景观的黄河三角洲滨海湿地生态系统价值评估. 中国科学院大学博士学位论文.

吴昌广, 周志翔, 王鹏程, 等. 2009. 基于最小费用模型的景观连接度评价. 应用生态学报, 20(8): 2042-2048.

吴昌广, 周志翔, 王鹏程, 等. 2010. 景观连接度的概念、度量及其应用. 生态学报, 30(7): 1903-1910.

吴健生, 刘洪萌, 黄秀兰, 等. 2012. 深圳市生态用地景观连通性动态评价. 应用生态学报, 23(9): 2543-2549.

武剑锋, 曾辉, 刘雅琴. 2008. 深圳地区景观生态连接度评估. 生态学报, 28(4): 1691-1701.

谢高地, 肖玉. 2013. 农田生态系统服务及其价值的研究进展. 中国生态农业学报, 21(6): 645-651.

谢高地, 张彩霞, 张昌顺, 等. 2015. 中国生态系统服务的价值. 资源科学, 37(9): 1740-1746.

谢高地, 甄霖, 鲁春霞, 等. 2008. 一个基于专家知识的生态系统服务价值化方法. 自然资源学报, 23(5): 911-919.

谢鹏飞, 赵筱青, 张龙飞. 2015. 大面积人工园林种植区生态连接度研究——以澜沧县为例. 云南地理环境研究, 27(4): 71-78.

徐晴. 2008. 黄河三角洲湿地资源现状与生态系统服务价值评估. 北京林业大学硕士学位论文.

张朝晖, 吕吉斌, 叶属峰, 等. 2007. 桑沟湾海洋生态系统的服务价值. 应用生态学报, 18(11): 2540-2547.

张利, 陈亚恒, 门明新, 等. 2014. 基于 GIS 的区域生态连接度评价方法及应用. 农业工程学报, 30(8): 218-226.

张绪良, 陈东量, 徐宗军, 等. 2009. 黄河三角洲滨海湿地的生态系统务价值. 科技导报, 27(10): 37-42.

郑伟. 2011. 典型人类活动对海洋生态系统服务影响评估与生态补偿研究. 北京: 海洋出版社.

周良勇, 李广雪, 邓声贵, 等. 2003. 现代黄河三角洲土地利用变化分析. 海洋地质动态, 19(10): 1-4.

朱会义, 李秀彬, 何书金, 等. 2001. 环渤海地区土地利用的时空变化分析. 地理学报, 68(3): 253-260.

朱寿红, 舒帮荣, 马晓冬, 等. 2017. 基于"反规划"理念及 FLUS 模型的城镇用地增长边界划定研究——以徐州市贾汪区为例. 地理与地理信息科学, 33(5): 80-86, 127.

Chaikumbung M, Doucouliagos H, Scarborough H. 2016. The economic value of wetlands in developing countries: A meta-regression analysis. Ecological Economics, 124: 164-174.

Costanza R. 2008. Ecosystem services: Multiple classification systems are needed. Biological Conservation, 141(2): 350-352.

Costanza R, D'Arge R, De Groot, et al. 1997. The value of the world's ecosystem services and natural capital. Nature, 387: 253-260.

De Groot, Brander L, van der Ploeg S, et al. 2012. Global estimates of the value of ecosystems and their services in monetary units. Ecosystem Services, 1(1): 50-61.

Di X H, Hou X Y, Wang Y D, et al. 2015. Spatial-temporal characteristics of land use intensity of coastal zone in China during 2000–2010. Chinese Geographical Science, 25(1): 51-61.

Fang X, Hou X, Li X, et al. 2018. Ecological connectivity between land and sea: a review. Ecological Research, 33(1): 51-61.

Li X, Chen G Z, Liu X P, et al. 2017. A new global land-use and land-cover change product at a 1-km resolution for 2010 to 2100 based on human-environment interactions. Annals of the American Association of Geographers, 107(5): 1040-1059.

Liu X P, Liang X, Li X, et al. 2017. A future land use simulation model (FLUS) for simulating multiple land use scenarios by coupling human and natural effects. Landscape and Urban Planning, 168: 94-116.

Marulli J, Mallarach J M. 2005. A GIS methodology for assessing ecological connectivity: application to the Barcelona Metropolitan Area. Landscape and Urban Planning, 71(2-4): 243-262.

Quintas-Soriano C, Martín-López B, Santos-Martín F, et al. 2016. Ecosystem services values in Spain: A meta-analysis. Environmental Science & Policy, 55: 186-195.

Reynaud A, Lanzanova D. 2017. A global meta-analysis of the value of ecosystem services provided by lakes. Ecological Economics, 137: 184-194.

Taylor P D, Fahrig L, Henein K, et al. 1993. Connectivity is a vital element of landscape structure. Oikos, 68(3): 571-573.

Vakhshoori V, Zare M. 2016. Landslide susceptibility mapping by comparing weight of evidence, fuzzy logic, and frequency ratio methods. Geomatics Natural Hazards and Risk, 7(5): 1731-1752.

Wang J, Yan S C, Guo Y Q, et al. 2015. The effects of land consolidation on the ecological connectivity based on ecosystem service value: A case study of Da'an land consolidation project in Jilin province. Journal of Geographical Sciences, 25(5): 603-616.

Woodward R T, Wui Y S. 2001. The economic value of wetland services: A meta-analysis. Ecological Economics, 37(2): 257-270.

第四章

陆域水系与海岸线时空演变特征 [1]

① 本章作者为中国科学院烟台海岸带研究所的刘玉斌、侯西勇。本章具体内容是在 Liu 等（2020）的基础上做了必要的更新和补充。

入海河流（河道）和海岸线是黄河三角洲区域生境的重要组成部分，二者的分布及变化对陆海之间的水文连通性产生直接的、显著的影响，进而对河口三角洲的生态环境质量和生态系统演变等起到不容忽视的重要作用。黄河三角洲分布着大量的河道，但入海的河流多为季节性河流，以黄河现行流路为分水岭向海呈放射状展布。黄河是流经该区域最长、影响最为深刻的河流。黄河入海流路按照淤积→延伸→抬高→摆动→改道的规律不断演变。黄河三角洲海岸发生的淤进蚀退现象以及海岸线形态变化是黄河来水来沙、黄河河道尾闾摆动、海洋动力等自然作用以及人工改道、筑坝筑堤等人类活动双重作用的结果。本章梳理文献资料，并基于长时序的遥感影像数据解译河道和海岸线，从而获得黄河三角洲区域较长历史时期的河道与海岸线分布信息，在此基础上，利用 GIS 空间分析技术和多种模型方法，分析和揭示黄河三角洲河道及海岸线的变化特征与规律。

第一节　陆域水系与海岸线提取方法

一、河道的提取方法

较早期的河道分布信息基于文献而获得，近期的则基于多源、多时相遥感信息通过河道中心线提取而获得。目视解译和计算机解译常用于河道信息要素的提取。目视解译关键是掌握解译要素的特征，建立解译标志，结合相关资料、知识推理进行合理的人为目视判读。河道要素遥感信息解译及相关特征见表 4.1（刘学工等，2012）。

表 4.1　河道要素遥感信息解译及相关特征

河道要素	解译要点	相关特征描述及解译方法
河道主溜	较难判读，需要利用现时遥感影像以及历史多时相遥感影像，结合河势专家的知识，进行综合分析判读	河道主溜线随着含沙量、水面波浪、水深的变化在遥感影像上的表现也不同，需要统计分析和经验支持
河道水面边线	准确判读水面边线的位置，正确区分与河道相连的静止水体和回流区	利用含沙水体较清水在可见光和近红外波段反射率大，TM 影像第 4 波段对含沙水体和静止水体有较明显的区别
汊流	准确判读水面边线的位置，正确区分与河道相连的静止水体和回流区	汊流是宽浅河段河分两股或多股而形成，当正确解译了河道水面边线后，汊流自然被解译出来
河心滩	准确判读水面边线的位置	特征明显，易解译。在中、高分辨率的可见光和雷达图像上极易判断
串沟	往往以干沟的形式存在，特征不明显，较难辨认。需要综合利用下游河道地形图等资料，进行综合分析解译	串沟往往直接或间接通向堤河，当河道来水为中大洪水时，串沟容易进水，此时较容易判断串沟及其位置，但当串沟以干沟的形式表现时，即使是在高分辨率遥感影像上也较难判断，需经验支持

目前主要的计算机解译水体分类方法有单波段阈值法（吴文渊等，2008；杨莹和阮仁宗，2010）、多波段增强图阈值法（玉素甫江·如素力等，2013）、基于先验知识的决策树分类方法（周成虎等，2003），以及基于监督和非监督分类方法（邓书斌，2010；玉素甫江·如素力等，2013）和面向对象的方法（邓书斌，2010）等。单波段阈值法提取水体容易错提或漏提，相对于监督和非监督分类、决策树分类、面向对象等方法而言，多波段增强图阈值法既科学实用，又简单易行，故采用多波段增强图阈值法提取河道水体信息。

选取具有代表性、典型性且差别较大的光谱指数［改进的归一化差异水体指数（modified normalized difference water index，MNDWI）］进行黄河河道水体信息提取。利用 MNDWI 提取黄河河道水体信息细节更丰富，水体和非水体在数值上表现出明显的正负分离的态势，阈值的确定简单可行。阈值的确定对于图像的二值化处理至关重要，阈值必须依据研究对象及其周围环境的特点来确定，而阈值的确定直接影响河道水体信息提取的准确性。在不同时间、不同区域、不同图像上采用的阈值会有所不同，需要依据实际情况进行分析进而确定。确定好阈值后利用 ENVI 或 ArcGIS 软件对图像进行二值化处理，水体为"0"，非水体为"1"，利用 ArcGIS 软件将二值化的图像转成矢量文件，剔除非河道水体信息并提取河道中心线（图 4.1）。

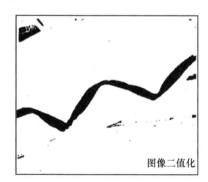
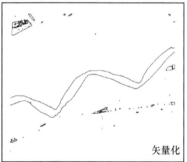

图像二值化　　　　　　　　　矢量化

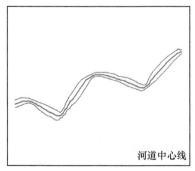

河道中心线

图 4.1　黄河河道中心线提取示意图

二、海岸线的提取方法

海岸线是海水面与陆地表面的分界线，它不仅是自然地理界线，还是海、陆空间国土资源的重要组成部分，是特殊的、水土结合的不可再生资源（毋亭，2015）。海岸线的时空演变是其所在地区生态环境保护、经济发展与政策导向三者之间博弈的外在体现，是环境监测（如海岸蚀退—淤进过程判断、海岸及海洋沉积物预算、灾害分区、洪水灾害等级预测等）和海岸带资源开发、利用与管理（如自然保护区建设、湿地开发与保护、岸线变化监测等）的基础。海岸线是海陆分界线，在我国是指多年大潮平均高潮位时的海陆分界线（刘宝银和苏奋振，2005）。以海岸线为基线，向海陆两侧扩展一定距离所构成的区域即为海岸带，是由陆地向海洋的过渡带，见图4.2（恽才兴，2005）。

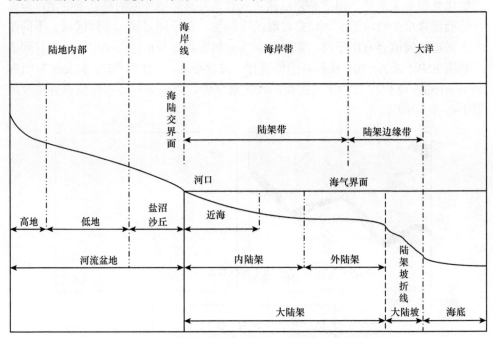

图4.2　海岸带及近海分区图（恽才兴，2005）

由于存在周期性的潮汐和不定期的风暴潮，海陆分界线并不固定，海岸线是动态变化的而并非一条固定的"线"，实际应用中，多以位置较为稳定且容易辨识的线要素指示海岸线，这样的线要素被称为指示海岸线或者代理海岸线。指示海岸线一般可分为两种类型：目视可辨识线与基于潮汐数据的指示海岸线，见表4.2（毋亭和侯西勇，2016）。目视可辨识线是指在野外现场肉眼可分辨的线，如峭壁或侵蚀陡崖基底线、干湿分界线、杂物堆积线、植被分界线与瞬时大潮高潮线等；基于潮汐数据的指示海岸线则是基于潮汐计算的海平面与海岸带垂直剖面的交线，如平均海平面线、平均大潮高潮线、平均低潮线等（图4.3）。

表4.2 常见指示海岸线的定义

指示海岸线分类	指示海岸线	特征识别
目视可辨识线	崖壁（侵蚀陡崖）顶或底线	临海峭壁（侵蚀陡崖）的崖顶线或基底线
	人工岸线	海岸工程向海侧水陆分界线
	植被分界线	沙丘上植被区向海侧边界线
	滩脊线	滩脊顶部向海一侧边界线
	杂物堆积线	在大潮高潮的长期搬运作用下形成的较为稳定的杂物堆积线
	干湿分界线	大潮高潮长期淹没形成的干燥海滩与潮湿海滩分界线
	瞬时大潮高潮线	大潮的最高潮在沙滩上所达到的最远边界
基于潮汐数据的指示海岸线	平均大潮高潮线	多年大潮高潮线的平均位置
	平均海平面线	平均海平面与海岸带剖面的交线

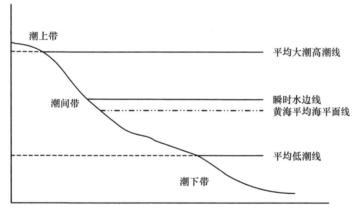

图4.3 海岸线位置

海岸线存在瞬时性和动态性的特征，使解译难度增加，其解译通常分为目视解译和计算机解译两种（Hou et al.，2016）。计算机解译方法主要有边缘检测法和遥感分类法两大类（刘鹏等，2015；毋亭和侯西勇，2016）。目视解译严格按照海岸线定义，依靠人的经验判断，识别并选择指示海岸线，即可根据海岸的植被线，土壤、植被的颜色，水草、贝壳等冲积物确定其位置（毋亭和侯西勇，2016）。

在潮汐的一个涨落周期内，高潮时对应的海陆分界线为一般高潮线，而低潮时对应的海陆分界线为一般低潮线（许家琨等，2007）。海岸线的解译大多基于卫星过境时遥感影像所记录的海陆分界线，卫星过境时遥感影像中的水边线很难恰好为平均大潮高潮线或平均低潮线,海岸线提取还存在地形和潮汐资料获取难、计算过程较复杂的问题，而瞬时水边线在遥感影像上较容易获取，用来反映海岸线的动态变化简单易行。故在海岸线的提取方法上选择了瞬时水边线，但考虑到瞬时水边线在高潮线和低潮线之间变化，其变化范围较大，为了减弱瞬时水边线的易变性，选择同年份邻近的三期遥感影像，采用目视解译方法对瞬时水边线进行提取，利用 ArcGIS 软件提取瞬时水边线，所提取的瞬时水边线所构成的区域的中心线即为本研究定义的海岸线（图 4.4）。

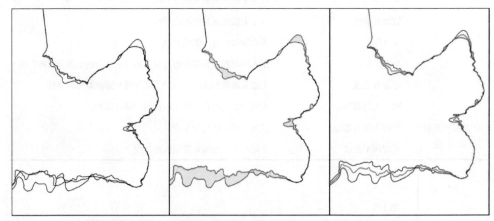

图 4.4　海岸线提取过程示意图

三、河道与海岸线提取的数据源

本研究充分考虑河道与海岸线研究的时间跨度选择 Landsat 系列遥感影像数据为主要数据源，其他遥感影像数据（SPOT 系列影像、国产高分系列影像、谷歌地球影像等）为辅助数据。为提高海岸线和河道信息目视解译的精度，对遥感影像进行必要的预处理，包括几何纠正、波段合成、假彩色合成、色彩拉伸等过程。

Landsat 遥感影像主要从美国地质调查局（USGS）（http://glovis.usgs.gov/）和地理空间数据云（http://www.gscloud.cn/）获取。Landsat 系列卫星搭载 6 种传感器：Landsat-1、Landsat-2、Landsat-3 搭载多光谱扫描仪（multispectral scanner，MSS）和返束光导管（return-beam vidicon camera，RBVC），Landsat-4、Landsat-5 搭载MSS 和专题制图仪（thematic mapper，TM），Landsat-7 搭载增强型专题制图仪（enhanced thematic mapper plus，ETM+），Landsat-8 搭载陆地成像仪（operational land imager，OLI）和热红外传感器（thermal infrared sensor，TIRS）。

本研究需要对河道、海岸线及湿地类型等进行解译，根据研究的需要，对Landsat 系列遥感影像数据进行筛选。考虑到遥感影像获取的时间长度及黄河改道的时间和统计的一致性，海岸线的解译数据选择多集中于 5 月，河道的解译数据多集中于 9 ～ 11 月，详细数据见附录 8。

四、统计分析方法

针对黄河三角洲及其各分区（刁口河流路和清水沟流路），线、面相结合计算多种形态参数。在 ArcGIS 软件中统计或计算平面周长与面积、位移等指标；利用美国地质调查局（USGS）开发的数字海岸分析系统（Digital Shoreline Analysis System，DSAS）计算海岸线的位置变化速率，选用净移动距离（net shoreline movement，NSM）和线性回归变化速率（linear regression rate，LRR）两个指标。

（一）形状指数

形状指数（shape index，SI）是周长与等面积圆的周长之比，反映平面形状与圆形的相似度。其值越小，表明形态越接近圆形，几何形状越简单；反之，形状越复杂（Liu，2000；侯西勇等，2014）。形状指数计算公式如下：

$$SI = \frac{P}{2\sqrt{\pi A}} \tag{4.1}$$

式中，SI 表示形状指数；P 为周长（km）；A 为面积（km^2）。

（二）海岸线净移动距离

海岸线净移动距离（NSM）是指两条不同时期的海岸线在空间上的移动距离，主要是通过剖面线计算两条海岸线在空间上的净移动距离（Jonah et al.，2016；Thieler et al.，2017），其计算公式如下：

$$NSM = D_{old} - D_{young} \tag{4.2}$$

式中，NSM 表示两条海岸线的变迁距离；D_{old} 表示剖面线到最早一期海岸线的距离；D_{young} 表示剖面线到最近一期海岸线的距离。

（三）线性回归变化速率

线性回归变化速率（LRR）是指利用最小二乘法拟合剖面线与海岸线相交的点，最终计算出海岸线的变化速率。LRR 能够拟合出所有年份海岸线的变化情况，原理简单，易于操作。本研究选取 LRR 指标计算和分析较长时期内多条海岸线的变化速率，计算公式可以表示为（Dolan et al.，1991；Ekercin，2007；Salghuna and Bharathvaj，2015）

$$y = a + bx \tag{4.3}$$

$$a = \sum_{i=1}^{n}\left(x_i - \overline{x}\right)\left(y_i - \overline{y}\right) \tag{4.4}$$

$$b = \bar{y} - a\bar{x} \tag{4.5}$$

式中，y 是一个因变量，为海岸线的空间位置；x 表示年份；a 为拟合的常数截距；b 是回归斜率，表示每个单位 x 变化所对应的 y 变化，即 LRR。

第二节　海岸线变化特征

一、海岸线形态变化特征

根据遥感解译的海岸线的形态特征，结合黄河尾闾摆动和来水来沙等情况综合分析，将 1976～2017 年黄河三角洲海岸线动态变化分为五个阶段（图4.5）。第一阶段，黄河改道清水沟流路初期（1976～1983 年），河道摆动极为频繁，汊流发育较多，属淤滩造床过程，此阶段清水沟流路黄河三角洲发育的典型特征就是"双扇面"结构。第二阶段（1984～1988 年），黄河口呈独特的"棉絮"状，

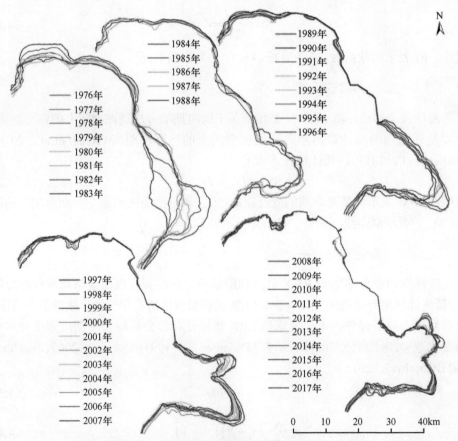

图 4.5　黄河三角洲不同阶段海岸线动态变化

此阶段黄河来水来沙骤然减少，河道摆动幅度不大，蚀退淤进交替进行，随着入海口的摆动，蚀退淤进的位置也在不断改变，黄河口整体向外小幅度延展，清 7 断面附近汊流发育致使孤东油田东南方向淤进，凸出明显。第三阶段（1989～1996年），河口沙嘴由"棉絮"状向近似于"楔形"发展，沙嘴向东南方向稳定延伸，沙嘴两侧伴随明显的蚀退现象，沙嘴逐渐收窄。第四阶段（1997～2007年），1996 年 7 月人工引黄河从北汊改道，成功改汊，黄河河道分 1996 年新河道和1976 年老河道，1976 年老河道附近的沙嘴出现有规律的蚀退，1996 年新河道附近的沙嘴由于 20 世纪 90 年代黄河下流河段出现频繁的断流，蚀退与淤进交替进行，但整体呈"楔形"向东偏北方向延伸，此阶段黄河三角洲湿地发展为"双楔形"的近似"鸭嘴状"。第五阶段（2008～2017年），1996 年新河道湿地由原来的东偏南"楔形"发展为东北方向的"楔形"，1976 年老河道湿地继续以相对稳定的速率蚀退。

在自然因素和人为因素的双重影响下，特别是黄河尾闾河道摆动致使入海口位置发生变化，黄河三角洲海岸线形态发生了显著的变化，1976 年以来黄河三角洲及其各分区（刁口河流路和清水沟流路）的形状总体上在不断地趋于复杂化（图 4.6）。黄河三角洲及其各分区（刁口河流路和清水沟流路）形状指数都呈增加的趋势，黄河三角洲形状指数从 1976 年的 1.19 增加至 2017 年的 1.42，刁口河流路形状指数从 1976 年的 1.17 增加至 2017 年的 1.27，清水沟流路形状指数从 1976 年的 1.26 增加至 2015 年的 1.43，整个黄河三角洲、刁口河流路和清水沟流路的形状指数分别增加了 0.23、0.10 和 0.17，清水沟流路岸线形态比刁口河流路岸线形态更为复杂。从较长时间尺度上看，海湾形状指数变化的分界点在1986 年和 2001 年。1976～1986 年黄河三角洲内清水沟流路岸线形态迅速复杂化，刁口河流路岸线形态较为平稳；1986～2001 年清水沟流路和刁口河流路形状指数缓慢增加；2001 年之后，清水沟流路形状指数在一定范围内波动，而刁口河流

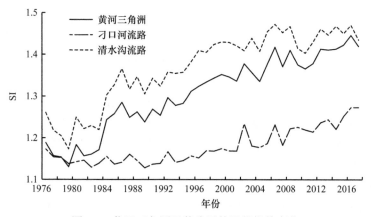

图 4.6　黄河三角洲及其分区的形状指数变化

路形状指数迅速增加。黄河三角洲几何形态的复杂性不仅与黄河三角洲造陆有关，还与人类活动在黄河三角洲区域内的强度和密度密切相关。

二、海岸线变化速率特征

黄河三角洲海岸线从整体上来看变化趋势较为显著，不同区域不同时段的海岸线长度变化具有显著差异，这主要是由于不同区域海岸蚀退和淤进情况不同（图 4.7）。受自然和人为因素的影响，1976～2017 年，黄河三角洲海岸线长度从 1976 年的 121.55km 迅速增加至 2017 年的 170.37km，增幅达 40.16%。

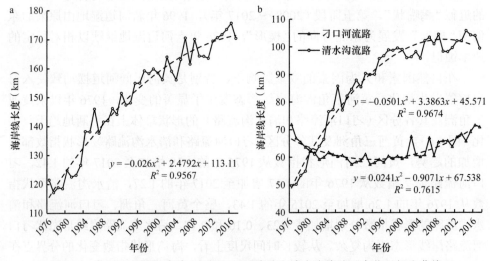

图 4.7　黄河三角洲海岸线（包括刁口河流路和清水沟流路）变化及拟合曲线

根据淤进蚀退情况，将黄河三角洲研究区分为两部分，即刁口河流路和清水沟流路，其中刁口河流路以侵蚀为主，清水沟流路淤进蚀退交替或同步进行，整体以淤进为主。由于 1976 年黄河改道清水沟流路，上游来水来沙在刁口河流路中断，清水沟流路受海洋潮汐的作用呈现蚀退的现象，刁口河流路海岸线大致以 2000 年为界，2000 年之前海岸线呈现显著的锐减趋势，2000 年以后人类活动的加剧、围填海活动和海岸工程建设等加速了土地利用 / 覆盖的变化，海岸线呈现缓慢的增长趋势。而清水沟流路，自 1976 年以来，得益于黄河挟带的大量泥沙的沉积，黄河三角洲区域新生陆地（清水沟流路）面积持续扩张，海岸线长度持续增长，1996 年由于黄河在清 8 断面人工改道，清水沟流路内 96 废弃故道由淤进变为蚀退，而现行流路前期迅速淤进，后期淤进速度放缓，1996 年后清水沟流路淤进与蚀退并行，其海岸线长度变化大致可以分为两个阶段，整体呈增加趋势，海岸线长度从 1976 年的 49.66km 迅速增至 2000 年的 99.00km，增幅高达

99.36%，后期由 2001 年的 96.05km 缓慢增长至 2017 年的 99.44km。

利用 NSM 和 LRR 指标对 1976 ～ 2017 年黄河三角洲海岸线变化进行定量研究（图 4.8）。结果表明，海岸线总体上呈现出向海方向增长的趋势，但在不同区段具有不同的特点，刁口河流路海岸线整体呈现显著的向陆蚀退趋势，清水沟流路海岸线整体呈现迅速向海扩张的趋势，其中入海口附近海岸线变化速率最大，最大蚀退速率在刁口河流路废弃故道附近，最大增长速率在清水沟流路入海口附近。

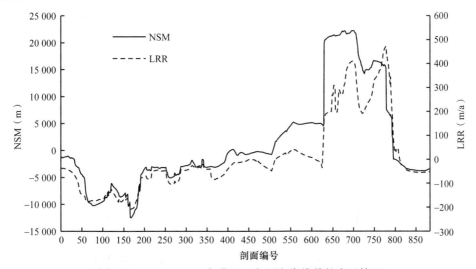

图 4.8　1976 ～ 2017 年黄河三角洲海岸线整体变迁情况

1976 ～ 2017 年，黄河三角洲海岸线平均变化速率为 8.99m/a，平均移动距离为 1224.40m，最大蚀退速率为 208.50m/a，最大蚀退距离为 12 480.56m，最大增长速率为 471.15m/a，最大增长距离为 22 221.23m；刁口河流路海岸线平均变化速率为 –82.99m/a，平均移动距离为 4269.33m，最大增长速率为 0.59m/a，最大增长距离为 196.35m；清水沟流路海岸线平均变化速率为 118.04m/a，平均移动距离为 7738.01m，最大蚀退速率为 55.06m/a，最大蚀退距离为 3794.40m。在剖面 50 ～ 200 海岸线蚀退较为显著，平均蚀退速率为 208.05m/a，平均蚀退距离达 8516.44m；在剖面 630 ～ 780 海岸线增长最为明显，平均增长速率为 299.74m/a，平均增长距离为 18 686.90m。

单一总体时段（1976 ～ 2017 年）反映黄河三角洲海岸线内部变化的特征和规律具有一定的局限性，虽然 1976 ～ 2017 年海岸线总体上呈现出向海方向增长的趋势，但不同时段不同区域海岸线变化特征和规律具有差异性，为研究海岸线变迁在不同时期呈现的规律特征，将时间段划分为 5 个阶段：Ⅰ，1976 ～ 1983 年；Ⅱ，1983 ～ 1989 年；Ⅲ，1989 ～ 1996 年；Ⅳ，1996 ～ 2007 年；Ⅴ，2007 ～

2017年，比较不同时间段不同内部区域的海岸线变化呈现的特征及规律（图4.9）。五个阶段黄河三角洲海岸线变迁特征及规律如下。

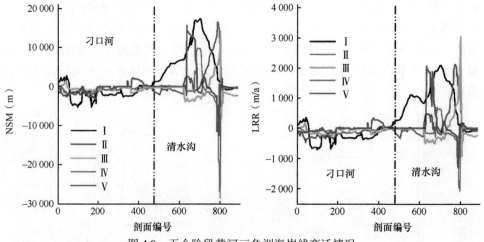

图4.9　五个阶段黄河三角洲海岸线变迁情况

（1）1976～1983年黄河三角洲海岸线平均变化速率为271.99m/a，平均移动距离为2102.23m，最大蚀退速率为706.87m/a，最大蚀退距离为5260.93m，最大增长速率为2100.33m/a，最大增长距离为17 434.17m；刁口河流路海岸线平均变化速率为–219.42m/a，平均移动距离为–1529.28m，最大增长速率为349.68m/a，最大增长距离为2670.43m；清水沟流路海岸线平均变化速率为854.63m/a，平均移动距离为6407.90m，最大蚀退速率为116.00m/a，最大蚀退距离为835.09m。

（2）1983～1989年黄河三角洲海岸线平均变化速率为14.13m/a，平均移动距离为202.44m，最大蚀退速率为470.30m/a，最大蚀退距离为2312.33m，最大增长速率为2120.80m/a，最大增长距离为16 569.04m；刁口河流路海岸线平均变化速率为–165.39m/a，平均移动距离为–987.89m，最大增长速率为68.16m/a，最大增长距离为37.84m；清水沟流路海岸线平均变化速率为226.98m/a，平均移动距离为1613.74m，最大蚀退速率为325.50m/a，最大蚀退距离为2127.15m。

（3）1989～1996年黄河三角洲海岸线平均变化速率为–57.40m/a，平均移动距离为618.57m，最大蚀退速率为776.71m/a，最大蚀退距离为8610.83m，最大增长速率为3046.70m/a，最大增长距离为12 198.27m；刁口河流路海岸线平均变化速率为–89.40m/a，平均移动距离为537.65m，最大增长速率为165.39m/a，最大增长距离为1574.79m，最大蚀退速率为252.14m/a，最大蚀退距离为1664.16m；清水沟流路海岸线平均变化速率为–19.46m/a，平均移动距离为–714.52m。

（4）1996～2007年黄河三角洲海岸线平均变化速率为–52.49m/a，平均移

动距离为 –580.13m，最大蚀退速率为 2060.32m/a，最大蚀退距离为 26 374.07m，最大增长速率为 680.07m/a，最大增长距离为 9805.82m；刁口河流路海岸线平均变化速率为 –42.08m/a，平均移动距离为 –673.58m，最大增长速率为 9.56m/a，最大增长距离为 24.59m，最大蚀退速率为 159.40m/a，最大蚀退距离为 2005.02m；清水沟流路海岸线平均变化速率为 –680.07m/a，平均移动距离为 –469.34m。

（5）2007～2017 年黄河三角洲海岸线平均变化速率为 47.27m/a，平均移动距离为 119.56m，最大蚀退速率为 1314.39m/a，最大蚀退距离为 11 771.78m，最大增长速率为 2001.11m/a，最大增长距离为 14 351.90m。刁口河流路海岸线平均变化速率为 –16.60m/a，平均移动距离为 –559.86m，最大增长速率为 327.71m/a，最大增长距离为 2186.75m，最大蚀退速率为 200.56m/a，最大蚀退距离为 3156.22m；清水沟流路海岸线平均变化速率为 122.98m/a，平均移动距离为 925.12m。

通过比较发现，不同时期黄河三角洲海岸线蚀退淤进变化不同，淤进海岸线占比整体呈现先降低后升高的趋势，而蚀退海岸线占比呈现相反的趋势，先升高后降低，平衡海岸线（海岸线未变区）占比整体呈现升高的趋势（图 4.10）。其中，第 I 阶段黄河三角洲淤进海岸线占比（51.19%）大于蚀退海岸线占比（48.24%），而之后的第 Ⅱ、Ⅲ、Ⅳ、Ⅴ 共 4 个阶段蚀退海岸线占比均超过淤进海岸线占比，蚀退海岸线占比分别为 81.69%、87.80%、67.53%、57.22%，淤进海岸线占比分别为 17.29%、10.73%、13.93%、24.41%。

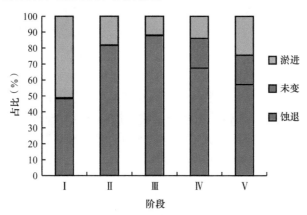

图 4.10　黄河三角洲不同阶段海岸线蚀淤变化情况

第三节　陆域水系变化特征

一、黄河尾闾河段改道的原因

由于黄河特有的河情，历史上洪水灾害频繁，黄河以"善淤、善决、善徙"

而著称，有"三年两决口，百年一改道"之说，黄河频繁的尾闾摆动和改道既有自然因素的控制，又有人为因素的影响，前期主要受自然因素的控制，后期则以人为因素为主，自然因素为辅。

（一）黄河尾闾河段改道的自然原因

天然河流是一个庞大又复杂多变的开放系统，与其周围环境存在着频繁的物质和能量的传输与交换，周围的环境存在大量的控制或影响河流系统发育、演变的因素，同时河流系统又对周围的环境有一定的反馈作用。宏观尺度上，影响因素有地质地貌、气候、水文、人类活动等；而微观尺度上，影响因素有水沙条件、河床边界条件、工程边界条件等（姚文艺和杨邦柱，2004）。河流的发育、演变具有一定的规律性和倾向性，自然界中的河流，其发育过程都是由河源向河口不断推进，由山区峡谷型河流向游荡型河流过渡，河流摆动和改道往往发生在平原地区，而科里奥利力是驱使其演变的内动力因素。

黄河流经世界上水土流失最为严重的地区——黄土高原，致使黄河挟带大量泥沙，成为世界上含沙量最高的河流之一。黄河具有水少沙多、水沙不协调等特点，河道冲淤变化频繁，河床不断淤积抬高（Sheng et al.，2009）。来水来沙条件是黄河下游河道频繁摆动和改道的最主要影响因素（Ren，1995；Zheng et al.，2017）。黄河下游上宽下窄，上陡下缓，床沙组成细，滩地情况复杂，加之上游来水来沙变幅很大，水沙组合千变万化，河道冲淤变形剧烈，河势横向摆动幅度大。由于黄河泥沙含量高，年输沙量大，入海口附近属浅海海域，黄河泥沙在此处大量淤积，填海造陆速度很快，河道不断向海延伸，河口侵蚀基准面逐渐升高，河床逐年抬升，河道比降渐缓，排沙泄洪能力逐年降低，当淤积达到一定的临界值时，则发生尾闾改道，另寻他径入海（张程瑜等，2015）。平均每 10 年左右黄河尾闾有一次较大改道。黄河入海流路按照淤积→延伸→抬高→摆动→改道的规律不断演变，使黄河三角洲陆地面积不断扩大，海岸线不断向海推进，历经 160 余年，逐渐淤积形成近代黄河三角洲（李胜男等，2009）。

（二）黄河尾闾河段改道的人为原因

黄河河道演变既受自然因素的控制，又受人为因素的影响，近代以来人为因素对河道演变的影响愈发显著。人类通过筑堤、修建水利设施等活动束水束沙，或直接进行人工改道影响黄河的运动规律，从而改变下游平原地貌的演化方向和演变速度。在下游地区，黄河泥沙沿河床的堆积易形成带状高地，地面高差变大，形成"地上悬河"，极易发生决口改道，人工改道势在必行。黄河的人工改道往往考虑以下几方面的因素。

1. 确保下游地区人民生命财产安全，安全为首要因素

黄河洪水泛滥波及范围可达 25 万 km²，北抵天津，南达江淮，对黄河沿岸和下游地区人民生命财产造成严重威胁，且水退沙存、河渠淤塞、良田沙化将对生态环境造成长期的难以恢复的不良影响。由于黄河尾闾频繁摆动改道，严重威胁黄河沿岸和下游地区人民生命财产安全。出于保障人民生命财产安全的考虑，近期较大的两次人为改道（1976 年清水沟流路和 1996 年清 8 断面以上 950m 处新开清水沟汊河流路）都以确保人民生命财产安全为首要因素，要求人为改道的地方不能是人口聚集区域。

2. 采用"取直取近"方法，确保黄河行水畅通

遵循河道演变的规律，因势利导，控制和调整河势，采用裁弯取直、河道展宽和疏浚等整治方法改善水流、泥沙运动和河床冲淤部位，以适应防洪、航运、供水、排水等要求（胡一三和张原峰，2006）。黄河具有水少沙多、水沙不协调的特点，河道冲淤变化频繁，河床不断淤积抬高。黄河下游水面宽阔，流势散乱，汊流众多，尾闾摆动频繁，堤防决口（漫决、冲决、溃决）频繁，经常泛滥成灾。为了保证防洪安全，并兼顾工农业生产、用水及航运等，必须对河道进行科学合理的整治。距离海越长越远，泥沙越容易淤积，导致河床抬高，尾闾越容易发生摆动；而距离海越直越近，行水越通畅。因此，采用"取直取近"方法，确保黄河行水畅通。

3. 从工农业布局考虑，兼顾工农业生产，促进社会经济发展

黄河塑造了肥沃的黄河三角洲平原，其面积每年仍以数十平方千米的速度增加，广阔的土地资源使得黄河三角洲成为我国东部农业发展潜力最大的地区。黄河三角洲蕴藏着丰富的类型多样的矿产资源，有地下卤水、盐矿、煤、岩盐、石膏、有色金属、非金属矿藏等，为工业的发展提供了丰富的原材料。石油与天然气资源丰富，黄河改道清水沟汊河流路后，部分泥沙在孤东油田附近淤积，为石油开采创造了便利条件。工业和农业需要大量水资源，黄河能提供工业发展所需的用水。黄河人为改道也从工农业布局考虑，兼顾工农业生产，促进社会经济发展。

二、黄河尾闾河段河道的变迁

（一）历史时期黄河尾闾变迁情况

黄河三角洲是由古代、近代和现代三个三角洲组成的联合体，其主要水系为黄河（陈建等，2011；Zhao et al.，2019；袁祖贵等，2006）。黄河流经世界上水土流失最严重的区域——黄土高原，是世界上含沙量最高的河流之一（Milliman and Meade，1983；Cui and Li，2011）。黄河水少沙多、含沙量高，是世界上输沙量最大的河流，加之下游地势平衍、土质疏松，极易漫溢溃决，以"善淤、善决、善徙"而著称，有"三年两决口，百年一改道"之说（陈志清，2001；胡春宏，2016）。黄河下游水少沙多、水沙关系不协调，致使黄河尾闾河道游荡摆动。据统计，在公元前602年至1938年的2500多年中，黄河决口泛滥达1593余次，平均"三年两决口"，较大的改道有26次（黄河水利委员会http://www.yrcc.gov.cn/）；1855年至1976年的121年中，在以宁海为顶点、北起套尔河口、南抵支脉沟口的三角洲扇形面上，黄河尾闾流路决口改道50余次，其中较大的改道有10次。自1953年起，为满足河口地区工农业发展的需要，我国先后三次采取人工改道措施，限制河道摆动范围，把三角洲顶点下移至渔洼断面附近，北至车子沟，南到宋春荣沟，扇形面积约为2200km²。黄河改道最北的经海河，出大沽口；最南的经淮河，入长江（赵延茂等，1995）。较大的黄河尾闾改道变迁情况见图4.11、表4.3。

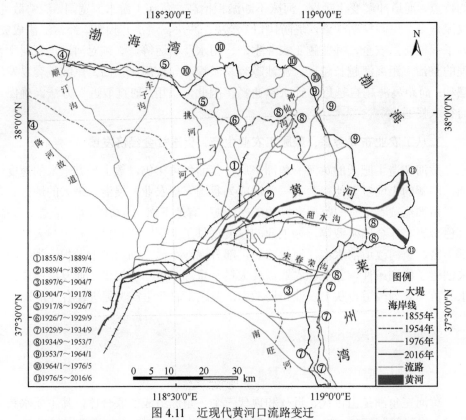

图4.11　近现代黄河口流路变迁

表 4.3　1855 年以来黄河尾闾改道情况表

改道次序	改道年份	改道地点	入海位置	流路历时	实际行水时间	说明
1	1855 年 8 月（咸丰五年）	河南省铜瓦厢	利津县铁门关以下省神庙牡蛎嘴	33 年 9 个月	18 年 11 个月	黄河在河南省铜瓦厢决口后，自徐淮故道北徙袭夺大清河，由利津入海；1887 年 9 月河决郑州十堡桥，由徐淮故道入海，山东河枯竭 1 年 4 个月
2	1889 年 4 月（光绪十五年）	韩家垣	四段下毛丝坨（今建林以东）	8 年 2 个月	5 年 10 个月	决口后老河淤积，新河两岸筑堤 30km；1895 年 8 月吕家洼决口，由沾化入海，行水 1 年堵合后，复行故道
3	1897 年 6 月（光绪二十三年）	岭子庄	丝网口（今宋家坨子）	7 年 1 个月	5 年 9 个月	改道初期新老河并流，不久毛丝坨淤闭，经西双河、民丰、永安镇、刘家屋子、丝网口入海
4	1904 年 7 月（光绪三十年）	盐窝	老鸹嘴	13 年 1 个月	11 年	决口后洪水北行，经青边岭、虎滩、义和庄、大洋铺、太平镇汇入徒骇河尾闾的降河入海
5	1917 年 8 月（民国六年）	太平岭	大洋铺	8 年 11 个月	6 年 8 个月	1921 年 8 月宫家决口，由套尔河入海；1923 年 6 月堵合，复行故道；1925 年陈家大洼决口，由套尔河入海，行水 1 年
6	1926 年 7 月（民国十五年）	八里庄	经汀河由刁口河东北入海	3 年 2 个月	2 年 11 个月	改道初期，新河过流约占 70%，因盗决，流路历时较短
7	1929 年 9 月（民国十八年）	纪家庄	先由南旺河，后改宋春荣沟、青坨子入海	5 年	3 年 4 个月	扒口改道，由南旺河入海，7、8 月后河入第三次故道，行水约 1 年，又在永安镇西岔出，由青坨子入海，行水 1 年
8	1934 年 9 月（民国二十三年）	合龙处（一号坝上）	老神仙沟、甜水沟、宋春荣沟	18 年 10 个月	9 年 2 个月	决口后大流东去形成三股河入海；1938 年 7 月郑州花园口扒口后入徐淮故道，山东河枯竭 8 年 8 个月，1947 年 3 月堵合，复行故道
9	1953 年 7 月	小口子	神仙沟	10 年 6 个月	10 年 6 个月	在小口子处截弯后，由人工引河，三股河变为一股河由神仙沟入海，1960 年 8 月在四号桩上首 1km 处冲开右岸滩地，夺老神仙沟故道，称汊河，行水 1 年

续表

改道次序	改道年份	改道地点	入海位置	流路历时	实际行水时间	说明
10	1964年1月	罗家屋子	挑河与神仙沟之间	12年4个月	12年4个月	1月1日，凌汛卡冰，在罗家屋子人工破堤改道，1966年后尾闾曾多次出汊摆动
11	1976年5月	西河口	清水沟	—	—	1976年5月20日在断流情况下于罗家屋子截流堵老河，27日由清水沟入海，行水约20年；1996年7月，在清8断面以上950m处新开清水沟汊河流路，行水至今

资料来源：庞家珍和司书亨，1979；赵延茂等，1995；杨玉珍，2008

（二）1976年以来黄河尾闾变迁情况

随着人为修筑大坝和加固工程的进行，特别是新中国成立后培修巩固黄河大堤，黄河在垦利县渔洼以上河段处于稳定状态，河道摆动改道也稳定在渔洼以下河段，因此近期黄河河道演变的一大特色是以人为控制的改道为主并伴随着前沿河段自然摆动的演变过程。

考虑人为改道、自然摆动、汊流发育等因素，将1976年黄河改道清水沟流路后至2017年划分为4个阶段：1977～1983年、1984～1995年、1996～2006年、2007～2017年（图4.12）。总体来说，黄河改道初期其河道摆动极为频繁，后期

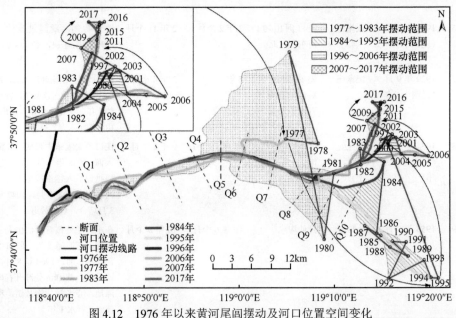

图4.12　1976年以来黄河尾闾摆动及河口位置空间变化

河道趋于稳定，摆动幅度较小，4 个阶段摆动范围分别为 322.11km²、88.12km²、21.69km²、18.59km²，由此可知，随着时间的推移，黄河河道摆动幅度逐渐变小，这主要是人为因素的干扰逐渐增强的缘故。1977～1983 年，黄河河道摆动极为频繁，汊流发育较多，属淤滩造床过程，河口位置变动较大。1984～1995 年，清 8 断面以上河槽单一顺直，趋于稳定，清 8 断面以下河槽无较大摆动，河槽向前推进，汊流极度发育。1996～2006 年，1996 年人工改道前后河槽单一顺直，汊流极不发育，后期汊流开始发育，河道无明显摆动，处于相对稳定状态，这主要是由于前期的改道是人为开挖的河槽。2007～2016 年，初期河道向东北方向摆动，后期在清 8 断面附近弯道段人工裁弯取直，河道稳定。

　　黄河下游河道长度变化及河口位置移动距离如图 4.13 所示。1976 年黄河改道清水沟流路，改道初期河道摆动频繁，河口位置变动较大，河道长度快速增长，由改道初期 1977 年的 46.85km，增长到 1995 的 75.68km，河道长度增加了61.54%。1996 年黄河在清 8 断面人工改道，河道长度由原来的 75.68km 缩减为63.90km，自 1996 年以来黄河河道长度呈缓慢波动增长态势，2017 年河道长度为 67.81km。刁口河流路时期黄河河道长度以平均每年 1.60km 的速度增加，平均长度为 62.30km；清水沟流路时期黄河河道长度以平均每年 0.19km 的速度增加，平均长度为 65.78km。1976 年黄河改道清水沟流路，改道初期河口位置变动较大，河口最大自然摆动距离达 28.79km（1979～1980 年），1996 年人工改道，河口位置移动距离达 22.60km，后期河口位置移动距离逐渐稳定，2005～2006 年发生了一次相对较大移动，移动距离达 9.52km。刁口河流路时期河口位置平均每年移动 6.32km，而 1996 年由于人为改道，河口位置移动 22.60km，清水沟流路时期黄河河道平均每年摆动距离为 1.61km。

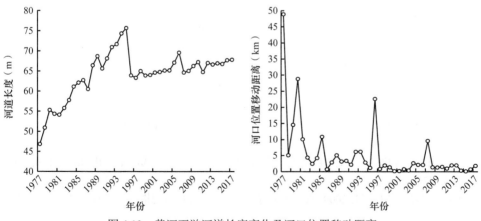

图 4.13　黄河下游河道长度变化及河口位置移动距离

第四节　小　　结

　　本章梳理文献资料，并利用 RS、GIS 和 DSAS，基于 Landsat 系列遥感影像提取黄河三角洲多时相河道中心线、海岸线等信息，从而获得黄河三角洲区域较长历史时期的河道与海岸线分布信息，分析黄河河道变迁，以及黄河三角洲海海岸线、平面重心等的变化，研究黄河改道及其下游三角洲海岸线变化特征。结果表明：黄河入海流路按照淤积→延伸→抬高→摆动→改道的规律不断演变；黄河下游流路的摆动和人工改道直接影响入海口的位置，入海口位移导致泥沙蚀淤格局发生变化；黄河三角洲及其各分区（刁口河流路和清水沟流路）形状指数都呈增加的趋势，形态总体上不断趋于复杂化。不同区域不同时段的海岸线长度和三角洲面积变化不同，整体来看，海岸线长度变化趋势较为明显，整体上呈现增长的趋势，而其面积变化则较为复杂，整体上呈先增加后缓慢减少的趋势，这可能主要是由于受自然和人为因素的影响不同，区域海岸侵蚀和淤积情况也不同。不同区域海岸线增长的趋势不同，刁口河流路海岸线整体呈现显著的向陆蚀退的趋势，清水沟流路海岸线整体呈现迅速向海扩张的趋势；入海口附近海岸线变化速率最大，最大侵蚀速率在废弃故道刁口河流路入海口附近，最大增长速率在现行流路清水沟流路入海口附近。本研究可为黄河三角洲海岸带及海岸线综合管理提供相关科学参考。

参 考 文 献

陈建, 王世岩, 毛战坡. 2011. 1976-2008 年黄河三角洲湿地变化的遥感监测. 地理科学进展, 30(5): 585-592.

陈志清. 2001. 历史时期黄河下游的淤积、决口改道及其与人类活动的关系. 地理科学进展, 20(1): 44-50.

邓书斌. 2010. ENVI 遥感图像处理方法. 北京: 科学出版社.

侯西勇, 毋亭, 王远东, 等. 2014. 20 世纪 40 年代以来多时相中国大陆岸线提取方法及精度评估. 海洋科学, 38(11): 66-73.

胡春宏. 2016. 黄河水沙变化与治理方略研究. 水力发电学报, 35(10): 1-11.

胡一三, 张原峰. 2006. 黄河河道整治方案与原则. 水利学报, 37(2): 127-134.

李行, 张连蓬, 姬长晨, 等. 2014. 基于遥感和 GIS 的江苏省海岸线时空变化. 地理研究, 33(3): 414-426.

李胜男, 王根绪, 邓伟, 等. 2009. 水沙变化对黄河三角洲湿地景观格局演变的影响. 水科学进展, 20(3): 325-331.

刘宝银, 苏奋振. 2005. 中国海岸带与海岛遥感调查——原则 方法 系统. 北京: 海洋出版社.

刘鹏, 王庆, 战超, 等. 2015. 基于 DSAS 和 FA 的 1959—2002 年黄河三角洲海岸线演变规律及影响因素研究. 海洋与湖沼, 46(3): 585-594.

刘学工, 张艳宁, 韩琳, 等. 2012. 黄河下游河势遥感监测技术研究. 北京: 中国水利水电出版社.

庞家珍, 司书亨. 1979. 黄河河口演变——Ⅰ. 近代历史变迁. 海洋与湖沼, 10(2): 136-141.

毋亭. 2015. 近 70 年中国大陆岸线变化的时空特征分析. 中国科学院大学博士学位论文.

毋亭, 侯西勇. 2016. 海岸线变化研究综述. 生态学报, 36(4): 1170-1182.

吴文渊, 沈晓华, 皱乐君, 等. 2008. 基于 Landsat ETM+ 影像的水体信息综合提取方法. 科技通报, 24(2): 252-271.

许家琨, 刘雁春, 许希启, 等. 2007. 平均大潮高潮面的科学定位和现实描述. 海洋测绘, 27(6): 19-24.

杨莹, 阮仁宗. 2010. 基于 TM 影像的平原湖泊水体信息提取的研究. 遥感信息, 3: 60-64.

杨玉珍. 2008. 黄河的历史变迁及其对中华民族发展的影响刍议. 古地理学报, 10(4): 435-438.

姚文艺, 杨邦柱. 2004. 黄河下游游荡河段河床演变对河道整治的响应. 水科学进展, 3: 324-329.

玉素甫江·如素力, 李兰海, 比拉力·依明, 等. 2013. 基于 Landsat ETM+ 的内陆湖泊水体信息提取方法研究. 西北农林科技大学学报 (自然科学版), 41(12): 227-234.

袁祖贵, 楚泽涵, 杨玉珍. 2006. 黄河入海口径流量和输沙量对黄河三角洲生态环境的影响. 古地理学报, 8(1): 125-130.

恽才兴. 2005. 海岸带及近海卫星遥感综合应用技术. 北京: 海洋出版社.

张程瑜, 冯秀丽, 刘杰, 等. 2015. 基于 fisher 算法对现代黄河三角洲叶瓣垂向环境演变的初步验证. 海洋科学, 39(10): 80-84.

赵延茂, 宋朝枢, 朱书玉, 等. 1995. 黄河三角洲自然保护区科学考察集. 北京: 中国林业出版社.

周成虎, 骆剑成, 杨晓梅, 等. 2003. 遥感影像地学理解与分析. 北京: 科学出版社.

Cui B L, Li X Y. 2011. Coastline change of the Yellow River estuary and its response to the sediment and runoff (1976–2005). Geomorphology, 127(1-2): 32-40.

Dolan R, Fenster M S, Holme S J. 1991. Temporal analysis of shoreline recession and accretion. Journal of coastal research, 7(3): 723-744.

Ekercin S. 2007. Coastline change assessment at the Aegean Sea Coasts in Turkey using multitemporal landsat imagery. Journal of Coastal Research, 23(3): 691-698.

Galgano F A, Leatherman S P. 1998. Trends and variability of shoreline position. Journal of Coastal Research, 26(S1): 282-291.

Hou X Y, Wu T, Hou W, et al. 2016. Characteristics of coastline changes in mainland China since the early 1940s. Science China Earth Sciences, 59: 1791-1802.

Jonah F E, Boateng I, Osman A, et al. 2016. Shoreline change analysis using end point rate and net shoreline movement statistics: An application to Elmina, Cape Coast and Moree section of Ghana's coast. Regional Studies in Marine Science, 7: 19-31.

Liu X L. 2000. Shape index and its ecological significance in salinized meadow landscape. Pratacultural Science, 17(2): 50-52, 56.

Liu Y B, Li X W, Hou X Y. 2020. Spatiotemporal changes to the river channel and shoreline of the Yellow River Delta during a 40-year period (1976–2017). Journal of Coastal Research, 36(1): 128-138.

Milliman J D, Meade R H. 1983. World-wide delivery of river sediment to the oceans. Journal of Geology, 91(1): 1-21.

Ren M E. 1995. Anthropogenic effect on the flow and sediment of the lower Yellow River and its bearing on the evolution of Yellow River Delta, china. GeoJournal, 37(4): 473-478.

Salghuna N N, Bharathvaj S A. 2015. Shoreline change analysis for Northern Part of the Coromandel Coast. Aquatic Procedia, 4: 317-324.

Sheng H, Tong Z Q, Wan J H. 2009. Analysis on characteristics and trend of shoreline evolvement in the Yellow River Estuary. Proceedings of SPIE—The International Society for Optical Engineering, 7146(1): (71462J-1)-(71462J-8).

Thieler E R, Himmelstoss E A, Zichichi J L, et al. 2017. The Digital Shoreline Analysis System (DSAS) version 4.0—An ArcGIS extension for calculating shoreline change. Reston: U.S. Geological Survey.

Zhao M Z, Luo Q, Jiang L W, et al. 2019. Stratigraphic sequence and deposition-affected compressibility of fine-grained sediments in the ancient Yellow River Delta during the late pleistocene and holocene. KSCE Journal of Civil Engineering, 23(1): 90-109.

Zheng S, Wu B S, Wang K R, et al. 2017. Evolution of the Yellow River delta, China: Impacts of channel avulsion and progradation. International Journal of Sediment Research, 32: 34-44.

第五章

潮滩与潮沟系统的时空演变特征 [1]

① 本章作者为中国科学院烟台海岸带研究所的宁吉才、中国科学院地理科学与资源研究所的刘向阳、中国科学院烟台海岸带研究所的张媛媛。

黄河是著名的多沙河流，河口为典型的弱潮陆相河口，河口的淤积延伸、摆动改道及黄河三角洲海岸的整体淤积外移形成了宽广的黄河三角洲潮滩。野外测量是潮滩提取的传统手段，传统的基于野外测量的研究方法可以达到较高的精度，但是该方法对环境变化较为敏感，受潮汐运动、天气状况、潮滩复杂程度等的影响较大并且需要投入大量的人力和物力，数据更新较慢。基于遥感水边线复合技术反演潮滩地形成为国内外诸多学者研究潮滩地形时最常采用的有效方法。结合遥感和 GIS 技术、DSAS 软件和 Jenks Natural Breaks 分类方法等，研究更加准确的潮滩提取方法，并在此基础上从现状和动态变化两个方面进行更加全面的潮滩研究，从而为潮滩资源开发、环境保护、经济的可持续发展等提供科学依据和数据支持。潮沟系统是潮滩上广为发育的水文要素，是物质流、能量流与信息流传递的主要通道。潮沟通过涨落潮的方式与漫滩交换水盐、水沙、营养元素等，形成了潮沟、漫滩的海陆交互方式。潮沟系统挟带的水沙通过侵蚀与沉积塑造地形，潮沟与漫滩的水盐交互可改变潮滩生境，潮沟系统的时空演变反映区域生态环境的变化，影响潮滩地区植被的发育，是潮滩湿地植被空间格局形成的重要驱动力。

第一节　黄河三角洲潮滩变化

一、潮滩研究概述

（一）潮滩研究背景

在潮汐作用下，潮滩高潮时被水淹没，低潮时露出水面（Chen et al.，2008）。而高潮和低潮是一个动态的概念，实际计算中常用平均高潮线和平均低潮线代替。为了能够获取绝大多数情况下的潮滩范围，本研究将潮滩定义为平均高潮线和平均低潮线之间的区域，包括沙滩、泥滩等（王小龙等，2005；Liu et al.，2013b）。

现代黄河三角洲是 1855 年以来因黄河频繁改道，由泥沙冲积作用发育形成的扇形三角洲，是当今中国乃至世界上海陆变迁最为活跃的三角洲，特别是河口区域造陆速率之快，尾闾迁徙之频繁，更为世上所罕见（董芳等，2013）。同时，由于新淤积的陆地和水下三角洲在黄河枯水期会发生侵蚀，因此黄河三角洲潮滩资源在河流泥沙淤积和海洋动力侵蚀的双重作用下频繁发生变化（何庆成等，2006）。本研究选取 1976 年以来黄河改道至清水沟后形成的亚三角洲叶瓣河口区，主要包括清水沟老河口和清 8 出汊口及其附近海域（图 5.1），从潮滩定义出发，研究更加准确的潮滩提取方法，进而从资源存量、分布特征和动态变化等方面进行更加全面的潮滩研究。

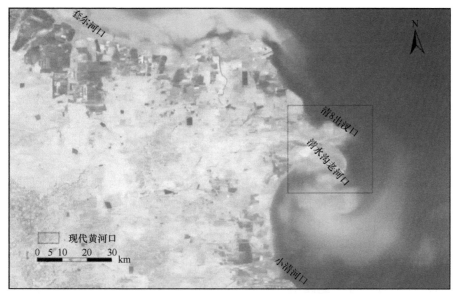

图 5.1　现代黄河口地理位置示意图

（二）潮滩提取方法简述

　　野外测量是潮滩提取的传统手段。野外测量即利用各种仪器方法，通过实地调查直接获取潮滩信息。传统的基于野外测量的研究方法可以达到较高的精度，理想状态下，剖面垂直精度可达 5cm，控制点垂直精度高达 1cm（Larson，1998）。但是该方法对环境变化较为敏感，受潮汐运动、天气状况、潮滩复杂程度等的影响较大，并且需要投入大量的人力和物力，数据更新较慢。此外，基于野外测量的方法主要是产生点状和断面的数据（赵敏，2009）。因此，该方法难以用于大范围、短周期、低成本的潮滩研究。

　　由于遥感技术具有低成本、大范围和高效等特点，基于遥感技术实现潮滩范围提取的研究越来越深入。利用遥感技术进行潮滩演变研究主要有两种方式：第一种是利用低潮时的影像，采用"相同潮位对比法"（王小丹等，2014），比较低潮时水边线的水平位移研究潮滩的冲淤变化；第二种是提取潮滩上的特征线（海岸线、植被线等），以此来分析潮滩的演变特点（张明等，2010）。该方法的关键是不同时相的水边线或者特征线之间具有可比性，遥感影像获取时刻潮滩的潮位潮情越接近，多时相数据之间的可比性就越强。但是潮位潮情完全相同的条件很难满足，在坡度极缓的潮滩区域，即使是少量的潮差也会造成水平位置上极大的偏差（黄海军等，1994），从而严重影响分析结果。而且，该方法只是分析潮滩演变情况，无法获取潮滩资源的空间分布，因此也会忽略潮滩不同区域变化趋向截然相反的情况，如高潮带明显淤长而低潮带冲刷蚀退。

　　高程信息是地学研究中的基础数据，引入高程信息对潮滩进行研究，可以从二维平面转向三维立体表达，在对潮滩的冲淤面积变化进行分析的同时，还能够完成体积以及冲淤方向的研究（李真，2012）。遥感技术在历史数据、测量成本和环境要求等方面具有独特的优势，随着遥感技术的发展，基于遥感水边线复合技术反演潮滩地形成为国内为诸多学者研究潮滩地形时最常采用的有效方法（郑宗生，2007）。该方法的目的是获取潮滩的地形变化，只适用于在影像过境时刻具有准确潮高信息的地区。而且，该方法也是将不同时相和潮位状况下的水边线集的最外边界作为潮滩资源的范围。

　　现有的利用遥感技术提取潮滩范围的研究中，因为天气、地形等因素的影响，同一时刻不同区域的潮汐运动不同（郑宗生等，2008），所以只利用高潮和低潮时刻获取的高潮水边线和低潮水边线确定的潮滩范围偶然性较大。取不同时期的水边线集的最外边界作为潮滩范围，考虑到了不同情况下的潮汐运动，但只利用作为最外边界的某一个时刻的水边线容易受到极端情况的影响，而且该方法和潮滩的科学定义也存在一定偏差。从潮滩定义出发，采用潮位校正的方法将水边线校正至多年平均高低潮线。此方法一方面需要大量的均匀分布的潮位站，另一方面潮位校正是基于理想的三角形模型，并未考虑实际地形等一系列问题，从而使得校正的有效性大打折扣，进而影响潮滩的提取精度（梁建，2010）。为了确保航行安全，海图中的 0m 等深线往往比实际低潮线更深入海洋，所以直接使用海图中的 0m 等深线作为低潮线，提取的潮滩范围比实际要偏大。

　　遥感技术是进行大面积潮滩资源研究的有效手段，目前的研究侧重于冲淤演变和地形监测方面，利用遥感技术合理提取潮滩范围尤其是大空间尺度的潮滩范围以及对潮滩分布特征、利用方式和动态变化等方面的研究仍涉及较少。因此，拟开展的研究将以环渤海地区为研究区，结合遥感和 GIS 技术、DSAS 软件和 Jenks Natural Breaks 分类方法等，研究更加准确的潮滩提取方法，并在此基础上从现状和动态变化两个方面进行更加全面的潮滩研究，从而为潮滩资源开发、环境保护、经济的可持续发展等活动提供科学依据和数据支持。

二、潮滩空间范围提取方法

　　在潮汐作用下，潮滩周期性地被海水淹没和露出水面，为了能够获取潮滩资源准确的范围，经过综合考量，研究确定数据源应同时具有高时间分辨率、高空间分辨率和多光谱信息。因此，本研究选取中国自主设计的环境一号卫星影像作为主要数据源。为了弥补环境一号卫星影像在空间定位上的不足，以美国 Landsat 系列卫星影像（Landsat-5-TM 和 Landsat-8-OLI）作为环境卫星影像几何校正的标准。遥感影像的预处理包括波段合成、几何校正、影像裁剪和镶嵌。

（一）提取水边线

在不同的潮位情况、悬浮泥沙等地学因子和环境因子的影响下，水边线位置的模糊程度不同。一般而言，涨潮时潮滩被水淹没，海陆分界明显，水边线位置比较清晰；落潮时潮滩上存留大量的水分，使得水边线位置比较模糊。所以，首先通过目视检查将可用的遥感影像按照水边线的模糊程度划分成清晰和模糊两类。然后针对不同类别的影像，采用恰当的方法进行水边线的提取。

清晰的影像，采用 Canny 边缘检测法提取水边线（米林等，2010；顾智等，2016），操作流程如图 5.2 所示。

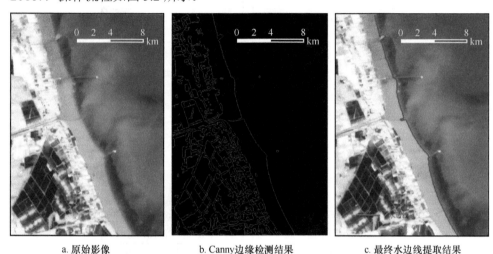

| a. 原始影像 | b. Canny 边缘检测结果 | c. 最终水边线提取结果 |

图 5.2　Canny 边缘检测提取位置清晰的水边线

对于模糊的影像，使用近红外波段和可见光波段的组合可以在一定程度上减少潮滩浑浊度的影响（Ryu et al.，2002）。本研究采用 NDWI 阈值分割法提取模糊影像的水边线。NDWI 的公式如下：

$$NDWI = \frac{Green - NIR}{Green + NIR} \tag{5.1}$$

式中，Green 和 NIR 分别代表绿光波段和近红外波段，分别对应于环境卫星影像的第 2、4 波段。

计算原始影像的 NDWI，通过选取阈值进行二值化处理，分割出水体和陆地。影像的最佳阈值集中在（−0.3，−0.15），阈值小于 −0.3 无法较好地区分出水体，大于 −0.15 则提取结果过于零碎化。而后，将二值化图像进行自动矢量化，即可得到位置模糊的水边线，操作流程见图 5.3。最后，通过目视解译对自动化提取出的每一条水边线进行检查修改，包括删除不正确的水边线、补充遗漏的水边线、连接间断的水边线（Liu et al.，2013c），以确保水边线提取的精度。

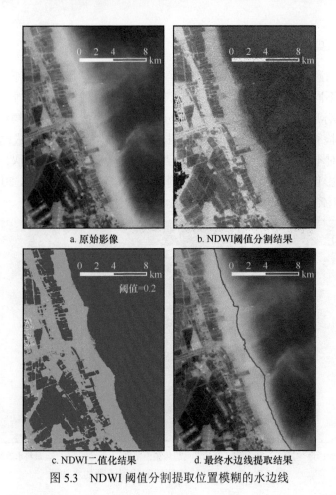

a. 原始影像　　　　　　　　b. NDWI阈值分割结果

c. NDWI二值化结果　　　　　d. 最终水边线提取结果

图 5.3　NDWI 阈值分割提取位置模糊的水边线

（二）确定潮滩边界

结合影像空间分辨率和野外实地考察资料，利用 DSAS 软件在研究区沿岸每隔 100m 设置一条垂线（Liu et al.，2013a），每一条垂线和每一条水边线都将有一个交点，代表遥感影像过境时刻在这个垂线剖面上潮位点的位置。

对每条垂线上的潮位点进行分析，分别计算每个点到岸边的距离。然后，根据距离的远近对潮位点进行分类。取最靠近海岸的类别为高潮点集，取最靠近海洋的为低潮点集，其他类别为中间潮位点集。计算高（低）潮点集的平均值即可得到每条垂线上的平均高（低）潮点位置。将每条垂线的平均高（低）潮点连接起来即得到平均高（低）潮线，而平均高潮线和平均低潮线之间的区域即为潮滩。

在对每条垂线进行分析时，本研究选择美国地图学家 George Frederick Jenks 提出的 Jenks Natural Breaks 分类方法进行数据分类（于伯华等，2009）。为了应用 Jenks Natural Breaks 分类方法，首先应该确定类别数目，因此涉及最佳类别数目的确定。对潮位点数据的分析发现，随着级别数目的增加，分界点不断增加，但是不断细分的是中间潮位的潮位点集，而高（低）潮点集的分界点在达到某个阈值之后就很少变化，该阈值可以明显区分高（低）潮点集和其他潮位的点集，即为高（低）潮点集的最佳分界点（图 5.4）。

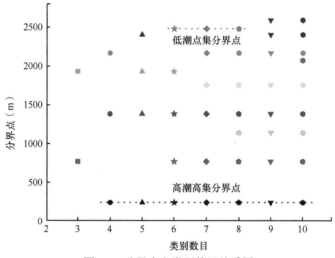

图 5.4 分界点和类别数目关系图

因此，本研究选取类别数目从 3（高潮点集、中间潮位点集和低潮点集）到类别数目为 10（过多的类别数目将强制破坏数据本身的聚类特征）的距岸边长度最短类别（高潮点集）和长度最长类别（低潮点集）分界点的众数作为高（低）潮点集的分界点来确定潮位线。图 5.5 以黄河三角洲甜水沟口至小清河口段为例，详细阐述潮滩边界确定的具体流程。

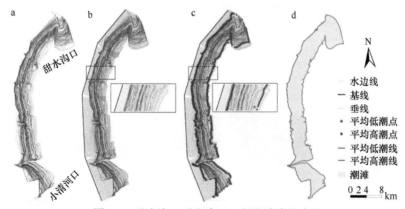

图 5.5 甜水沟口至小清河口段潮滩边界确定

a. 90 条不同时刻的水边线；b. 利用 DSAS 软件每隔 100m 设置一条垂线；c. 使用 Jenks Natural Breaks 分类方法计算每条垂线上的高（低）潮点；d. 连接所有的高（低）潮点得到潮滩范围

三、现代黄河三角洲潮滩空间变化

利用 2009 年和 2014 年环境一号卫星影像，获取 2009 年和 2014 年两期现代黄河口潮滩资源的分布范围（图 5.6），并对结果进行统计分析。2009 年现代黄河口的潮滩总面积为 199.51km^2，2014 年总面积为 200.47km^2，潮滩资源在数量上

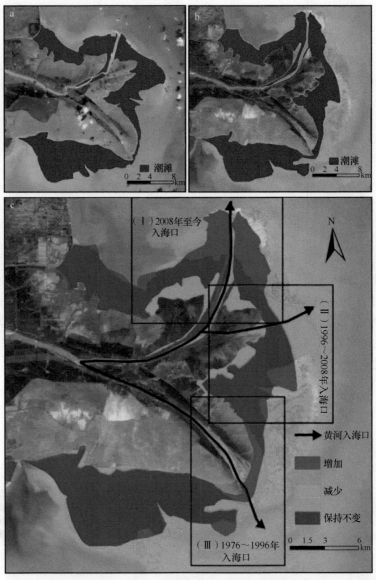

图 5.6　2009～2014 年现代黄河口潮滩资源动态变化

a. 2009 年潮滩资源分布；b. 2014 年潮滩资源分布；c. 2009～2014 年潮滩资源动态变化

基本保持不变。利用ArcGIS软件中的Intersect工具对两期潮滩信息进行相交分析，得到5年间在空间分布上保持不变的潮滩范围，总计152.11km^2，占2009年潮滩总面积的76.24%。利用Erase工具分别将保持不变的潮滩信息和2009年、2014年潮滩信息进行擦除分析，得到5年间在空间分布上发生变化的潮滩范围，其中减少面积为47.40km^2，占2009年潮滩总面积的23.76%；增加面积为48.36km^2，所占比例为24.24%。显然，2009～2014年现代黄河口的潮滩资源在空间分布上发生了显著变化。

如图5.6所示，现代黄河口包括1976年黄河改道至今的3个黄河入海口，而这3个入海口也是潮滩变化最为显著的区域，因此依次对这3个入海口附近区域进行分析。

区域Ⅰ是2008年至今的黄河入海口附近区域，作为现行河口，黄河入海挟带的大量泥沙为其潮滩发育提供了十分丰富的来源。5年间该区域潮滩面积增加面积为28.79km^2，占现代黄河口总增加面积的59.53%；减少面积为16.34km^2，占总减少面积的34.47%；5年间，区域Ⅰ的潮滩面积呈明显的增加趋势。采用"相同潮位对比法"分析潮滩在空间分布上的变化。如图5.7所示，在低潮时，2014年潮滩较2009年大幅度地向海洋方向淤进；而在低潮时，2014年海水可以到达的边界也明显接近于海洋。因此，2009～2014年区域Ⅰ的潮滩显著向海洋推进。

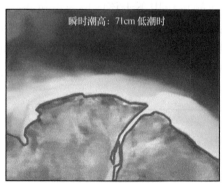

a. 2009年低潮时水边线

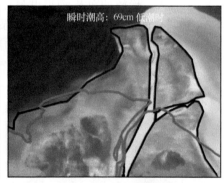

b. 2014年低潮时水边线

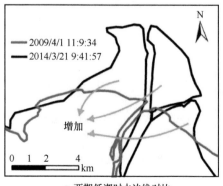

c. 两期低潮时水边线对比

d. 2009年高潮时水边线

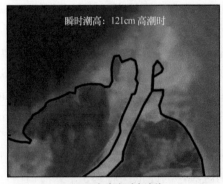
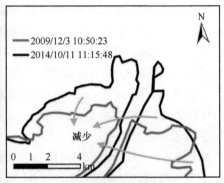

e. 2014年高潮时水边线　　　　　　　　f. 两期高潮时水边线对比

图 5.7　区域 I（2008 年至今黄河入海口附近）2009～2014 年潮滩资源动态变化

　　区域 II 是 1996～2008 年黄河入海口附近区域，该区域在 2009～2014 年潮滩增加面积为 6.64km²，占现代黄河口总增加面积的 13.73%；减少面积为 17.35km²，占总减少面积的 36.60%。由此可见，由于黄河改道，原河口泥沙输送中断，原沉积物覆盖区在强潮流和波浪的共同作用下遭到快速冲刷（王楠，2014），致使 5 年间区域 II 潮滩面积呈显著减少的趋势。结合低潮时影像可知，原河口处潮滩向海凸出，在强海洋动力作用下显著地向陆地方向后退；但其南部潮滩呈凹状，松散的沉积物再度悬浮在搬运作用下于该区域再度沉积（江文胜，2005），从而使得潮滩向海洋方向淤进；对比高潮时影像发现，相比于 2009 年的潮滩，2014 年区域 II 的潮滩主要向海洋方向推进（图 5.8）。因此，5 年间在 1996～2008 年黄河入海口附近潮滩强烈蚀退，而在其南部潮滩明显向海洋方向淤进。

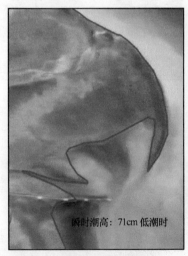
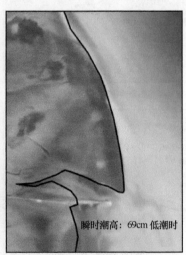

a. 2009年低潮时水边线　　　　　　　　b. 2014年低潮时水边线

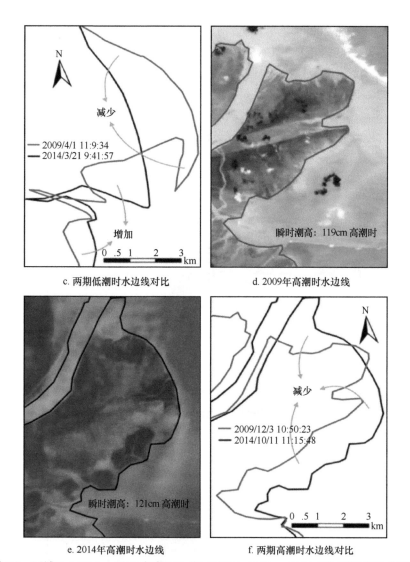

c. 两期低潮时水边线对比 　　　　　d. 2009年高潮时水边线

瞬时潮高：119cm 高潮时

瞬时潮高：121cm 高潮时

减少

增加

2009/4/1 11:9:34
2014/3/21 9:41:57

减少

2009/12/3 10:50:23
2014/10/11 11:15:48

e. 2014年高潮时水边线 　　　　　f. 两期高潮时水边线对比

图 5.8　区域Ⅱ（1996～2008 年黄河入海口附近）2009～2014 年潮滩资源动态变化

区域Ⅲ是 1976～1996 年黄河入海口附近区域，该河口已废弃多年，在 2009～2014 年潮滩增加面积为 6.66km²，减少面积为 7.04km²，潮滩面积基本保持不变。无论是对比高潮时影像还是低潮时影像，该区域绝大部分潮滩处于明显的侵蚀后退状态（图 5.9）。而其南部的潮滩也存在一定的淤积现象，这同样是由松散的沉积物重新分配导致的。

综上所述，现代黄河口是海洋和河流相互作用最为强烈的地区之一，利用 2009 年和 2014 年环境卫星影像提取了该地区两个时期的潮滩范围。通过对比发现，2009～2014 年现代黄河口潮滩资源在数量上基本保持不变，但是在空间分

137

布上变化显著。在 2008 年至今的黄河入海口附近，潮滩面积呈明显增加趋势且大幅度向海洋方向推进；在 1996 ～ 2008 年黄河入海口附近（图 5.8），潮滩面积呈显著减少的趋势并向内陆蚀退，但其南部凹状区域潮滩明显向海洋淤进；在 1976 ～ 1996 年黄河入海口附近（图 5.9），潮滩面积基本保持不变，除其南部凹状区域存在一定淤积外，其他区域潮滩都处于强烈的蚀退状态。黄河改道致使泥沙输运供应模式发生改变是造成现代黄河口潮滩发生变化的主要原因，但同时潮滩地形和波浪、潮流等海洋动力作用也会对潮滩的侵蚀淤积产生影响。

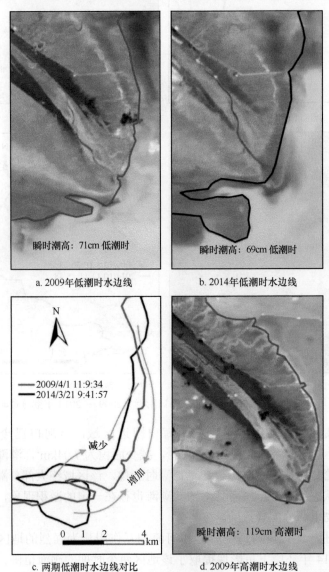

a. 2009年低潮时水边线　　　　　　　b. 2014年低潮时水边线

c. 两期低潮时水边线对比　　　　　　d. 2009年高潮时水边线

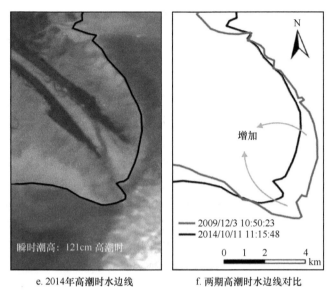

e. 2014年高潮时水边线　　　　　　　f. 两期高潮时水边线对比

图 5.9　区域Ⅲ（1976 ～ 1996 年黄河入海口附近）2009 ～ 2014 年潮滩资源动态变化

第二节　海岸带潮沟系统演变

一、潮沟系统的水文连通性

潮沟是盐沼湿地中常见的地貌单元，是物质流、能量流与信息流传递的主要通道。潮沟通过涨落潮的方式与漫滩交换水盐、水沙、营养元素等物质，形成了潮沟、漫滩的海陆交互方式。潮沟系统挟带的水沙通过侵蚀与沉积塑造湿地地形。潮沟水系是盐沼植被种子传播的主要媒介，并且潮沟、漫滩的水盐交互可改变潮滩生境，影响植被的种子来源以及定植的适宜生境，是盐沼湿地植被空间格局形成的重要驱动力。

潮沟系统的形成、发育以及功能的发挥本质是水文连通。水文连通已经成为国内外研究的热点，但目前尚没有统一且全局性的定义，在其内涵的理解以及研究方法上仍存在较大差异（崔保山等，2016）。较为常用的水文连通定义是以水为媒介的物质、能量及生物体在水循环各单元内或各单元间迁移的生态过程。从流域尺度的水循环看，水文连通受降雨、坡面径流过程（土壤渗透率、植被等）、流域景观特征（景观单元的连接）、侧向缓冲能力（水体坡度、集水范围等）、连通路径（水体结构等）5 个方面的影响。水文连通具有 4 个维度特征，包括纵向（源头河口的纵向连通）、侧向（河漫滩 / 洪泛区河道的侧向连通）、垂向（地表水与地下水的交互作用）和时间。在潮沟、漫滩的侧向连通尺度下，水文连通主要受以下几个要素影响：①斑块距离潮沟的侧向距离；②与潮沟存在永久或短暂的水文连通；③潮沟的尺寸与形态（长、宽、深以及弯曲程度等），其中潮沟的弯曲程度决定水体坡度，进而与潮沟长、宽等共同决定水体容量和流速，为定量水文连通强度提供依据（骆梦等，2018）。

在滨海区域，水文连通的研究大多是以潮沟水系网络为研究重点，探究环境驱动力导致的水文连通时空变化，进而引起湿地格局的改变，如湿地萎缩、地形梯度变化、河口泥沙输移、生物多样性变化以及复合种群动态变化等，缺乏基于某个具体潮沟系统剖析其纵向、侧向、垂向的水文连通过程以及小尺度时空变化的研究。小尺度单一潮沟系统水文连通研究受限的原因可能是：①滨海区域环境条件恶劣，水文监测难度较大，长期定点监测困难；②潮汐的侵蚀与沉积作用，使得滨海潮沟系统地形变化剧烈，而潮滩整体地形又相对平坦，高程差小，导致高程数据难以获取；③滨海区域水盐交互作用复杂，加之潮汐的不规则性，各项水文、土壤及生物指标动态性较强，时空变异性较大。

二、潮沟系统提取

潮沟系统提取是对潮沟系统形态发育研究的基础，目前主要基于野外调查和遥感影像的目视解译两种传统手段。Liu 等（2015）利用 LiDAR DEM 和高水平影像处理方法实现了潮沟系统的自动提取，和思海等（2017）针对复杂的潮沟系统，利用小波变化和数学形态学的方法对潮沟进行了提取，达到了较高的精度。本研究基于 SPOT 系列卫星和哨兵（Sentinel）系列卫星影像进行黄河三角洲地区潮沟系统的提取。

（一）遥感数据源

1. SPOT 系列卫星影像

SPOT 系列卫星是法国国家空间研究中心（CNES）研制的一种地球观测卫星系统，至今已发射 SPOT 卫星 1～7 号。SPOT 系法文 Systeme Probatoire d'Observation de la Terre 的缩写，意即地球观测系统。SPOT 卫星 1～5 号从1986 年发射以来，已经接收、存档超过 700 万幅全球卫星数据，可以满足国防、环境、地质勘探等多个应用领域不断变化的需要。SPOT 是太阳同步卫星，平均航高 832km，通过赤道的时间为当地时间上午 10 时 30 分，通过台湾上空的时间约为 10 时 45 分。轨道倾角为 98.77°，绕地球一圈周期约为 101.4min，一天可转 14.2 圈，每 26 天通过同一地区，SPOT 卫星一天内所绕行的轨道，在赤道相邻两轨道最大距离为 108.6km，全球共有 369 个轨道。多光谱的三个波段分别为绿光段（XS1: 0.5～0.59μm）、红光段（XS2: 0.61～0.68μm）与近红外段（XS3:

0.79～0.89μm）。SOPT 系列卫星上有两套高分辨率可见光（high resolution visible, HRV）传感器，每一套具有多内光谱态（XS）以及全色态（PAN）两种能力。全色态的波长为 0.51～0.73μm。每一个 HRV 的每一波段皆有 6000 个电荷耦合装置（CCD）。其中，全色态对应的每一个 CCD 对应一个像元。多谱态每一像元由两个 CCD 数据平均相加而组成。每一 HRV 的总视角（total field of view）为 4.25°。垂直往下看对应的地面宽度为 60km（此时 PAN 的像元为 10m，XS 的像元为 20m）。每一 HRV 可在 ±27° 内移动，以作倾斜拍摄。在 27° 时其地面宽度为 80km，此时 PAN 的像元为 15m，XS 的像元为 27m。在 ±27° 内共有 91 个角度位置，每一角度位置为 0.6°。

本研究选用 2000 年 SPOT 遥感影像用于历史时期潮沟系统的提取，所用的影像数据如表 5.1 所示。

表 5.1 SPOT 遥感影像列表

序号	编号	卫星	成像日期	Path/Row	传感器
1	174575	SPOT-1	2000/3/16	287/274	HRV1
2	174581	SPOT-1	2000/3/16	286/273	HRV2
3	174586	SPOT-1	2000/3/16	286/275	HRV2
4	174590	SPOT-1	2000/3/16	286/274	HRV2
5	174591	SPOT-1	2000/3/16	287/276	HRV1
6	174595	SPOT-1	2000/3/16	287/275	HRV1
7	174582	SPOT-2	2000/8/26	285/273	HRV2
8	174583	SPOT-2	2000/8/26	285/274	HRV2

2. 哨兵（Sentinel）卫星影像

Sentinel 系列卫星是欧洲全球环境与安全监测系统项目——"哥白尼计划"的成员。目前共有 7 颗卫星在轨（Sentinel 1-A/B，Sentinel 2-A/B，Sentinel 3-A/B，Sentinel-5P），最新一颗 Sentinel-3B 于北京时间 2018 年 4 月 26 日 1 时 57 分，由俄罗斯国防部用 Rokot 搭载发射升空，目前已经免费公开了 Sentinel-1、Sentinel-2 和 Sentinel-3 的数据。

Sentinel-1 卫星是欧洲极地轨道 C 波段雷达成像系统，是 SAR 操作应用的延续。单个卫星每 12 天映射全球一次，双星重访周期缩短至 6d，赤道地区重访周期为 3d，北极地区重访周期为 2d。该卫星拥有干涉宽幅模式和波模式两种主要工作模式，另有条带模式和超宽幅模式两种附加模式。干涉宽幅模式幅宽 250km，地面分辨率为 5m×20m；波模式幅宽 20m×20km，图像分辨率为 5m×5m；条带模式幅宽 80km，分辨率为 5m×5m；超宽幅模式幅宽 400km，分辨率为20m×40m。

Sentinel-2单星重访周期为10d，A/B双星重访周期为5d。该卫星主要有效载荷是多光谱成像仪（MSI），共有13个波段，光谱范围为0.4～2.4μm，涵盖了可见光、近红外和短波红外波段。幅宽290km，空间分辨率分别为10m（4个波段）、20m（6个波段）、60m（3个波段）。

Sentinel-3是一个极轨、多传感器卫星系统，搭载的传感器主要包括光学仪器和地形学仪器，光学仪器包括海洋和陆地彩色成像光谱仪（OLCI）、海洋和陆地表面温度辐射计（SLSTR）；地形学仪器包括合成孔径雷达高度计（SRAL）、微波辐射计（MWR）和精确定轨（POD）系统。该卫星能够实现海洋重访周期小于3.8d，陆地重访周期小于1.4d。

本研究采用2018年10月17～19日成像的四景Sentinel-2A影像合成了研究区的遥感影像，如图5.10所示。

图5.10　黄河三角洲地区哨兵2A卫星标准假彩色影像

（二）潮沟系统信息提取

在对遥感影像进行几何校正、拼接之后，形成研究区多时期卫星影像图，在此基础之上进行潮沟提取，利用计算机自动解译初步获得潮沟系统空间分布图，并通过野外调查和人工解译进行数据校正和分级，得到2000年和2018年黄河三角洲潮沟系统分布图（图5.11，图5.12）。

图 5.11 2000 年黄河三角洲潮沟系统分布图

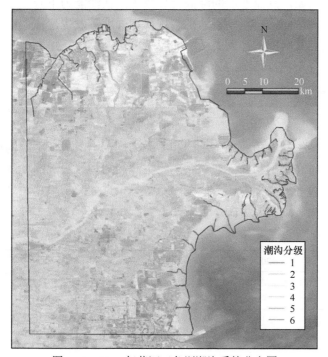

图 5.12 2018 年黄河三角洲潮沟系统分布图

三、潮沟系统演化

黄海军和樊辉（2004）利用 Landsat 影像解译典型岸段潮滩体系，结合 GIS 技术和分维理论研究其分形分维特征，较好地反映了黄河三角洲潮滩的发育进程及形态变化。分析表明，黄河三角洲潮滩的发育和演变受多重因素的综合作用，影响和控制因素因时因地而异，顺向演替和逆向演替同时并存。归结起来得出如下结论：①目前，黄河三角洲潮滩类型可分为河口滩、潮控滩、浪控滩和人控滩四大类型；②近年来，人类活动对潮滩的直接影响愈显突出，由于三角洲沿岸人类活动的增强，人工岸线不断向海扩展，人为因素已成为影响潮滩发育的主导因子；③在潮滩自然演替进程中，发育时间长短是影响潮滩潮沟发育程度的一个重要因子，时间越长发育越充分，潮沟分支越多；④波浪和潮流是控制潮滩发育演替的重要因子，现行河口南北两侧潮滩发育进程形成鲜明对照，河口北侧受强风浪影响潮滩发育缓慢，潮沟稀少，河口南侧风浪小，潮流作用强，潮滩发育迅速，潮沟密集。

人类活动是重要的地质营力，黄河三角洲沿岸人工堤坝向海外推，切断潮水沟、挤占潮盆，滩面集水面积缩小，纳潮量降低，导致落潮潮流流速下降。这种情况在大潮时反映最为明显，水动力强度的改变必然会导致潮滩沉积过程和地貌特征的改变。例如，潮流速度的降低会导致水流挟沙能力下降，也会使波、潮作用的比值增大，从而使岸滩动态的机制规律和强度等发生变化。由于近年油田开发、水产养殖、盐田围建等人类活动的影响加剧，黄河三角洲地区许多岸段潮滩潮沟体系出现逆向演替，潮沟分支减少，其天然形成的时空谱系序列已不复存在（孙效功等，2001）。

（一）潮沟的分级与变化

海岸潮沟系统一般由一条主潮沟和一系列支潮沟组成，主潮沟相互连通呈树枝状分布。本研究根据相互连通关系，将主潮沟视为一级潮沟，在此基础上依次划分出二、三级等多级潮沟，形成潮沟系统。根据分类结果，两个年份的潮沟系统一共分为六级，潮沟分级统计数据如表 5.2 所示。

表 5.2　各级潮沟条数、平均长度和总长度数据表

级别	2000 年					2018 年				
	条数（条）	平均长度（km）	最大值（km）	最小值（km）	总长度（km）	条数（条）	平均长度（km）	最大值（km）	最小值（km）	总长度（km）
一	50	5.47	19.20	1.42	273.68	76	3.61	21.53	0.59	274.31
二	131	2.00	13.07	0.20	262.58	146	1.39	8.05	0.14	202.27

级别	2000 年					2018 年				
	条数（条）	平均长度（km）	最大值（km）	最小值（km）	总长度（km）	条数（条）	平均长度（km）	最大值（km）	最小值（km）	总长度（km）
三	81	1.31	6.68	0.13	106.11	103	0.89	5.54	0.03	91.53
四	18	1.30	3.67	0.20	23.34	42	0.60	1.95	0.07	25.30
五	7	1.21	2.18	0.53	8.49	9	0.64	1.63	0.12	5.80
六	2	1.02	1.11	0.94	2.05	2	0.46	0.53	0.40	0.92
总计	289	2.34	19.20	0.13	676.26	378	1.59	21.53	0.03	600.14

从潮沟各级别的条数分布上可以看出，以一级潮沟为基础，大部分发育有二级和三级潮沟，而五级和六级潮沟发育较少，绝大部分潮沟由三级组成。从2000 年到 2018 年一级至五级潮沟的条数都有所增长，总条数也从 289 条增加到了 378 条，尤其是三级和四级潮沟，都增加了 20 条以上。虽然总条数有所增长，但潮沟的总长度出现了减小的趋势，2000 年为 676.26km，2018 年减小到了600.14km。就平均长度而言，从一级到六级依次减小，各级潮沟的总长度也出现从一级到六级递减的趋势，一级潮沟的总长度在 270km 以上，六级潮沟在 2000年为 2.05km，2018 年为 0.92km。随着潮沟条数的增多和总长度的减小，每级潮沟的平均长度也有所减小。例如，一级潮沟平均长度 2000 年为 5.47km，到 2018年潮沟平均长度为 3.61km。总体来看，在区域自然条件变化和人为影响下，潮沟条数增多，而潮沟长度出现减小的趋势。

（二）潮沟的形态特征变化

通常用潮沟密度、潮沟分汊率、主潮沟曲率等指标来描述潮沟的形态特征。潮沟密度用单位面积潮滩上潮沟的总长度表示，单位为 km/km^2，计算公式为（崔承琦等，2001）

$$D = \Sigma L/A \tag{5.2}$$

式中，ΣL 为潮滩上潮沟的总长度；A 为潮滩面积。

潮沟分汊率用单位面积潮滩上潮沟交汇点的个数表示，单位为个 /km^2，计算公式为

$$Y = \Sigma N/A \tag{5.3}$$

式中，ΣN 为潮滩上潮沟交汇点的个数；A 为潮滩面积。

潮沟曲率是指潮沟长度与其两端的直线距离之比，计算公式为

$$r = L/L' \tag{5.4}$$

式中，L 为潮沟的长度；L' 为潮沟两端的直线距离。

从 2000 年和 2018 年黄河三角洲潮沟系统分布图（图 5.11，图 5.12）可以看

出，不同区域的潮沟变化有所不同。黄河三角洲潮沟主要分布于古黄河口和现黄河口南北两侧，本研究把潮沟系统分为古黄河口、黄河口北和黄河口南三个区域（图 5.13，图 5.14），少数零星分布的潮沟不参与统计，区域的划分以潮滩分布为基础并适当参考潮沟的延伸，获得三个区域潮沟系统的相关数据。

图 5.13　2000 年黄河三角洲潮沟系统分区图

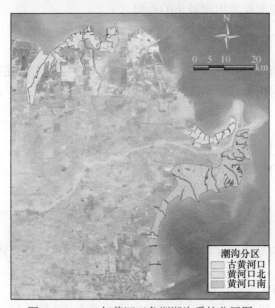

图 5.14　2018 年黄河三角洲潮沟系统分区图

通过数据提取和计算，得到古黄河口、黄河口北和黄河口南三个区域平均的潮沟密度、潮沟分汊率和主潮沟曲率等相关指标，如表 5.3 所示。

表 5.3　黄河三角洲分区形态特征指标

形态指标	古黄河口		黄河口北		黄河口南	
	2000 年	2018 年	2000 年	2018 年	2000 年	2018 年
潮沟密度（km/km²）	1.142	1.114	0.470	1.077	0.904	1.014
潮沟分汊率（个 /km²）	0.474	0.677	0.087	0.455	0.312	0.469
主潮沟曲率	1.258	1.316	1.160	1.164	1.209	1.158

潮沟的发育与潮滩发育息息相关，随着黄河入海河道在不同时期的变化，潮滩在陆海动力作用下发生演化，潮沟系统也在不同区域呈现出不同特征。古黄河口的潮滩发育于 1976 年 5 月人工截流黄河改道之前，在该次黄河改道之后，海岸和潮滩一直处于蚀退状态。黄河口北的三角洲洲体主要形成于 1996 年 7 月最近一次黄河人工改道之后，潮滩比较年轻，潮沟系统发育比较简单。通过潮沟密度的对比发现，2000 年古黄河口的潮沟密度最大，为 1.142km/km²，然后依次是黄河口南和黄河口北。黄河口北与黄河口南相比，由于形成时间较短，潮沟系统不够发育，形态也比较简单，2000 年黄河口北最高发育有二级潮沟，而古黄河口和黄河口南分别为四级和六级。从时间变化来看，古黄河口地区的潮沟密度由 2000 年的 1.142km/km² 减小为 2018 年的 1.114km/km²，而黄河口北和黄河口南潮沟密度都有了不同程度的增加，尤其是黄河口北潮沟密度增加了一倍多（从 0.470km/km² 到 1.077km/km²），这与人类不同的区域开发和保护策略有关。在古黄河口区域，由于泥沙来源减少和海洋动力作用的相对增强，潮滩面积减小，加之人类在潮滩地区的开发使得潮沟系统受到影响，潮沟密度出现了减小的趋势。黄河口南北两岸处于黄河三角洲国家级自然保护区之内，潮沟系统保护较好，两个区域的潮沟密度都出现了增加的趋势，黄河口北最近一次人工改道之后，泥沙来源增多，在海水作用下潮沟系统发育较好，潮沟密度明显增加。黄河口南保护区之外的南部潮滩区域受人类活动干扰较大，一定程度上降低了黄河口南潮沟的平均密度。

潮沟分汊率在一定程度上反映潮沟的发育程度和历史长短。从区域对比来看，2000 年潮沟分汊率由高到低依次是古黄河口、黄河口南、黄河口北，分别达到 0.474 个 /km²、0.312 个 /km² 和 0.087 个 /km²，随着时间的演化，潮沟分汊率逐渐增加。潮沟分汊率增长最快的是黄河口北区域，2018 年达到了 0.455 个 /km²，接近黄河口南的 0.469 个 /km²。在潮沟系统自然发展和人类干预下，潮沟分汊率的变化特征整体上与潮沟密度的变化趋势一致。潮沟曲率是反映潮沟弯曲程度的物理量。整体来看，发育历史长、发育程度较好的古黄河口区域潮沟曲率最大，黄河口南次之，黄河口北最小，与潮沟分汊率、潮沟密度的变化基本吻合。潮沟曲率整体变化不大，反映了主潮沟发育相对比较稳定，在研究时段内海陆作用力处于变化的平衡之中。

（三）潮沟的分维特征

自然界中存在大量的分形，对水系的研究也受到了很多学者的关注。自1975年美国科学家曼德布罗特（Mandelbrot）首次提出"分形"这个概念以来，已经有很多学者对水系的分维进行了研究。分形维数是度量分形对象的主要指标，对于定量化分析复杂水系的发育具有重要作用。不同学者利用分形维数来分析水系的形态发育，并分析流域所处的发育阶段。潮沟作为海岸带地区特殊的水体系统，利用分形理论来进行分析具有一定的科学意义。

黄河三角洲广泛发育的树枝状潮沟属于不规则图形，对于不规则图形的分维，有多种定义和计算方法，我们采用盒子维来计算潮沟的分形维数。对于不规则分布的线状潮沟，采用不同边长连续分布的网格进行叠加，并统计潮沟相交的网格数量，从而计算潮沟的分形维数，计算公式如下：

$$D = \lim_{r \to 0} \frac{\ln N(r)}{\ln \frac{1}{r}} \tag{5.5}$$

式中，D 为分形维数；$N(r)$ 为相交网格数量；r 为网格边长。实际计算时可以选取不同的 r 值，并统计出不同的 $N(r)$ 值，通过线性回归求出的斜率可视为不规则图形的分形维数。

本研究选择的网格边长为 10～1000m，每 10m 为一间隔，统计不同大小格网下潮沟相交的数量，然后建立回归拟合方程，斜率即为分形维数。从 2000 年到 2018 年近 20 年的时间里，在各种驱动力的影响下，黄河三角洲潮沟处于不同的生长发育阶段，受到沿岸地形、地质条件和人类活动的影响，潮沟系统的分形维数有所差别。

根据表 5.4，2000 年古黄河口区域典型潮沟的平均分形维数为 1.105，黄河口北和黄河口南分别为 1.043、1.135，整体来看，由于潮滩面积广、潮沟系统发达，黄河口南形态发育较为复杂，因此分形维数较高。

表 5.4　2000 年黄河三角洲典型潮沟的分形指标

区域	潮沟编号	支流条数	分形维数	区域	潮沟编号	支流条数	分形维数
	1	6	1.080		32	3	1.088
	2	14	1.243		33	1	1.062
	3	21	1.172		38	1	1.119
	4	25	1.110		39	6	1.311
	5	1	1.050		41	8	1.194
	6	1	1.057		42	4	1.138
古黄河口	7	14	1.093		43	5	1.128
	8	5	1.133		44	9	1.166
	10	1	1.065	黄河口南	45	48	1.160
	11	1	1.150		46	5	1.121
	12	1	1.055		47	3	1.091
	13	2	1.079		48	1	1.053
	14	6	1.079		49	9	1.305
	21	1	1.005		52	2	1.122
黄河口北	22	4	1.070		53	7	1.123
	23	1	1.087		54	2	1.029
	27	1	1.009		55	8	1.085

　　根据表 5.5，2018 年黄河口南、古黄河口、黄河口北典型潮沟的平均分形维数依次为 1.167、1.156 和 1.115，和 2000 年相比，随着潮沟的发育分形维数有所提高。从空间分布来看，仍然是潮沟系统发育较好的黄河口南区域的分形维数最高，发育最晚的黄河口北区域的最低。一般来说，支流较多的潮沟系统分形维数较高，但由于潮沟系统分布的复杂性，支流条数和分形维数并没有出现严格的线性相关关系，潮沟总体走向、潮沟覆盖面积、支流条数和相互距离远近都对潮沟的分形维数有一定的影响。总体来看，潮滩面积广、发育历史长、体系复杂的潮沟系统具有较高的分形维数。

表 5.5　2018 年黄河三角洲典型潮沟的分形指标

区域	潮沟编号	支流条数	分形维数	区域	潮沟编号	支流条数	分形维数
古黄河口	10	37	1.359	黄河口南	31	4	1.177
	11	1	1.041		32	9	1.190
	12	9	1.086		33	3	1.148
	13	3	1.075		34	5	1.199
	14	3	1.069		35	10	1.198
	15	9	1.085		36	10	1.233
	16	2	1.248		37	9	1.129
	17	3	1.146		38	2	1.142
	18	7	1.171		39	3	1.088
	19	41	1.281		41	7	1.276
黄河口北	21	3	1.052		42	23	1.252
	22	4	1.175		43	3	1.112
	23	8	1.122		44	49	1.159
	25	2	1.103		45	3	1.033
	26	5	1.066				
	28	2	1.172				

第三节　小　结

　　本章针对黄河三角洲清水沟老河口和清 8 出汊口及附近海域，将潮滩定义为平均高潮线和平均低潮线之间的区域（包括沙滩、泥滩等），以环境一号卫星影像为主数据源，以 Landsat 影像（Landsat-5-TM 和 Landsat-8-OLI）作为几何校正标准，获取了 2009 年和 2014 年两期现代黄河口潮滩资源的分布范围，并分析其时空变化特征；基于 SPOT 系列卫星和哨兵（Sentinel）系列卫星影像进行黄河三角洲地区潮沟系统的提取和分级，得到 2000 年和 2018 年黄河三角洲地区潮沟系统分布图，并从潮沟分级、形态特征、分维特征方面对潮沟演变特征进行分析。

　　2009 ～ 2014 年，现代黄河口潮滩资源在数量上基本保持不变，但是在空间分布上变化显著。2009 年现代黄河口的潮滩总面积为 199.51km²，2014 年总面积为 200.47km²，5 年间在空间分布上发生变化的潮滩范围，减少面积为 47.40km²，占 2009 年潮滩总面积的 23.76%；增加面积为 48.36km²，所占比例为 24.24%。在 2008 年至今的黄河入海口附近，潮滩面积呈明显增加趋势且大幅度向海洋方向推进；在 1996 ～ 2008 年黄河入海口附近，潮滩面积呈显著减少的趋势并向内陆蚀退,但其南部凹状区域潮滩明显向海洋淤进;在1976～1996年黄河入海口附近,潮滩面积基本保持不变,除其南部凹状区域存在一定淤积外,其他区域潮滩都处于强烈的蚀退状态。2000～2018年,研究区潮沟条数增多,而潮沟长度出现减小的趋势。整体来看,发育历史长、发育程度较好的古黄河口区域潮沟曲率最大,黄河口南次之,黄河口北最小,与潮沟分汊率、潮沟密度的变化基本吻合。2018年黄河口南、古黄河口、黄河口北典型潮沟的平均分形维数依次为1.167、1.156和1.115,和2000年相比,整体随着潮沟的发育分形维数有所提高。从空间分布来看,潮沟系统发育较好的黄河口南区域分形维数最高,发育最晚的黄河口北区域最低。本研究可为黄河三角洲生态系统保护与海岸带综合管理提供相关科学参考。

参 考 文 献

崔保山, 蔡燕子, 谢湉, 等. 2016. 湿地水文连通的生态效应研究进展及发展趋势. 北京师范大学学报(自然科学版), 52(6): 738.

崔承琦, 李师汤, 孙小霞, 等. 2001. 黄河三角洲海岸岸线和潮水沟体系发育及其分维研究. 海洋通报, 20(6): 60-70.

董芳, 赵庚星, 田文新. 2013. 基于遥感和 GIS 的黄河三角洲淤蚀动态研究. 西北农林科技大学学报(自然科学版), 31(1): 53-56.

顾智, 贾培宏, 李功成, 等. 2016. 基于 Canny 算子的海南陵水双潟湖岸线提取技术. 第四纪研究, 35(1): 113-120.

何庆成, 张波, 李采. 2006. 基于 RS、GIS 集成技术的黄河三角洲海岸线变迁研究. 中国地质, 33(5): 1118-1123.

和思海, 韩震, 朱言江, 等. 2017. 基于小波变换和数学形态学的潮沟提取方法研究. 海洋科学, 41(9): 123-129.

黄海军, 樊辉. 2004. 黄河三角洲潮滩潮沟近期变化遥感监测. 地理学报, 5: 723-730.

黄海军, 李成治, 郭建军. 1994. 卫星影像在黄河三角洲岸线变化研究中的应用. 海洋地质与第四纪地质, (2): 29-37.

江文胜. 2005. 莱州湾悬浮泥沙分布形态及其与底质分布的关系. 海洋与湖沼, 36(2): 97-103.

李真. 2012. 基于潮滩高程模型的沙洲冲淤态势研究. 南京大学硕士学位论文.

梁建. 2010. 基于 HY-1B CZI 数据的海岸带监测系统及应用. 国家海洋局第一海洋研究所硕士学位论文.

骆梦, 王青, 邱冬冬, 等. 2018. 黄河三角洲典型潮沟系统水文连通特征及其生态效应. 北京师范大学学报(自然科学版), 54(1): 17-24.

米林, 马亚洲, 郝建军, 等. 2010. 一种基于 Canny 理论的边缘提取改进算法. 重庆理工大学学报, 24(5): 54-58.

孙效功, 赵海虹, 崔承琦. 2001. 黄河三角洲潮滩潮沟体系的分维特征. 海洋与湖沼, 32(1): 74-80.

王楠. 2014. 现代黄河口沉积动力过程与地形演化. 中国海洋大学博士学位论文.

王小丹, 方成, 康慧, 等. 2014. 曹妃甸地区潮间带演变的遥感监测. 海洋通报, 33(5): 559-565.

王小龙, 张杰, 初佳兰. 2005. 基于光学遥感的海岛潮间带和湿地信息提取——以东沙岛 (礁) 为例. 海洋科学进展, 23(4): 477-481.

王艳红, 张忍顺, 吴德安, 等. 2003. 淤泥质海岸形态的演变及形成机制. 海洋工程, 21(2): 65-70.

于伯华, 吕昌河, 吕婷婷, 等. 2009. 青藏高原植被覆盖变化的地域分异特征. 地理科学进展, 28(3): 391-397.

张明, 蒋雪中, 郝媛媛, 等. 2010. 遥感水边线技术在潮间带冲淤分析研究中的应用. 海洋通报, 29(2): 176-181.

赵敏. 2009. 潮滩冲淤监测方法与实时监测系统设计. 地球科学与环境学报, 31(4): 437-441.

郑宗生. 2007. 长江口淤泥质潮滩高程遥感定量反演及冲淤演变分析. 华东师范大学博士学位论文.

郑宗生, 周云轩, 刘志国. 2008. 基于水动力模型及遥感水边线方法的潮滩高程反演. 长江流域资源与环境, 17(5): 756.

Chen J Y, Cheng H Q, Dai Z J, et al. 2008. Harmonious development of utilization and protection of tidal flats and wetlands-a case study in Shanghai area. China Ocean Engineering, 22(4): 649-662.

Larson R. 1998. Monitoring the coastal environment; Part IV: Mapping, shoreline changes, and bathymetric analysis. Journal of Coastal Research, 14(1): 61-92.

Liu Y, Huang H, Qiu Z, et al. 2013a. Detecting coastline change from satellite images based on beach slope estimation in a tidal flat. International Journal of Applied Earth Observations & Geoinformation, 23(1): 165-176.

Liu Y, Li M, Mao L, et al. 2013b. Toward a method of constructing tidal flat digital elevation models with MODIS and medium-resolution satellite images. Journal of Coastal Research, 29(2): 438-448.

Liu Y, Li M, Mao L, et al. 2013c. Seasonal pattern of tidal-flat topography along the Jiangsu Middle Coast, China, Using HJ-1 Optical Images. Wetlands, 33(5): 871-886.

Liu Y, Zhou M, Zhao S, et al. 2015. Automated extraction of tidal creeks from airborne laser altimetry data. Journal of Hydrology, 527: 1006-1020.

Ryu J H, Won J S, Min K D. 2002. Waterline extraction from Landsat TM data in a tidal flat: A case study in Gomso Bay, Korea. Remote Sensing of Environment, 83(3): 442-456.

第六章

潮滩与浅海植被生境演变特征 [1]

---

① 本章作者为中国科学院烟台海岸带研究所的孟灵、邢前国。

在黄河三角洲低潮滩和沿岸浅海水域，日本鳗草（*Zostera japonica*）海草床和人为引种的外来物种互花米草（*Spartina alterniflora*）是两类较典型的生境。海草是海洋中唯一的开花植物，其种类稀少，但却承担着全球营养循环、潮间带及潮下带基质沉积和稳定、为海洋生物提供栖息场所与食物来源等重要的生态服务功能。然而，主要由于近百年来人类活动对近海海域频繁的干扰，全球海草床生态系统出现了大面积的退化现象（Waycott et al.，2009），黄河三角洲周边海域海草床的退化问题亦非常突出；与海草床的退化相反，互花米草凭借其极强的适应性和繁殖能力，自 1990 年前后在黄河三角洲地区引种以来，便迅速生长蔓延，现如今已遍布黄河三角洲国家级自然保护区的潮间带区域（杨俊芳等，2017）。本章简要分析我国海岸带区域海草床和互花米草生境的分布现状，并对海草床生态系统服务功能、互花米草生态效应进行总结，在此基础上，重点基于多时相卫星影像，配合现场调查数据，对黄河三角洲海域这两种典型生境的时空变化特征及其所依附的近海水体环境变量的时空分布特征进行详述，以期为黄河三角洲潮滩与浅海水域生境保护和管理提供基础数据。

第一节　海草床、互花米草典型生境类型的生态功能与特征

黄河三角洲湿地是世界范围内河口湿地中最具代表性的湿地之一，是世界上陆地增生速度最快，我国暖温带最完整、最广阔、最年轻的滨海湿地。黄河三角洲有多样的水生、湿生、干生和耐盐植被生境群落。在黄河三角洲低潮滩和沿岸浅海水域，日本鳗草海草床和人为引种的外来物种互花米草是两类较典型的生境，并在潮滩和沿岸浅海水域生态系统中扮演着重要且功能迥异的角色。

一、我国海草床、互花米草分布现状

（一）我国海草床分布现状

我国海岸线较长，适宜海草生长的区域较多。郑凤英等（2013）对迄今已报道的我国主要海草床的汇总结果表明，我国现有海草床的总面积约为 8765.1hm²。基于海草分布的海域特点，将我国海草分布区划分为南海海草分布区和黄渤海海草分布区两个大区。其中，南海海草分布区主要包括海南、广西、广东、香港、台湾和福建沿海；黄渤海海草分布区主要包括山东、河北、天津和辽宁沿海。在南海海草分布区，海草床在数量和面积上均明显大于黄渤海海草分布区。隶属于南海海草分布区的海南、广东、广西和台湾海草床共拥有海草床面积约 8371.4hm²，而隶属于黄渤海海草分布区的山东、辽宁海草床面积不足 400hm²。其中，山东海草床主要分布在荣成市，其中月湖（也称天鹅湖）的海草床面积

最大，约为 191hm²，桑沟湾和俚岛湾的海草床面积分别为 60hm² 和 30hm²；威海市区的双岛湾分布有 5hm² 的海草床。此外，在烟台市区、东营市垦利区、莱州市莱州湾、青岛市区也有海草床零星分布（郑凤英等，2013）。周毅等（2016）于 2015 年的现场调查研究发现，日本鳗草在黄河口南北两侧的潮间带均有分布，上下绵延 25～30km，由岸向海分布宽度为 200～500m，海草床面积超过 1000hm²。

近年来，由于全球变暖和人类开发活动的过度和无序，我国海草床呈现退化趋势，海草多样性严重丧失。海南省陵水黎族自治县新村港南岸的 3 个海草分布点从 1991 年到 2006 年迅速退化，其中位于西部的两个分布点是由一个大的海草床退化、面积逐渐缩小为两个完全独立的分布点而形成的，而位于东部的分布点却逐渐退化直至消失（Yang D T and Yang C Y，2009）。威海市海域超过 90% 的海草床已在最近 20 年内消失，消失率远大于 1879～2006 年全球海草床 29% 的总消失率（Waycott et al.，2009；郑凤英等，2013）。

（二）我国互花米草分布现状

互花米草是禾本科米草属多年生草本克隆植物，原产于美国大西洋沿岸。1979 年，互花米草作为生态工程被引入我国，用于防风护岸、促淤造陆、改良土壤、提高海滩植被覆盖度及生产力（Nishijima et al.，2016），1980 年在福建省罗源湾试种成功，并向全国沿海地区推广。互花米草具有很强的耐盐碱和繁殖能力，引种成功后，便在潮间带疯狂扩张，快速增殖取代本地植被。2003 年，互花米草被列入了国家环境保护总局公布的第一批入侵物种名单。至 2006 年，互花米草分布在两广地区到辽宁省沿海的潮间带，面积已达 34 451hm²（左平等，2009；潘良浩等，2016）。

山东省互花米草主要分布于莱州湾、胶州湾及东营市五号桩附近。据估算，2015 年，山东省互花米草总面积达 2036.9hm²。新增互花米草主要分布于黄河口、丁字湾、乳山湾及胶州湾附近（刘明月，2018）。20 世纪 90 年代，互花米草被引入黄河三角洲地区以来，至 2016 年，在黄河三角洲低潮滩互花米草面积已达 3692.07hm²（路峰和杨俊芳，2018）。

二、海草床的生态系统服务功能

海草（seagrass）属于大型沉水被子植物，它们具有高等植物的一般特征，能完全适应水中生活，是唯一可以在海水中完成开花、结实以及萌发这一生长发育过程的被子植物（王锁民等，2016）。海草的生长要求较高的光照条件，故其一般分布于低潮带和潮下带浅水 6m 以上（少数可达 20m）的生境（Dennison et al.，

1993；Duarte，1991）。

海草密集生长形成的海草床是一种重要的海洋生态系统，与红树林、珊瑚礁一起被列为典型的三大海洋生态系统，具有极其重要的生态服务功能，对缓解全球气候变暖、维护近海岸地区生态系统健康等具有重要作用。但随着近年来海岸带经济的强劲发展，人类活动等因素导致全球海草面积急剧下降。

（一）全球最具生产力的生态系统之一

海草床是全球最具生产力的生态系统之一，20世纪末，学术界曾经估算全球海草床面积为 $0.6×10^6 km^2$，不到全球海洋总面积的 0.2%（Hammerstrom et al.，2006）。但据统计，海草床的年平均净初级生产力可达 1012g DW/m^2，与红树林和珊瑚礁相当（Duarte and Chiscano，1999）。海草生产力的大部分会被其他海洋动物所消耗，而海草床生产量的一部分则会被掩埋在海底，使得海草床生态系统成为重要的海洋蓝色碳库之一（Duarte et al.，2005）。Fourqurean 等（2012）的研究表明，全球海草床沉积物的碳储量为 9.8 ～ 19.8Pg C，相当于全球红树林与潮间带盐沼植物沉积物的碳储量之和。

除了海草自身对海洋初级生产力的贡献，海草叶、茎和根可为细菌、真菌、藻类乃至中小型无脊椎动物提供适宜的附着基，以蓝细菌、底栖硅藻和大型藻类为代表的附生生物的生产量和固碳量往往会超过海草本身，它们是海草初级生产力的重要贡献者（Moncreiff et al.，1992；Pollard and Kogure，1993；王锁民等，2016）。此外，海草床所在的水体中还含有大量浮游生物，其中许多浮游生物也可通过光合作用固定二氧化碳，是海草床生态系统中初级生产者的一个重要组成部分（李文涛和张秀梅，2009）。

（二）海洋动物的庇护所和栖息地

海草床相对复杂的三维构架物理结构，所营造出的生态和底质环境能够为各种底栖生物提供栖息场所，以及为其中的大型生物，如哺乳动物、爬行动物、鱼类等，提供庇护场所和食物来源（Barbier et al.，2011）。海草也能为邻近区域的盐沼、珊瑚礁和红树林中的很多物种提供重要的育苗场所（Waycott et al.，2005）。

另外，海草床还是一些水鸟的食物供给地。在荷兰的沃顿海，黑雁（*Branta bernicla*）、针尾鸭（*Anas acuta*）、赤颈鸭（*Anas penelope*）和绿头鸭（*Anas platyrhynchos*）等都以潮间带的大叶藻属（*Zostera*）海草为食（Jacobs et al.，1981；Vermaat and Verhagen，1996；李文涛和张秀梅，2009）。

（三）海洋生态系统的工程师

海草床能改变海水的透明度、调节海水水质，被生态学家称为"生态系统工程师"（Jones et al.，1997）。Bos 等（2007）通过一年生海草的移植试验发现，海草在生长期间加速了悬浮颗粒物的沉降。Lewis 等（2007）对美国佛罗里达州 13 处海草床的水质、沉积物和海草个体组织的研究表明，有海草区域的沉积物比没有海草区域的沉积物富集的重金属浓度高。

海草床可以影响水的流动，海草床的存在可以明显减小海流和波浪的水动力以及所在海域的流场特性（Gambi et al.，1990；Bouma et al.，2005）。海草这种对海流和波浪的抑制作用具有稳定底质的作用。

三、互花米草的生态效应

自 1979 年引入互花米草以来，该植被在保滩护岸、促淤造陆、绿化海滩和改善生态环境方面发挥着积极的作用，但互花米草在我国沿海的快速蔓延对滨海潮滩生态系统造成了很多负面影响。互花米草从"为沿海人民造福的宝草"转变为"一个臭名昭著的入侵者"。

（一）互花米草对潮滩生态系统的正面影响

互花米草引进的最初目的是保滩促淤，互花米草根系发达，植株稠密且茎秆粗壮，可以在潮滩上形成一道"生物软堤坝"，当潮水来临时，互花米草植株群落能够起到减弱波能、降低波速的效果，从而降低高潮位波浪对海岸、堤坝的冲刷破坏作用。挟带泥沙的潮流进入互花米草滩时，能量被大量消耗，流速显著降低，潮流挟带的泥沙大量沉积于草滩中，使得滩面逐渐淤高，并促进潮滩土壤的形成和营养物质的积累（李加林等，2005）。据估算，杭州湾南岸互花米草的保滩促淤、消浪护岸和营养物质积累的经济价值为 2.353×10^7 元 /a（李加林，2004）。与工程护岸比较，互花米草护岸更经济、合理和有效（宋连清，1997）。

互花米草植株高大，生物量丰富，每公顷鲜生物量达 30t，最多达 50 ～ 80t，使得潮滩生态系统的初级生产力大大提高（李加林等，2005）。据估算，互花米草的净初级生产力为 21.6t C/(hm² · a)。互花米草生态系统可孕育多种底栖生物资源，如沙蚕（*Nereis pelagica*）、锯缘青蟹（*Scylla serrata*）、弹涂鱼（*Periophthalmus cantonensis*）等具有经济价值的底栖生物资源。根据江苏省互花米草海滩生态系统底栖动物实地调查资料，以及渔民对经济动物资源的采集情况和市场价格的调查结果，底栖动物生物量的经济价值约为 5.25×10^7 元（李加林和张忍顺，2003）。

互花米草对重金属及放射性元素具有较强的吸附能力，对近岸水体具有明显的净化效果（仲维畅，2006）。在海岸带大面积种植互花米草，可以降低海水中营养元素如 N、P 等的含量，进而大大减轻水体富营养化，降低赤潮发生的可能性（袁红伟等，2009）。

此外，在全球变暖和海平面上升的大背景下，互花米草群落综合表现为温室气体的"汇"，可以减缓增温趋势。据估算，江苏省互花米草生态系统每年吸收的 CO_2 总量约为 $6.39 \times 10^5 t$，释放的 O_2 约为 $4.69 \times 10^5 t$（李加林和张忍顺，2003）。而互花米草的快速促淤功能可抬高海岸，延缓海平面上升，这对全球的环境形势有积极作用。

（二）互花米草对潮滩生态系统的负面影响

互花米草具有极强的耐盐、耐淹和繁殖能力，在我国海岸带快速蔓延，并超出了人类预期。互花米草作为潮滩先锋植被，侵占本土植被的生态位，形成单一优势种，从而威胁本地植物多样性（徐咏飞等，2009）。互花米草入侵改变了滩涂植被群落、土壤结构等栖息地因子，显著降低了大型底栖动物的密度和丰富度（Cutajar et al.，2012）。在潮滩上互花米草成为鸟类与食物的"绿色植物屏障"，使迁徙的鸟类因缺少食物而减少，造成生物多样性的降低及生态系统的退化（马善君等，2012）。河口及闸下地区互花米草的扩张引起泥沙淤积，导致航道阻塞及排水不畅（李加林等，2005）。总之，互花米草的扩散和入侵影响着滨海地区的自然环境、生态过程以及经济发展，严重危害区域生物安全和生态系统的稳定。

在黄河三角洲地区，互花米草入侵造成的生态安全问题表现在三个方面。第一，降低了潮间带生物多样性。例如，随着互花米草的扩张，滩涂面积迅速减少，进而缩减了水鸟的食物和栖息地面积，从而影响湿地鸟类多样性（田家怡等，2008）。第二，改变了潮间带的水盐条件。互花米草的促淤作用抬高了地面，从而减少了漫入高潮滩和潮沟的潮水，导致高潮滩土壤盐分升高，以致高潮滩的建群种盐地碱蓬大面积死亡。第三，侵占了海草床生态位（张俪文等，2018）。

第二节　海草床、互花米草生境及其环境因子时空演变特征

海草床和互花米草通过多种途径及作用方式影响着潮滩、近海生态系统。为了合理评估这两种典型生境对黄河三角洲河口湿地生态系统的影响，本节首先基于文献资料、现场调查资料和卫星影像资料分析这两种植被生境的时空变化特征，在此基础上，重点基于多源遥感信息，揭示黄河三角洲两种典型植被生境所依附的近海水体环境变量，如近海海面温度（SST）、叶绿素 a 浓度和悬浮泥沙浓度等的时空分布特征。

一、海草床、互花米草生境时空分布特征

（一）黄河三角洲海草生境空间分布特征

我国海草床的总面积约为 8765.1hm²，依据空间分布特征，可将其划分为两个大区：南海海草分布区和黄渤海海草分布区。黄河三角洲海草生境隶属于以大叶藻为优势种的黄渤海海草分布区。黄河三角洲水体具有高悬浊度的特征，从卫星图像上，海草的分布很难被检测出来。因此，目前对于黄河三角洲海草空间分布的认识，大都基于现场实地调查。

郭栋等（2010）于 2008 年对山东省近岸海草种类的调查研究认为，黄河三角洲海草仅分布于东营市垦利县附近海域，且资源量不大，估算面积小于 1hm²。但是，周毅等（2016）于 2015 年的现场调查研究发现，日本鳗草在黄河口南北两侧的潮间带均有分布（图 6.1），上下绵延 25 ～ 30km，由岸向海分布宽度为 200 ～ 500m，海草床面积超过 1000hm²，为国内目前发现的最大的大叶藻海草床。

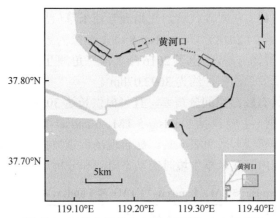

图 6.1　黄河河口区日本鳗草分布示意图（修改自周毅等，2016）

红色框代表 2016 年 8 月现场调查范围；绿色框和蓝色框代表 2018 年 8 月现场调查范围

本研究以东营市垦利区黄河入海口为主要调查区域，于 2016 年 8 月现场调查发现东营市垦利区海草床面积约为 467hm²（图 6.1 红色框）。此外，通过 2018 年 8 月走航调查，在图 6.1 所示的绿色框、蓝色框区域均发现了大面积分布的海草床。这与周毅等（2016）的研究结果基本相符。在我国海草床急剧萎缩的背景下，黄河口区域如此大面积海草床的发现对于丰富我国海草资源数据具有非常重要的意义。

（二）黄河三角洲互花米草生境时空分布特征

1990 年前后，在现代黄河三角洲的孤东采油区北侧五号桩引种了互花米草（张帆等，2008），随后互花米草便迅速生长蔓延，现如今已遍布黄河三角洲国家级自然保护区的潮间带区域（杨俊芳等，2017），侵占了大量沿海滩涂。互花米草在黄河三角洲的疯狂蔓延已影响土著物种的生长和空间分布，目前黄河口著名景观"红地毯"（碱蓬）有近 50% 被互花米草所占据（李晓敏等，2017）。为了有效地管理防治及合理地开发利用互花米草，迫切需要对互花米草的扩散动态进行监测。

黄河口滨海湿地处于海陆交错地带，地形复杂，常规地表调查难以实现。遥感技术具有探测范围广、同步、现势性强、可不依赖于地表状况进行灵活调查的特点，是互花米草生境监测的重要工具。利用覆盖现代黄河三角洲 1990～2013年的 24 景 Landsat 遥感影像，任广波等（2014）开展了黄河三角洲互花米草时空变迁分析。杨俊芳等（2017）以高分一号和高分二号影像为数据源，辅以现场调查数据，利用决策树方法对现代黄河三角洲互花米草信息进行了精确识别及信息提取。路峰和杨俊芳（2018）以 Landsat-8 OLI 影像为数据源，配合现场调查数据，采用人机交互解译方法，给出了 2016 年黄河三角洲互花米草的空间分布特征，并估算了互花米草的总面积，约为 3692.07hm^2。

本研究利用具有较高空间分辨率，且可提供长达 30 多年连续数据的 Landsat系列卫星影像数据（主要包括 Landsat-5 TM、Landsat-7 ETM+ 和 Landsat-8 OLI数据，遥感影像传感器参数见表 6.1），配合现场调查数据，开展黄河三角洲国家级自然保护区范围内互花米草生境时空动态监测和分析。

表 6.1　Landsat-5 TM、Landsat-7 ETM+ 和 Landsat-8 OLI 传感器参数

参数项	Landsat-5 TM	Landsat-7 ETM+	Landsat-8 OLI
刈幅	185km	185km	185km
发射时间	1984/3/1	1999/4/15	2013/2/11
空间分辨率	30m（b6，120m）	30m（b8，15m；b6，60m）	30m（b8，15m；b10 和 b11，100m）
波段设置	b1: 450～520nm b2: 520～600nm b3: 630～690nm b4: 760～900nm b5: 1 550～1 750nm b6: 10 400～12 500nm b7: 2 080～2 350nm	b1: 450～515nm b2: 525～605nm b3: 630～690nm b4: 750～900nm b5: 1 550～1 750nm b6: 10 400～12 500nm b7: 2 090～2 350nm b8: 520～900nm	b1: 433～453nm b2: 450～515nm b3: 525～600nm b4: 630～680nm b5: 845～885nm b6: 1 560～1 660nm b7: 2 100～2 300nm b8: 500～680nm b9: 1 360～1 390nm b10: 10 600～11 200nm b11: 11 500～12 500nm

1. 数据与方法

1）调查区概况

黄河三角洲国家级自然保护区是以保护新生湿地生态系统和珍稀濒危鸟类为主要保护对象的湿地类型自然保护区。该自然保护区地处黄河入海口，位于山东省东北部的渤海之滨（37°35′～38°12′N，118°33′～119°20′E），包括黄河入海口和 1976 年以前引洪的黄河故道两部分（图 6.2）。该自然保护区内大面积的浅海滩涂和沼泽，以及丰富的湿地植被和水生生物资源，为鸟类的繁衍生息和迁徙越冬提供了优良的栖息环境，使之成为东北亚内陆和环西太平洋鸟类迁徙的重要中转站与越冬栖息地。

图 6.2 调查区位置与范围示意图

2）遥感数据来源及处理

Ⅰ. 遥感数据

本研究用于分析互花米草生境时空演变特征所收集的 4 景遥感影像为 2003 年 9 月 24 日 Landsat-5 TM 数据、2008 年 9 月 13 日 Landsat-5 TM 数据、2013 年 9 月 3 日 Landsat-8 OLI 数据和 2018 年 10 月 2 日 Landsat-8 OLI 数据。图像成像清晰，且无云雾遮挡。4 个年份的影像都是在 9 月、10 月互花米草高生物量月份获取的，有利于对互花米草分布范围和变迁情况的准确监测。

Ⅱ. 数据处理

进行互花米草信息提取前，首先需要对 4 幅 Landsat 图像进行基于地面控制点的几何精校正，进而提高互花米草提取的精度。

由于影像成像时间均为互花米草生长旺盛时期，在遥感影像上特征较明显，结合 2019 年现场勘探的黄河入海口北侧部分区域的互花米草分布位置确定互花米草遥感影像解译标志，在 ArcGIS 10.2 软件中采用目视解译的方法对自然保护区范围内的互花米草信息进行提取。目视解译前，先对 Landsat 影像进行缨帽线性变换，生成亮度、绿度和湿度三个分量，同时选取对叶绿素 a 浓度及水分敏感的 b4 和 b5 波段（对于 OLI 图像，则采用对应的 b5 和 b6 波段）作为特征波段。应用以上 5 个变量的组合获取互花米草信息，并展示最清晰的变量组合。

2. 互花米草生境时空演变特征

由图 6.3 可知，2003 ~ 2018 年，黄河三角洲国家级自然保护区内互花米草生境时空变化剧烈。时间尺度上，互花米草分布范围和面积都呈现出逐年递增的趋势。空间分布上，互花米草主要分布于孤东油田东南侧和黄河入海口两侧。孤东油田东南侧为 1990 年之后海岸不断受侵蚀后退的区域，此处互花米草分布面

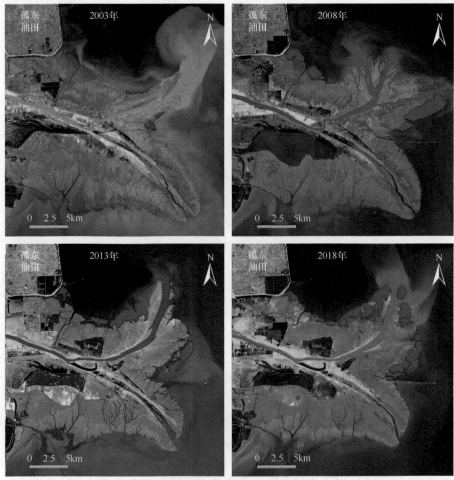

图 6.3　互花米草生境时空分布演变特征示意图

底图 Landsat-5 为 b5（短波红外波段 /SWIR 1）、b4（近红外波段 /NIR）、b3（红光波段 /Red）波段合成；
Landsat-8 为 b6、b5、b4 波段合成

积有些许增加，但相较于黄河入海口南北两侧，年际总体变化不大。伴随着黄河入海口逐年推进的造陆运动，黄河入海口南北两侧互花米草面积急剧扩张，几乎侵占了黄河入海口全部沿海滩涂区域。互花米草自身具有的耐盐、耐淹、繁殖能力强、扩散速度快等生理生态学特征及黄河三角洲主要生态因子的适宜性导致了互花米草疯狂地扩张。互花米草在滨海湿地的扩散侵占了另一重要潮滩生境植被——海草床的生态位。据报道，黄渤海海草床已经严重退化，而正是互花米草的入侵加剧了该区域海草床的退化（张俪文等，2018；郑凤英等，2013）。

二、海草床、互花米草生境环境条件时空分布特征

海草床、互花米草分布与生境环境存在密切关系。本探究选取近海水体典型环境因子，即 SST、叶绿素 a 浓度和悬浮泥沙浓度，分析并揭示黄河三角洲潮滩和浅海区域两种典型植被生境生长所依附的生境环境因子的时空分布特征。

（一）遥感数据及预处理

1. Landsat 数据

本研究所用遥感影像均为 Landsat 数据，该数据信息获取方便，且空间分辨率相对较高（30m），在研究近海水域水色的时空分布和变化特征方面具有独特优势。

本研究选用 2013 ～ 2018 年的 14 景 Landsat-8 OLI/TIRS 影像分析黄河三角洲两种典型植被生境的环境因子，包括 SST、叶绿素 a 浓度和悬浮泥沙浓度的分布情况与扩散规律，具体的遥感影像信息见表 6.2。研究影像质量较好，云覆盖量少。

表 6.2 遥感影像信息列表

序号	卫星影像		序号	卫星影像	
	成像时间	传感器		日期	传感器
1	2013/4/2	TIRS	8	2016/8/26	OLI
2	2013/6/15	TIRS	9	2016/12/16	OLI
3	2013/9/3	TIRS	10	2017/2/2	OLI
4	2013/10/5	TIRS	11	2017/7/12	OLI
5	2013/11/22	OLI	12	2017/9/30	OLI
6	2014/1/9	TIRS	13	2018/3/25	OLI
7	2016/1/15	OLI	14	2018/5/28	OLI

2. 遥感数据的预处理

1）辐射定标

为提高影像信息的提取精度，需要将传感器记录的 DN 值转换为辐射亮度。本研究使用 ENVI 软件的辐射定标工具 Radiometric Calibration 完成影像辐射定标。

2）大气校正

传感器在接收地物发射信息的过程中受到大气分子、气溶胶和云粒子等的影响，使得传感器获得的光谱与地物本身的光谱信息有差异，因此需要对卫星影像进行大气校正，去除地物以外的信息（郧明权等，2012）。本研究利用 ENVI 提供的 FLASSH 大气校正模块对 Landsat-8 影像进行大气校正。

（二）SST 时空演变特征

1. Landsat TIRS 海面温度反演

本研究针对 TIRS 热红外数据，采用辐射传输方程法对 Landsat TIRS 进行海面温度反演（邢前国等，2007）。卫星传感器接收到的热红外辐射亮度值由大气向上辐射亮度、地面的真实辐射亮度经过大气层之后到达卫星传感器的能量和大气向下辐射到达地面后反射的能量组成，其公式为

$$L_\lambda = \varepsilon_\lambda \tau L_\lambda (T_S) + (1 - \varepsilon_\lambda) \tau L_{\lambda atm\downarrow} + L_{\lambda atm\uparrow} \tag{6.1}$$

式中，L_λ 为由传感器接收到的大气顶层辐射；ε_λ 为地表的比辐射；T_S 为地表温度；$L_\lambda(T_S)$ 为 T_S 的黑体辐射，通过 Planck 定律求得；$L_{\lambda atm\downarrow}$ 为大气下行辐射；$L_{\lambda atm\uparrow}$ 为大气上行辐射；τ 为地表与传感器之间的大气透射率。

L_λ 为 Landsat 辐射定标后的辐射亮度。因温度反演主要针对海面进行，ε_λ 变化不大，接近于黑体，取定值 0.995。$L_{\lambda atm\downarrow}$、$L_{\lambda atm\uparrow}$ 和 τ 等参数都与大气作用有关，辐射传输方程法可消除大气的影响。在大气校正后，根据卫星过境时刻的气压、地表温度、相对湿度、影像时间以及中心经纬度获取大气的 $L_{\lambda atm\downarrow}$、$L_{\lambda atm\uparrow}$ 和 τ 等参数。

在获取以上参数后，可计算海表真实的辐射亮度 L_T；再根据 Planck 公式的反函数，求得地表真实温度 T_S，计算公式为

$$T_S = K_2 / \ln(K_1 / L_T + 1) \tag{6.2}$$

对于 b10，$K_1 = 774.89 \text{W}/(\text{m}^2 \cdot \text{sr} \cdot \mu\text{m})$，$K_2 = 1321.08\text{K}$。

2. SST 年周期演变特征

海面温度（SST）是海域最基本的环境因子，图 6.4 展示了黄河三角洲邻近海域的 SST 时空变化。

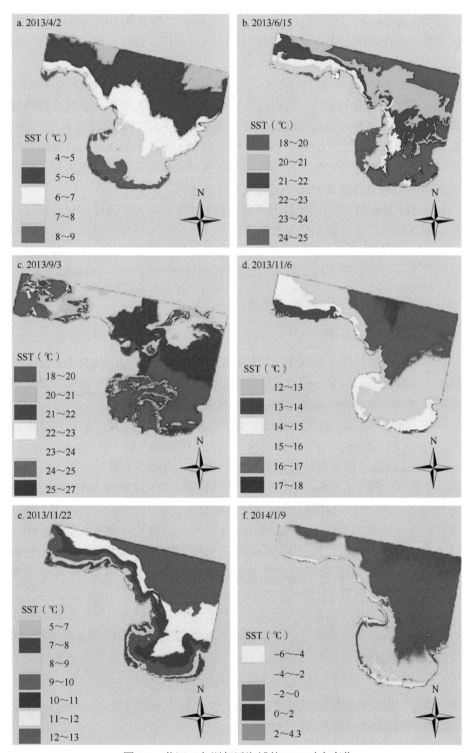

图 6.4 黄河三角洲邻近海域的 SST 时空变化

春季（图 6.4a），海面温度总体呈现出近海高、外海低的空间分布，温度高值区主要分布在黄河口东南部莱州湾湾口西北部海域，低值区则主要分布于黄河口东北部及渤海中部海域。

夏季（图 6.4b、c），整个区域海温主要受控于黄河调水调沙过程的影响，可以看出，调水调沙前的 6 月，海面温度梯度空间变化较为剧烈。温度高值区分布在黄河口西南部莱州湾湾口西北部沿岸海域和黄河入海口偏渤海湾海域；低值区分布在黄河口东北部靠近渤海中部的海域。而调水调沙后的 9 月初，海面温度梯度空间变化则相对较为和缓，温度高值区主要分布在黄河口东南部莱州湾湾口海域。黄河三角洲河口区及渤海中部海域为低温区域。

秋冬季（图 6.4d～f），受控于气象条件（如季风、大气温度）和海陆比热容等的影响，海面温度总体上呈现出近岸低于外海的空间分布特征。

而从时间尺度上可以看出，遵循于暖温带温度的总体变化特征，海面温度也呈现出夏季＞春秋＞冬季的年周期演变规律。

（三）叶绿素 a 浓度时空演变特征

1. 叶绿素 a 浓度反演

叶绿素 a 浓度反映了水体中浮游植物的生物量和生产力，是海洋初级生产力估算的重要参数。叶绿素 a 浓度是评价水体质量健康与否的重要指标，是反映人类活动及外部环境变化引起的海洋生态系统变化的参考指标。

叶绿素 a 具有特定的光谱特征，一般而言，440nm 左右是浮游植物光谱的吸收峰，550nm 和 700nm 附近为浮游植物光谱的反射峰。利用叶绿素 a 的光谱特征，基于 Landsat 数据，国内外学者对叶绿素 a 浓度反演做了大量的工作。Nazeer 和 Nichol（2016）利用 Landsat TM 数据和 ETM+ 数据的 b3 波段和 b1 波段创建了香港周边水域的叶绿素 a 浓度的遥感反演模型并监测了 2000～2012 年叶绿素 a 浓度在该水域的动态变化，证实了 Landsat 系列卫星对叶绿素 a 浓度和赤潮的监测能力。王莹等（2015）利用 Landsat-7 ETM+ 数据的 b4 波段和 b2 波段之和与 b3 波段的比值建立了反演模型并绘出了叶绿素 a 浓度分布图，同时对水质进行了评价。

因缺乏地面同步实测数据，本研究在综合分析以往研究结果和考虑到叶绿素 a 光谱特征的基础上，采用近红外波段和红光波段亮度值的比值 ρ 展示叶绿素 a 浓度的时空变化特征：

$$\rho = N_{\text{NIR}} / N_{\text{RED}} \tag{6.3}$$

式中，N_{NIR} 为近红外波段的亮度值；N_{RED} 为红光波段的亮度值。Landsat-8 分别对应 OLI 传感器的 b5 波段和 b4 波段。

2. 叶绿素 a 浓度年周期演变特征

基于波段比值得到的表层叶绿素 a 浓度的季节性分布如图 6.5 所示,可以看出,叶绿素 a 浓度存在明显的季节性变化特征。

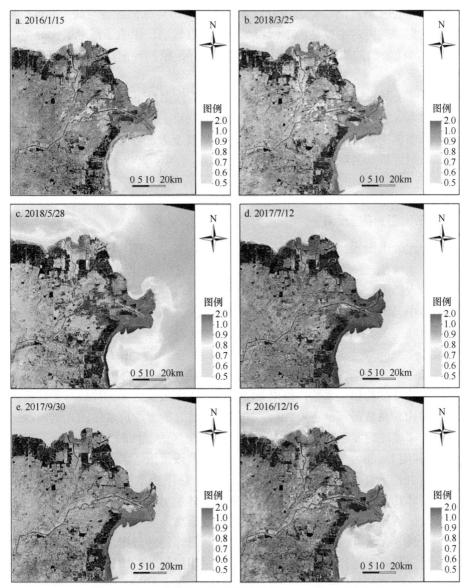

图 6.5 黄河三角洲邻近海域的表层叶绿素 a 浓度时空分布

冬季(图 6.5a、f),黄河入海口和黄河故道北侧表层叶绿素 a 浓度较高,且呈现出河口沿岸区域远高于离岸海域的平面分布特征。此时,表层叶绿素 a 浓度分布主要受陆源输入的影响，河流输入会导致局部区域浓度的改变。

春季（图6.5b、c），黄河三角洲近海水体表层叶绿素a浓度升高，呈现出整片海域大面积爆发的平面分布特征。且外海表层叶绿素a浓度增长速度远大于沿岸区域。此时段叶绿素a浓度的增加得益于春季光照、富余的营养物质、层化和营养盐等条件。而近河口处表层叶绿素a浓度的相对低值区与马媛（2006）的实地调查结果一致，这主要是由于河口悬浮物浓度较高，影响了浮游植物对光的利用；另外，径流的冲刷作用，也可将口门处的浮游植物冲出，降低口门处的叶绿素a浓度水平。

夏秋季（图6.5d、e），表层叶绿素a浓度总体上呈下降趋势。原因可能是春季的叶绿素a大量增生消耗了表层大量的营养物质，同时混合层底部的温跃层阻碍了垂向水体的物质交换。从空间分布上，夏秋季表层叶绿素a浓度依然呈现出河口口门附近较低的现象，与以往的研究结果（马媛，2006）一致。

（四）悬浮泥沙浓度时空演变特征

1. 悬浮泥沙浓度反演

悬浮泥沙影响水体的透明度、水色光学特性以及水体其他性质。悬浮泥沙浓度是反映水体挟带能力的指标，是泥沙输运的参照物，悬浮泥沙对近岸的水环境、水生态、水质量、海陆相互作用及全球碳氮循环具有重要意义。

水体中悬浮泥沙浓度较高时，水体光谱反射率具有明显的"双峰"特征，第一个反射峰位于$570 \sim 700nm$波长处，第二个反射峰位于$800 \sim 820nm$波长处，波谷位于$720nm$波长附近。当悬浮泥沙的浓度增高时，水体反射峰和吸收谷都会出现红移现象。李洪灵等（2006）通过等效算出ETM+各个波段的遥感反射率和悬浮泥沙浓度的相关系数，得出b4波段与b1波段反射率的比值与悬浮泥沙浓度之间的相关系数最高。王心源等（2007）通过分析含沙量水体的光谱特征，利用b2和b4波段建立了泥沙指数，分析了巢湖地区的泥沙时空分布特征。Yeo等（2014）利用Landsat-7 ETM+影像的b2和b4波段反演了老妇人溪流域的总悬浮物浓度，并监测了该区域1999 ~ 2003年的总悬浮物浓度变化。Han等（2016）收集了全球几大河口的悬浮泥沙浓度数据和水体反射率数据，相关分析结果表明红绿波段比值与悬浮泥沙浓度之间的相关系数最高。

同叶绿素a浓度的反演一样，因缺乏实测悬浮泥沙数据，本研究也在综合以往研究经验和悬浮泥沙光谱特征的基础上，采用红绿波段比值ρ表征悬浮泥沙的浓度：

$$\rho = N_{RED} / N_{GREEN} \tag{6.4}$$

式中，N_{RED}为红光波段的亮度值；N_{GREEN}为绿光波段的亮度值。Landsat-8分别对应OLI传感器的b4波段和b2波段。

2. 悬浮泥沙年周期演变特征

由图 6.6 可以看出，冬季（图 6.6a、f）黄河三角洲近海区域表层悬浮泥沙浓度在一年中最大，且悬浮泥沙浓度高值区域可扩散到整个区域，扩展范围在一年中最大。相关研究结果认为，这是冬季强烈的西北季风造成的浅海区底部沉积物的再悬浮作用导致的（庞重光和于炜，2013）。

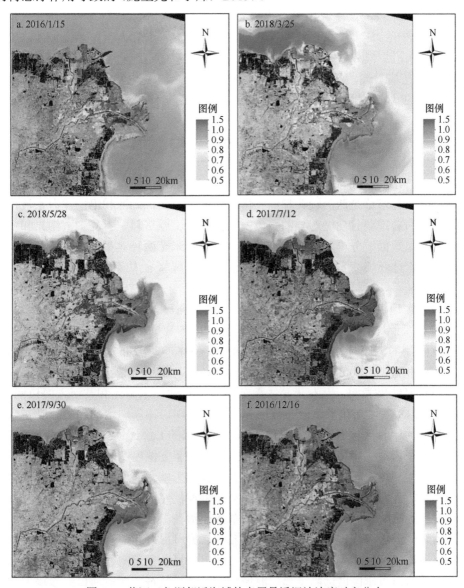

图 6.6 黄河三角洲邻近海域的表层悬浮泥沙浓度时空分布

春季（图6.6b、c），伴随着强劲西北季风的减弱，悬浮泥沙浓度高值区较冬季有向岸收缩的趋势，悬浮泥沙浓度高值区主要集中于黄河入海口门附近和黄河故道沿岸区域，清澈水体范围增大。

夏季（图6.6d），受到南风或东南季风控制，悬浮泥沙浓度高值区继续向岸收缩。此时，黄河径流量大增，伴随着调水调沙过程，黄河水挟带着大量悬浮泥沙入海，形成了以黄河入海口为中心的水下三角洲高浓度区。

秋季（图6.6e），季风由盛行南风/东南风逐渐转变为盛行北风/西北风，且风速较夏季开始逐渐增大。浅海区底部沉积物再悬浮开始发生，悬浮泥沙浓度高值区明显由近岸向外海扩展，悬浮泥沙浓度分布格局逐渐向冬季过渡。

本研究基于波段比值获得的悬浮泥沙浓度时空变化特征与Xing等（2014）基于HJ-1卫星数据利用经验模型反演获取的结果基本一致。

第三节 小 结

黄河三角洲低潮滩和沿岸浅海水域面积广阔，日本鳗草海草床和人为引种的外来物种互花米草是两类较典型的生境，在黄河三角洲潮滩和沿岸浅海水域生态系统中扮演着重要且功能迥异的角色，本章结合文献资料、野外调查结果和多时相卫星影像数据，分析黄河三角洲海草床和互花米草两种典型植被生境及其所依附的近海水体环境变量，包括近海海面温度、叶绿素a浓度和悬浮泥沙浓度的时空分布特征。

基于实地调查和相关文献报道，黄河三角洲日本鳗草海草床在黄河口南北两侧的潮间带均有分布，周毅等（2016）于2015年的现场调查研究发现，黄河口南北两侧的海草床上下绵延25～30km，由岸向海分布宽度为200～500m，海草床面积超过1000hm^2，为国内目前发现的最大的大叶藻海草床。基于卫星资料的研究结果表明，互花米草主要分布于孤东油田东南侧和黄河入海口两侧，2003～2018年，互花米草分布范围和面积都呈现出逐年递增的趋势。互花米草的入侵会加剧该区域海草床的退化。基于多时相的Landsat影像分析了黄河三角洲两种典型植被生境环境因子，包括SST、叶绿素a浓度和悬浮泥沙浓度的分布情况与扩散规律。研究发现，受控于气候因素的影响，海面温度总体上呈现出春季近海高、外海低，夏、秋、冬季近海低于外海的空间分布特征。但在黄河调水调沙过程的影响下，夏季在黄河口西南部莱州湾湾口西北部沿岸海域和黄河入海口偏渤海湾海域会出现一个温度异常高值区；黄河口东北部靠近渤海中部的海域则会出现低温区域。表层叶绿素a浓度呈现出春夏秋季近河口浓度较低、外海较高，冬季河口沿岸区域远高于离岸海域的空间分布特征。在黄河口泥沙输入和季风控制下，黄河口处的悬浮泥沙浓度一直处于较高水平。且在季风风向和风速变换的调控下，从春季到秋季，这一悬浮泥沙浓度高值区先缩小后扩大。冬季，由于冬季强烈西北季风造成的浅海区底部沉积物的再悬浮作用，悬浮泥沙浓度高值区可扩展到整个区域。黄河三角洲潮滩与浅海植被生境演变特征研究可为该区域生境保护及综合管理提供科学支持。

参 考 文 献

郭栋, 张沛东, 张秀梅, 等. 2010. 山东近岸海域海草种类的初步调查研究. 海洋湖沼通报, (2): 19-23.

李洪灵, 张鹰, 姜杰. 2006. 基于遥感方法反演悬浮泥沙分布. 水科学进展, 17(2): 242-245.

李加林. 2004. 杭州湾南岸滨海平原土地利用 / 覆被变化研究. 南京师范大学博士学位论文.

李加林, 杨晓平, 童亿勤, 等. 2005. 互花米草入侵对潮滩生态系统服务功能的影响及其管理. 海洋通报, 24(5): 33-38.

李加林, 张忍顺. 2003. 互花米草海滩生态系统服务功能及其生态经济价值的评估——以江苏为例. 海洋科学, 27(10): 68-72.

李文涛, 张秀梅. 2009. 海草场的生态功能. 中国海洋大学学报 (自然科学版), 39(5): 933-939.

李晓敏, 张杰, 马毅, 等. 2017. 基于无人机高光谱的外来入侵种互花米草遥感监测方法研究——以黄河三角洲为研究区. 海洋科学, 41(4): 98-107.

刘明月. 2018. 中国滨海湿地互花米草入侵遥感监测及变化分析. 中国科学院大学博士学位论文.

路峰, 杨俊芳. 2018. 基于 Landsat 8 OLI 卫星数据的入侵植物互花米草遥感监测与分析——以山东黄河三角洲国家级自然保护区为例. 山东林业科技, (1): 29-32.

马善君, 陆兆华, 刘黎华. 2012. 江苏省盐城市海滨湿地互花米草入侵的生态风险评价. 江苏农业科学, 40(2): 283-285.

马媛. 2006. 黄河入海径流量变化对河口及邻近海域生态环境影响研究. 中国海洋大学硕士学位论文.

潘良浩, 史小芳, 陶艳, 等. 2016. 广西海岸互花米草分布现状及扩散研究. 湿地科学, 14(4): 464-470.

庞重光, 于炜. 2013. 渤海表层悬浮泥沙的空间模态及其时间变化. 水科学进展, 24(5): 722-727.

任广波, 刘艳芬, 马毅, 等. 2014. 现代黄河三角洲互花米草遥感监测与变迁分析. 激光生物学报, 23(6): 596-603.

宋连清. 1997. 互花米草及其对海岸的防护作用. 东海海洋, 15(1): 11-19.

田家怡, 于祥, 申保忠, 等. 2008. 黄河三角洲外来入侵物种米草对滩涂鸟类的影响. 中国环境管理干部学院学报, 18(3): 87-90.

王锁民, 崔彦农, 刘金祥, 等. 2016. 海草及海草场生态系统研究进展. 草业学报, 25(11): 149-159.

王心源, 李文达, 严小华, 等. 2007. 基于 Landsat TM/ETM+ 数据提取巢湖悬浮泥沙相对浓度的信息与空间分布变化. 湖泊科学, 19(3): 255-260.

王莹, 刘其根, 冯权泷, 等. 2015. 基于 ETM+ 影像的千岛湖叶绿素 a 浓度卫星遥感反演研究. 激光生物学报, 24(5): 441-447.

邬明权, 王洁, 牛铮, 等. 2012. 融合 MODIS 与 landsat 数据生成高时间分辨率 landsat 数据. 红外与毫米波学报, 31(1): 80-84.

邢前国, 陈楚群, 施平. 2007. 利用 landsat 数据反演近岸海水表层温度的大气校正算法. 海洋学报, 29(3): 23-30.

徐咏飞, 邹欣庆, 左平. 2009. 以互花米草为例讨论海洋物种入侵对海岸海洋环境的影响. 河南科学, 27(5): 609-612.

杨俊芳, 马毅, 任广波, 等. 2017. 基于国产高分卫星遥感数据的现代黄河三角洲入侵植物互花米草监测方法. 海洋环境科学, 36(4): 596-602.

袁红伟, 李守中, 郑怀舟, 等. 2009. 外来种互花米草对中国海滨湿地生态系统的影响评价及对策. 海洋通报, 28(6): 122-128.

张帆, 刘长安, 姜洋. 2008. 滩涂盐沼湿地退化机制研究. 海洋开发与管理, 25(8): 99-101.

张俪文, 赵亚杰, 王安东, 等. 2018. 黄河三角洲互花米草的遗传变异和扩散. 湿地科学, 16(1): 1-8.

郑凤英, 邱广龙, 范航清, 等. 2013. 中国海草的多样性、分布及保护. 生物多样性, 21(5): 517-526.

仲维畅. 2006. 大米草和互花米草种植功效的利弊. 科技导报, 24(10): 72-78.

周毅, 张晓梅, 徐少春, 等. 2016. 中国温带海域新发现较大面积 (大于 50ha) 的海草床: Ⅰ 黄河河口区罕见大面积日本鳗草海草床. 海洋科学, 40(9): 95-97.

左平, 刘长安, 赵书河, 等. 2009. 米草属植物在中国海岸带的分布现状. 海洋学报, 31(5): 101-111.

Barbier E B, Hacker S D, Kennedy C, et al. 2011. The value of estuarine and coastal ecosystem services. Ecological Monographs, 81(2): 169-193.

Bos A R, Bouma T J, Kort G L, et al. 2007. Ecosystem engineering by annual intertidal seagrass beds: Sediment accretion and modification. Estuarine, Coastal and Shelf Science, 74: 344-348.

Bouma T J, De Vries M B, Low E, et al. 2005. Trade-offs related to ecosystem engineering: A case study on stiffness of emerging macrophytes. Ecology, 86(8): 2187-2199.

Cutajar J, Shimeta J, Nugegoda D. 2012. Impacts of the invasive grass *Spartina anglica* on benthic macrofaunal assemblages in a temperate Australian saltmarsh. Marine Ecology Progress, 464(3): 107-120.

Dennison W C, Orth R J, Moore K A, et al. 1993. Assessing water quality with submersed aquatic vegetation. Bioscience, 43(2): 86-94.

Duarte C M, Chiscano C L. 1999. Seagrass biomass and production: a reassessment. Aquatic Botany, 65(1-4): 159-174.

Duarte C M, Middelburg J J, Caraco N. 2005. Major role of marine vegetation on the oceanic carbon cycle. Biogeosciences, 2(1): 1-8.

Duarte C M. 1991. Seagrass depth limits. Aquatic Botany, 40(4): 363-377.

Fourqurean J W, Duarte C M, Kennedy H, et al. 2012. Seagrass ecosystems as a globally significant carbon stock. Nature Geoscience, 5(7): 505-509.

Gambi M C, Nowell A R, Jumars P A. 1990. Flume observations on flow dynamics in *Zostera marina* (eelgrass) beds. Marine Ecology Progress Series, 61(1-2): 159-169.

Hammerstrom K K, Kenworthy W J, Fonseca M S, et al. 2006. Seed bank, biomass, and productivity of *Halophila decipiens*, a deep water seagrass on the west Florida continental shelf. Aquatic

Botany, 84(2): 110-120.

Han B, Loisel H, Vantrepotte V, et al. 2016. Development of a semi-analytical algorithm for the retrieval of suspended particulate matter from remote sensing over clear to very turbid waters. Remote Sensing, 8(3): 211.

Jacobs R P W M, Hartog C D, Braster B F, et al. 1981. Grazing of the seagrass *Zostera noltii* by birds at terschelling (Dutch Wadden Sea). Aquatic Botany, 10: 241-259.

Jones C G, Lawton J H, Shachak M. 1997. Positive and negative effects of organisms as physical ecosystem engineers. Ecology, 78(7): 1946-1957.

Lewis M A, Dantin D D, Chancy C A, et al. 2007. Florida seagrass habitat evaluation: A comparative survey for chemical quality. Environmental Pollution, 146(1): 206-218.

Moncreiff C A, Sullivan M J, Daehnick A E. 1992. Primary production dynamics in seagrass beds of Mississippi Sound: the contributions of seagrass, epiphytic algae, sand microflora, and phytoplankton. Marine Ecology Progress Series, 87: 161-171.

Nazeer M, Nichol J E. 2016. Development and application of a remote sensing-based Chlorophyll-a concentration prediction model for complex coastal waters of Hong Kong. Journal of Hydrology, 532: 80-89.

Nishijima S, Takimoto G, Miyashita T. 2016. Autochthonous or allochthonous resources determine the characteristic population dynamics of ecosystem engineers and their impacts. Theoretical Ecology, 9(2): 117-127.

Pollard P C, Kogure K. 1993. The role of epiphytic and epibenthic algal productivity in a tropical seagrass, *Syringodium isoetifolium* (Aschers.) Dandy, community. Australian Journal of Marine and Freshwater Research, 44(1): 141-154.

Vermaat J E, Verhagen F C A.1996. Seasonal variation in the intertidal seagrass *Zostera noltii* Hornem.: coupling demographic and physiological patterns. Aquatic Botany, 52(4): 259-281.

Waycott M, Duarte C M, Carruthers T J B, et al. 2009. Accelerating loss of seagrasses across the globe threatens coastal ecosystems. Proceedings of the National Academy of Sciences of the United States of America, 106(30): 12377-12381.

Waycott M, Longstaff B J, Mellors J. 2005. Seagrass population dynamics and water quality in the Great Barrier Reef region: A review and future research directions. Marine Pollution Bulletin, 51(1-4): 343-350.

Xing Q G, Lou M J, Tian L Q, et al. 2014. Quasi-simultaneous measurements of suspended sediments concentration (SSC) of very turbid waters at the Yellow River Estuary with the multi-spectral HJ-1 Imageries and in-situ sampling. Ocean Remote Sensing and Monitoring from Space, 9261: 92610S-92611S.

Yang D T, Yang C Y. 2009. Detection of seagrass distribution changes from 1991 to 2006 in Xincun Bay, Hainan, with satellite remote sensing. Sensors, 9(2): 830-844.

Yeo I Y, Lang M, Vermote E. 2014. Improved understanding of suspended sediment transport process using multi-temporal landsat data: A case study from the Old Woman Creek Estuary (Ohio). IEEE Journal of Selected Topics in Applied Earth Observations and Remote Sensing, 7(2): 636-647.

第七章

鸟类生物多样性与生境质量变化特征[①]

① 本章主要作者包括：中国科学院烟台海岸带研究所的李晓炜、徐鹤、李东、刘玉斌、王晓利、侯西勇。主要内容发表于 Li 等（2019）和 Xu 等（2021）。感谢黄河三角洲国家级自然保护区管理局的单凯提供水鸟调查数据。

在全球主要候鸟迁徙路线中，东亚—澳大利西亚迁徙路线拥有的候鸟种类和数量最多，同时也是受胁物种最多、鸟类数量下降最明显的一条迁徙路线（International Wader Study Group，2003；Milton，2003；Amano et al.，2010）。东亚—澳大利西亚迁徙路线北起美国阿拉斯加和俄罗斯远东地区，向南经过东亚和东南亚地区，一直延伸到澳大利亚和新西兰，涉及包括中国在内的 22 个国家、492 种迁徙性鸟类，其中水鸟多达 5000 万只，鸻鹬类约 800 万只（International Wader Study Group，2003；Milton，2003）。近年来，多份研究指出东亚—澳大利西亚迁徙路线上的水鸟种群数量出现明显下降，有些鸻鹬类年下降率甚至达到 8%（International Wader Study Group，2003；Studds et al.，2017），这与处于迁徙咽喉要道的黄海生态区不无关系（Barter，2002；Amano et al.，2010；Murray et al.，2014；Studds et al.，2017）。2005～2013 年中国沿海水鸟同步调查数据显示，黄河三角洲是该迁徙路线上黄海生态区的重要位点（Bai et al.，2015），根据《2016黄渤海水鸟同步调查报告》（陈克林等，2016），2016 年 4 月 18～24 日，黄河三角洲水鸟具有国际重要意义的有 15 种，在整个黄渤海区域，国际重要物种数排名第 1 位，因此，本研究以黄河三角洲作为案例区：对水鸟生物多样性多年变化特征进行分析；以鸻鹬类为指示种类，定量评估鸻鹬类栖息地质量时空变化特征，分析其威胁原因，甄别鸻鹬类生物多样性保护热点区域，从而为黄河三角洲水鸟栖息地优化管理提供科学支持（Li et al.，2019）；进而以黑嘴鸥为例，基于鸟类卫星跟踪器数据和栖息地遥感监测数据，分析黑嘴鸥活动的空间与时间变化特征及其所面临的威胁特征（Xu et al.，2021）。

第一节　鸟类生物多样性评估

一、数据源与评估方法

（一）黄河三角洲鸟类生物多样性概况

黄河三角洲因其独特的地理位置和河海交互作用，形成了多样的湿地类型，生物多样性丰富，是享誉世界的"鸟类国际机场"，正因如此，1992 年黄河三角洲国家级自然保护区建立。目前，自然保护区内鸟类共有 19 目 64 科 367 种，其中留鸟、夏候鸟、冬候鸟、旅鸟、迷鸟分别有 45 种、61 种、54 种、202 种、5 种；自然保护区内国家一级重点保护鸟类有丹顶鹤、东方白鹳等 12 种，国家二级重点保护鸟类有大天鹅、灰鹤等 51 种；自然保护区 367 种鸟类中，有 171 种是依赖于湿地的水鸟，包括涉禽（鹳形目、鹤形目、鸻形目）74 种、游禽（䴙䴘目、鹈形目、雁形目和鸥形目）49 种、依沼泽、湿地、芦苇灌丛生存的鸟类（佛法僧目和雀形目）29 种、猛禽（隼形目）19 种（山东黄河三角洲国家级自然保护区管理局，2016）。黄河三角洲是东亚—澳大利西亚迁飞路线的重要中转站，有 48 种、百余万只涉禽迁徙栖息于此，亦是东北亚鹤类保护网络和雁鸭保护网络的重要地点，每年有 7 种鹤类、35 种雁鸭在此栖息越冬，同时也是黑嘴鸥三大重要繁殖地之一和东方白鹳的重要繁殖地（山东黄河三角洲国家级自然保护区管理局，2016）。因鸟类生活史、形态学及食性不同，黄河三角洲各种水鸟迁徙高峰期及栖息地类型有所不同，具体见表 7.1 所示。

表 7.1　黄河三角洲水鸟迁徙高峰期及栖息地类型分布概况

	1～2 月	2 月下旬至 3 月中旬	3 月下旬至 5 月上旬	4 月中旬至 7 月上旬	7 月中旬至 10 月上旬	10 月中旬至 11 月下旬	12 月
	越冬期	迁徙高峰期	迁徙高峰期	繁殖期	迁徙期	迁徙高峰期	迁徙期、越冬期
自然水域	雁鸭类、少量灰鹤、丹顶鹤、鸥类	鹤类、鸥类、雁鸭类	涉禽		雁鸭类、鸥类	鹳类、雁鸭类、鸥类	雁鸭类、鸥类
滩涂	少量灰鹤、丹顶鹤、鸥类	鹤类、鹳类、鸥类	涉禽		鸥类、涉禽	鹳类、鹤类、鸥类	少量灰鹤、丹顶鹤、鸥类
滩涂盐碱地				黑嘴鸥、部分涉禽			
芦苇盐碱地		鹤类		东方白鹳、雁鸭类		鹤类	
耕地	少量灰鹤、丹顶鹤	鹤类				鹤类	少量灰鹤、丹顶鹤
林地	少量灰鹤、丹顶鹤	鹤类				鹤类	少量灰鹤、丹顶鹤
人工水域	少量灰鹤、丹顶鹤、鹳类	鹤类	涉禽			鹤类	鹤类

注：基于文献（孙孝平等，2015；山东黄河三角洲国家级自然保护区管理局，2016）整理

为加强鸟类保护，自然保护区实施了东方白鹳、黑嘴鸥、大鸨、鹤类栖息繁殖地保护工程及东方白鹳繁殖招引工程（朱书玉等，2011；东营市史志办公室，2016，2017，2018），并实施了黄河调水调沙湿地补水恢复工程，恢复湿地 23 000hm²，还设置了鸟类环志站、投食区及救护中心，在东方白鹳和黑嘴鸥繁殖区安装了红外触发相机和高清摄像头（东营市史志办公室，2016，2017，2018）；在鸟类重点分布区域（12 条巡护路线）进行周期性巡护，春秋迁徙季每月 10 次，夏冬季每月 3 次；使用围栏和管理点对核心区域进行封闭管理，加强

对违法狩猎的管理力度（朱书玉等，2011）。

黄河三角洲为鸻鹬类提供了北迁（13 万只）及南迁（7 万多只）的重要停歇地（Barter，2002）。黄河三角洲适宜鸻鹬类的栖息地类型主要包括：水田、低覆盖度草地（指覆盖度为 5% ～ 20% 的天然草地）、滩地（指河湖水域平水期水位与洪水期水位之间的土地）、滩涂（指沿海大潮高潮位与低潮位之间的潮侵地带）、河口水域、河口三角洲湿地（河口区由沙岛、沙洲、沙嘴等发育而成的低冲积平原）、浅海水域（主要为水深 2m 的浅海水域）、盐田、养殖、未利用地。近十几年来，社会经济发展导致的土地利用开发，已成为鸟类栖息地的主要威胁压力。针对黄河三角洲区域，应用定量化方法，对水鸟生物多样性多年变化特征进行分析。

（二）水鸟野外调查数据

水鸟调查数据来源于黄河三角洲水鸟调查历史数据及黄河三角洲水鸟同步调查数据，鸻鹬类水鸟调查数据为 1997 ～ 1999 年、2007 ～ 2017 年的数据，其他水鸟为 2007 ～ 2016 年数据。黄河三角洲水鸟同步调查主要由黄河三角洲国家级自然保护区基层科研人员、东营观鸟协会会员及当地观鸟爱好者完成，由香港观鸟会、达尔文基金会、国际鸟盟提供资金支持；水鸟调查时间与全国沿海水鸟同步调查时间基本一致（部分月份根据水鸟迁徙动态进行调整），每月 1 次、每次 2 天，调查地点兼顾道路易达性，包括重要水鸟分布区、重点生境类型；通过 GPS 对调查路线的起始点进行定位，并根据调查路线经纬度信息确定最终鸟类分布区域的位置；使用单筒（放大倍率 20 ～ 60）、双筒望远镜及长焦镜头相机，利用直接和网格计数法对水鸟的种类、数量、分布、生境类型等信息进行记录（中国沿海水鸟同步调查项目组，2015）。对每个年份水鸟种类、数量进行汇总，应用于水鸟生物多样性指数的计算，并对 1999 年与 2015 年鸻鹬类种类及数量进行对比分析。

（三）水鸟生物多样性指数计算

水鸟生物多样性指数可以定量反映其群落稳定性及动态变化，对水鸟栖息地管理与保护具有重要的指导意义，本研究使用 Shannon-Wiener 指数、Pielou 均匀度指数、Simpson 指数（优势度指数）及 Inverse Simpson 指数 4 种指数对黄河三角洲水鸟生物多样性进行分析，所有生物多样性指标在 R 软件（R 64 3.5.2 版本）中使用 vegan 程序包进行计算（http://www.R-project.org）（R Development Core Team，2019）。4 个指数计算公式如下。

Shannon-Wiener 指数（Shannon，1948；Shannon and Weaver，1949）：

$$H = -\sum_{i=1}^{S}\left(P_i\right)\left(\log_2 P_i\right) \tag{7.1}$$

式中，P_i 代表某物种 i 的个体在所有物种个体中的比例；S 为物种数。

Pielou 均匀度指数（Pielou，1969）：

$$J = H / H_{\max} \tag{7.2}$$

$$H_{\max} = \log S \tag{7.3}$$

式中，H 为 Shannon-Wiener 指数；$H_{\max} = \ln S$，S 为物种数。

Simpson 指数（优势度指数）（Simpson，1949）：

$$D = 1 - \sum_{i=1}^{S} \left(\frac{N_i}{N} \right)^2 \tag{7.4}$$

式中，S 为物种数；N_i 为 i 物种的个体数；N 为所有物种的个体总数。

Inverse Simpson 指数（Sun，1992）是 Simpson 指数的逆指标。

二、水鸟生物多样性变化特征

（一）水鸟种类及数量变化趋势

根据黄河三角洲水鸟同步调查数据，分析了该区域 2007 ～ 2016 年水鸟种类与数量的变化趋势（图 7.1），可见：2007 ～ 2016 年，水鸟的种类方面，物种数总体上呈现出较为稳定的增长趋势，仅在 2009 年有一定程度的回落趋势，最低值为 101 种，最高值为 122 种；水鸟的数量方面，物种个体总数表现出较为显著的波动变化特征，但总体上呈现上升趋势，最低值出现在 2009 年（15.05 万只），次低值出现在 2013 年（17.67 万只），最高值出现在 2016 年（53.95 万只）。

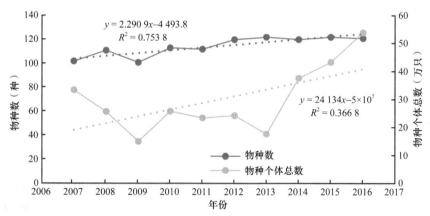

图 7.1 黄河三角洲水鸟种类与数量的变化趋势（2007 ～ 2016 年）

（二）水鸟生物多样性变化趋势

黄河三角洲区域的水鸟分为鸻鹬类、雁鸭类、鹭类、鸥类、猛禽类、鹳鹤类、攀禽类、秧鸡类、鸱鹩类、鸣禽类、海洋鸟类等类型，计算其中多年份调查数据比较详尽的 9 个类型及其整体的生物多样性指标，结果如图 7.2～图 7.5 所示。

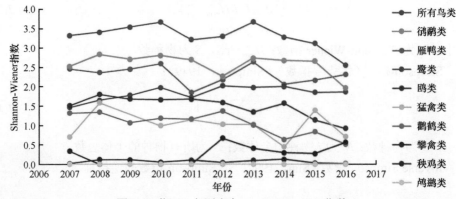

图 7.2　黄河三角洲水鸟 Shannon-Wiener 指数

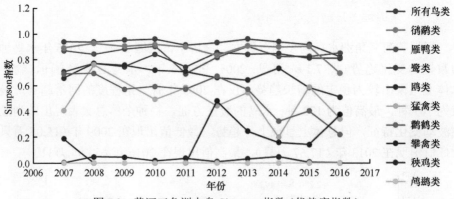

图 7.3　黄河三角洲水鸟 Simpson 指数（优势度指数）

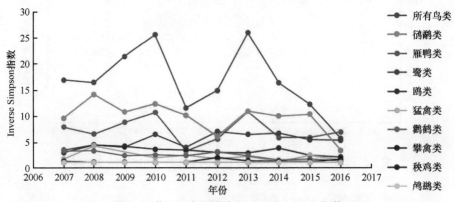

图 7.4　黄河三角洲水鸟 Inverse Simpson 指数

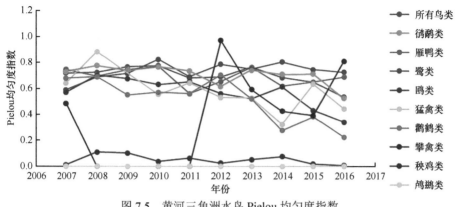

图 7.5 黄河三角洲水鸟 Pielou 均匀度指数

计算结果显示，Shannon-Wiener 指数、Simpson 指数（优势度指数）、Inverse Simpson 指数、Pielou 均匀度指数 4 个指标的年际变化趋势基本一致。黄河三角洲水鸟生物多样性指数的变化总体呈现升高—降低—升高—降低的趋势，最低值大多出现在 2011 年或 2016 年。9 种水鸟类群之间相比，生物多样性指数排序为：鸻鹬类＞雁鸭类＞鹭类＞鸥类＞猛禽类＞鹳鹤类＞攀禽类＞秧鸡类＞鸬鹚类。

雁鸭类生物多样性指数最低值出现在 2011 年，最高值出现在 2013 年；鹭类生物多样性指数最低值出现在 2007 年，最高值出现在 2012 年；鸥类生物多样性指数最低值出现在 2016 年，最高值出现在 2008 年；鹳鹤类生物多样性指数最低值出现在 2016 年，最高值出现在 2012 年。

生物多样性指数呈现持续下降趋势的有鸥类和鹳鹤类，呈起伏趋势的有鸻鹬类、雁鸭类、鹭类、猛禽类、攀禽类，变化微弱的有秧鸡类、鸬鹚类。

三、鸻鹬类生物多样性变化特征

1999～2015 年，黄河三角洲共观测到鸻鹬类 48 种，其中，大杓鹬（*Numenius madagascariensis*）和大滨鹬（*Calidris tenuirostris*）2 种在《世界自然保护联盟濒危物种红色名录》中属于易危（VU）物种，小青脚鹬（*Tringa guttifer*）属于濒危（EN）物种。

如图 7.6 所示，16 年间，鸻鹬类水鸟总体数量由 1999 年的 187 296 只下降到 2015 年的 74 412 只，其中，有 11 种鸻鹬类水鸟的数量呈现出显著下降的趋势，分别是斑尾塍鹬（*Limosa lapponica*，下降 97%）、大杓鹬（*Numenius madagascariensis*，下降 97%）、翘嘴鹬（*Xenus cinereus*，下降 96%）、环颈鸻（*Charadrius alexandrinus*，下降 94%）、泽鹬（*Tringa stagnatilis*，下降 92%）、尖

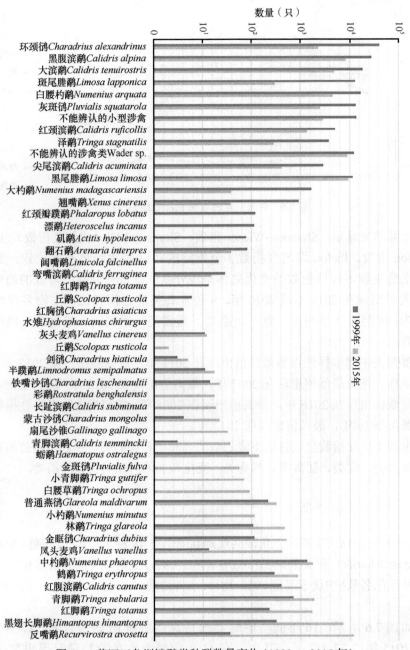

图 7.6　黄河三角洲鸻鹬类种群数量变化（1999～2015 年）

尾滨鹬（*Calidris acuminata*，下降85%）、灰斑鸻（*Pluvialis squatarola*，下降81%）、白腰杓鹬（*Numenius arquata*，下降73%）、大滨鹬（*Calidris tenuirostris*，下降73%）、红颈滨鹬（*Calidris ruficollis*，下降73%）、黑腹滨鹬（*Calidris alpina*，下降70%）。另有多种鸻鹬类水鸟数量呈现上升趋势，包括反嘴鹬、黑翅长脚鹬（*Himantopus himantopus*）、红脚鹬（*Tringa totanus*）、青脚鹬（*Tringa nebularia*）、红腹滨鹬（*Calidris canutus*）、鹤鹬（*Tringa erythropus*）、中杓鹬（*Numenius phaeopus*）等。

通过野外调查并结合文献可知，因鸻鹬类独特的形态特征及食性，其分布区域随潮汐涨落而不断变化，低潮时鸻鹬类倾向于在滩涂区域觅食，涨潮时，因滩涂区域被海水淹没，鸻鹬类被迫飞到潮上栖息地，包括浅水开阔自然湿地、盐田、水田和养殖的堤坝，进行休憩和部分觅食活动（侯森林等，2012）。盐田有卤虫分布，会吸引一些鸻鹬类在此觅食，包括泽鹬、鹤鹬、青脚滨鹬（*Calidris temminckii*）、青脚鹬、矶鹬（*Actitis hypoleucos*）、弯嘴滨鹬（*Calidris ferruginea*）、尖尾滨鹬及黑尾塍鹬；潮沟因食物丰富，也会吸引一些鸻鹬类在此觅食，如黑翅长脚鹬；各种杓鹬和滨鹬多分布于滩涂，河口区域也有滨鹬分布；内陆湿地分布有黑翅长脚鹬、白腰草鹬（*Tringa ochropus*）、林鹬（*Tringa glareola*）（朱书玉等，2000；李巨勇，2006）。

水鸟同步调查数据显示，1997～2016年，黄河三角洲鸻鹬类水鸟的数量呈现波动变化且总体显著下降的趋势，最低值出现在2011年，种类数则呈现先降低后升高、总体平缓增长的趋势，最低值出现在2007年。对黄河三角洲鸻鹬类水鸟的生物多样性指标进行了计算（表7.2，图7.7），Shannon-Wiener指数、Simpson指数（优势度指数）、Inverse Simpson指数、Pielou均匀度指数4个指标的年际变化趋势一致。生物多样性指数最低值出现在2016年，最高值出现在2008年。

表 7.2　黄河三角洲鸻鹬类水鸟生物多样性指数

年份	物种个体总数（只）	物种数（种）	Shannon-Wiener 指数	Simpson 指数	Inverse Simpson 指数	Pielou 均匀度指数
1997	249 952	41	2.37	0.88	8.65	0.64
1998	221 459	40	2.36	0.88	8.26	0.64
1999	187 296	41	2.43	0.89	8.84	0.65
2007	60 352	32	2.53	0.89	9.52	0.73
2008	53 513	39	2.84	0.93	14.12	0.78
2009	40 854	39	2.71	0.91	10.72	0.74
2010	60 030	39	2.81	0.92	12.32	0.77
2011	32 363	39	2.69	0.90	10.03	0.74

续表

年份	物种个体总数（只）	物种数（种）	Shannon-Wiener 指数	Simpson 指数	Inverse Simpson 指数	Pielou 均匀度指数
2012	75 585	40	2.27	0.83	6.03	0.62
2013	59 972	40	2.74	0.91	10.88	0.74
2014	69 813	44	2.68	0.90	9.91	0.71
2015	66 275	42	2.66	0.90	10.26	0.71
2016	54 970	42	1.96	0.69	3.26	0.52

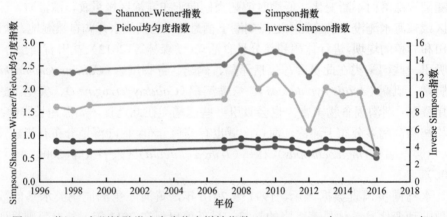

图 7.7 黄河三角洲鸻鹬类水鸟生物多样性指数（1997～1999 年、2007～2016 年）

综上所述，鸻鹬类水鸟的数量和生物多样性指数总体降低的态势较为显著，当前以及未来，有必要将其作为黄河三角洲区域鸟类多样性和鸟类栖息地保护的重要目标。

第二节　鸻鹬类生境质量变化及保护热点分析

一、数据源与评估方法

（一）数据源

使用的数据包括黄河三角洲区域的土地利用数据、道路分布数据、归一化植被指数（NDVI）数据、水鸟野外调查数据等。

1. 土地利用数据

黄河三角洲的土地利用数据源为中国沿海土地利用数据集，该数据集建立了 2000 年、2005 年、2010 年和 2015 年的数据产品（邸向红等，2014；侯西勇等，2018），本研究使用该数据集中黄河三角洲区域 2015 年的数据，具体范围为：在陆域选取东营市行政辖区为界，海域范围综合潮差和水深选取 10m 等深线的位置（图 7.8）。其中，10m 等深线的提取依据全球 30″ 分辨率的 DEM 数据在 ArcGIS 软件中完成，该 DEM 数据由英国海洋学数据中心（British Oceanographic Data Centre）于 2014 年发布，数据提供免费下载（http://www.bodc.ac.uk/data/online_delivery/gebco/）。

⬜ 0-海域		⬛ 51-河渠	
⬜ 11-水田		⬛ 52-湖泊	
⬜ 12-旱地		⬛ 53-水库坑塘	
⬜ 21-有林地		⬛ 54-滩地	
⬜ 22-疏林地		⬛ 61-滩涂	
⬜ 23-灌丛林地		⬛ 62-河口水域	
⬜ 24-其他林地		⬛ 63-河口三角洲湿地	
⬛ 31-高覆盖度草地		⬜ 65-浅海水域	
⬛ 32-中覆盖度草地		⬜ 66-2m以内浅海水域	
⬜ 33-低覆盖度草地		⬜ 71-盐田	
⬛ 41-城镇用地		⬜ 72-养殖	
⬛ 42-农村居民点		⬛ 81-未利用地	
⬛ 43-工矿交通用地			

图 7.8　黄河三角洲区域土地利用分布图（2015 年）

　　根据本研究的具体需要，将多时相土地利用数据中的海域部分按照 2m 等深线的位置进一步划分为两部分区域，其中，2000 年时相数据中海域的进一步划分选用宋洋等（2018）所建立的渤海水下地形（DEM）数据获得的 2m 等深线，而 2015 年时相数据则是使用全球 30″ 分辨率的 DEM 数据。基于以上所述的黄河三角洲土地利用数据，转换得到 30m 分辨率的研究区栅格数据，土地利用（LU）分类系统包含 8 个一级类型、24 个二级类型（图 7.8），进而用于鸻鹬类栖息地质量及生物多样性热点的分析与计算。

2. 道路分布数据

基于分辨率为 30m 的 Landsat 遥感数据（源于美国地质调查局，网站：http://glovis.usgs.gov/），通过目视解译，结合实地调查时获得的 GPS 路径信息，得到 2000 年和 2015 年黄河三角洲沿海区域的道路分布数据，并将其转换得到 30m 分辨率的道路栅格数据，进而用于鸻鹬类水鸟栖息地质量的计算。

3. 归一化植被指数（NDVI）数据

黄河三角洲土地利用程度总体较低，土地资源开发利用的集约化水平不高，尤其是在东部和北部的沿海区域，即便是工矿用地和未利用地也分布着大量的植被，这些区域对于部分鸟类而言仍然是比较重要的生境区域。因此，使用归一化植被指数（NDVI）对黄河三角洲区域的土地利用数据进行必要的修正。NDVI 数据源为 MOD13Q1 数据产品（https://e4ftl01.cr.usgs.gov/MOLT/MOD13Q1.006/，MODIS 传感器；Terra 卫星）（Didan，2015），选用 2015 年 16d 合成的数据，空间分辨率为 250m，数据的行列号为 h27v05，共计 23 个时相；利用 MODIS 产品批处理工具 MRT（MODIS Reprojection Tool）转换投影地理坐标系，并取每个栅格 23 个时相中的最大值，最终获得 2015 年的年尺度 NDVI 数据（图 7.9）。参考文献研究结果（李翔宇，2008），以 NDVI > 0.2 作为植被区域划分标准，针对 NDVI > 0.2 的区域对土地利用分类信息进行修改，将沿海区域 NDVI > 0.2 的 43（工矿交通用地）和 81（未利用地）两种地类重分类为 55（芦苇及碱蓬湿地），将内陆区域 NDVI > 0.2 的 43（工矿交通用地）和 81（未利用地）两种地类重分类为 32（中覆盖度草地）。

4. 水鸟野外调查数据

2016～2017 年春季迁飞期，分两次对黄河三角洲及其毗邻的潍坊、滨州沿海区域进行鸻鹬类栖息地风险因子调查（图 7.10），根据不同栖息地类型，对鸻鹬类种类数量分布、风险因子（道路、城镇用地、农村居民点、工矿用地、养殖、未利用地）、威胁距离等参数进行收集，并结合文献数据，最终确定黄河三角洲鸻鹬类栖息地适宜性及风险因子相关参数，进而用于鸻鹬类水鸟栖息地质量分析。

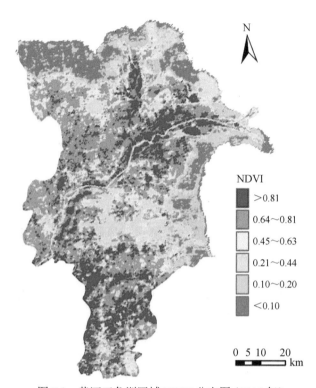

图 7.9　黄河三角洲区域 NDVI 分布图（2015 年）

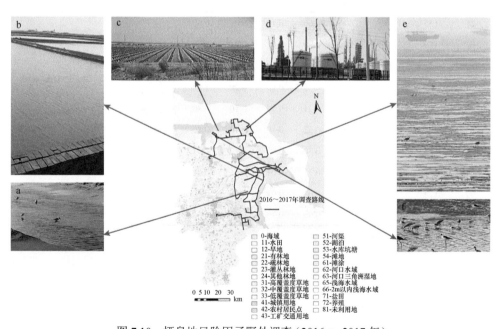

图 7.10　栖息地风险因子野外调查（2016 ～ 2017 年）

a. 道路附近的湿地；b. 盐田区域；c. 养殖修建区；d. 化工厂；e. 油田外围的滩涂区；f. 近河口区的湿地

鸻鹬类历史调查数据来源于黄河三角洲水鸟调查历史数据及水鸟同步调查数据，调查年份分别为 1997 ～ 1999 年、2015 年及 2017 年（详见本章第一节一（二）部分）（中国沿海水鸟同步调查项目组，2015）。对 2015 年和 2017 年的各个调查区域的鸻鹬类种类、数量进行汇总，并将其用于鸻鹬类物种多样性指数的计算。

（二）鸻鹬类栖息地质量评估

InVEST（v.3.4.2）栖息地质量模块使用土地利用及栖息地风险因子数据生成栖息地质量分布图（Sharp et al.，2016）。本研究基于黄河三角洲滩涂湿地鸻鹬类栖息地实地调查数据以及历年的水鸟观测数据、自然保护区矢量边界数据，确定各土地利用类型栖息地适宜度，适宜度为（0，1）区间的数值，0 代表不适宜，1 代表非常适宜（表 7.3），并确定鸻鹬类栖息地风险因子及其相关参数（表 7.4），应用 ArcGIS 10.2 软件生成 30m×30m 分辨率的栖息地分布图层及风险因子分布图层，应用自然保护区边界生成可达性图层（图 7.11，图 7.12）。基于黄河三角洲土地利用及道路数据，生成 6 个风险因子图层：①道路；②城镇用地；③农村居民点；④工矿用地；⑤养殖；⑥未利用地。

表 7.3 黄河三角洲生境适宜度及生境对风险因子的敏感度参数表

地类代码	生境适宜度	生境对风险因子的敏感度						参考文献
		城镇用地	农村居民点	工矿用地	养殖	未利用地	道路	
11	0.55	1.00	0.80	0.60	0.10	0.01	0.80	
33	0.29	0.80	0.60	0.90	0.01	0.01	0.70	
54	0.18	1.00	0.50	0.40	0.10	0.10	0.30	唐承佳和陆健健，2002；Dias et al.，2006；仲阳康等，2006；Ogden et al.，2008；Amano et al.，2010；Sripanomyom et al.，2011；侯森林等，2012；Lunardi et al.，2012；Katayama et al.，2015；Robbins et al.，2017
61	1.00	0.80	0.29	0.35	0.95	0.20	1.00	
62	0.89	0.70	0.21	0.34	0.70	0.10	0.80	
63	1.00	0.75	0.39	0.32	0.80	0.10	0.80	
66	0.31	0.40	0.10	0.30	0.60	0.10	0.01	
71	0.98	0.31	0.30	0.01	0.01	0.10	0.60	
72	0.21	0.41	0.40	0.01	0.01	0.10	0.50	
81	0.19	0.90	0.75	0.95	0.30	0.01	0.50	

注：地类代码参见图 7.8

表 7.4 黄河三角洲鸻鹬类栖息地风险因子参数表

风险因子	最大威胁距离（km）	威胁权重[0～1]	威胁退化类型	参考文献
城镇用地	7.10	0.90	指数	
农村居民点	4.00	0.68	指数	Czech et al.，2000；赵匠，2001；仲阳
工矿用地	5.60	0.80	指数	康等，2006；Wang et al.，2008；陈克
养殖	14.00	0.92	线性	林等，2015；Terrado et al.，2016；
未利用地	0.10	0.50	线性	Robbins et al.，2017
道路	0.50	0.71	指数	

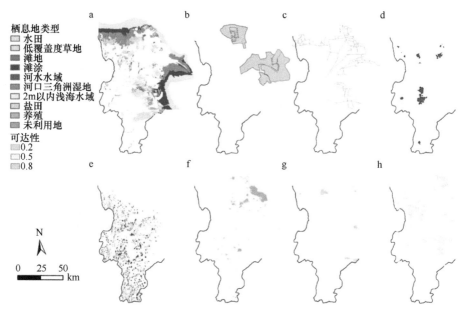

图 7.11 黄河三角洲栖息地及风险因子空间分布（2000 年）

a. 鸻鹬类栖息地分布；b. 可达性；c. 道路；d. 城镇用地；e. 农村居民点；f. 工矿用地；g. 养殖；h. 未利用地

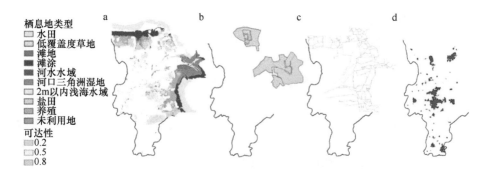

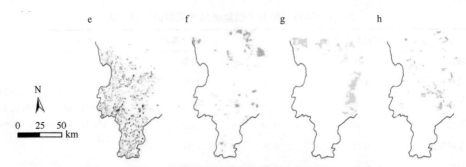

图 7.12　黄河三角洲栖息地及风险因子空间分布（2015 年）

a. 鸻鹬类栖息地分布；b. 可达性；c. 道路；d. 城镇用地；e. 农村居民点；f. 工矿用地；g. 养殖；h. 未利用地

在 InVEST（v.3.4.2）栖息地质量模块，对栖息地适宜度、风险因子威胁权重、影响距离等模型参数进行调校，结合 2000 ～ 2015 年遥感土地利用数据，分析黄河三角洲鸻鹬类栖息地质量变化特征，将研究区分为 5 个生态小区，统计优质栖息地面积（栖息地质量大于 0.7）及各生态小区栖息地质量均值，同时基于 2020 年政府规划，对 2020 年黄河三角洲鸻鹬类栖息地质量进行情景分析。

（三）鸻鹬类生物多样性综合指数及其热点分析

基于黄河三角洲在鸻鹬类迁飞路线上的重要性及不可替代性，考虑到鸻鹬类种群面临的威胁及其迫切的保护需求，需要对鸻鹬类生物多样性保护热点区域进行识别，从而为有效保护提供科研支持。因此，本研究基于徐佩等（2013）建立的生物多样性综合指数及其热点分析方法框架，综合考虑鸻鹬类栖息地质量、种群多样性、植被与湿地类型的景观多样性三个方面，来构建鸻鹬类生物多样性保护热点识别方案，计算 2015 年黄河三角洲鸻鹬类生物多样性综合指数并进行保护热点分析。

1. 鸻鹬类栖息地质量

InVEST（v.3.4.2）栖息地质量模块使用土地利用及栖息地风险因子数据生成栖息地质量分布图（Sharp et al.，2016），具体计算所用参数及数据见本章第二节一（二）部分。

栅格 x 的鸻鹬类栖息地质量 Q_x 计算公式为

$$Q_x = H_j \left(1 - \frac{D_{xj}^z}{D_{xj}^z + k^z} \right) \tag{7.5}$$

式中，H_j 为地类 j 的栖息地适宜度，黄河三角洲适宜鸻鹬类的栖息地类型主要包括水田、低覆盖度草地、滩地、滩涂、河口水域、河口三角洲湿地、浅海水域（主要为 2m 等深的浅海水域）、盐田、养殖、未利用地；z（模型设置 $z = 2.5$）和 k 为比例参数（常数）；D_{xj} 为栅格 x（其地类为 j）的总威胁水平，其计算公式如下：

$$D_{xj} = \sum_{r=1}^{R} \sum_{y=1}^{Y_r} \left(\frac{W_r}{\sum_{r=1}^{R} W_r} \right) r_y i_{rxy} \beta_x S_{jr} \qquad (7.6)$$

式中，W_r 为威胁因子 r 的相对权重；i_{rxy} 指位于栅格 y 的威胁因子 r_y 对栅格 x 的影响；β_x 表示栅格 x 可接近的水平，1 是指完全可接近；S_{jr} 指地类 j 对威胁因子 r 的敏感性，其值越接近 1，表示越敏感，具体参数及方法详见 Li 等（2019）。

2. 鸻鹬类种群多样性指数

因 Shannon-Wiener 指数（SWI）在对鸟类种群结构指示方面具有优势，本研究使用该指数来计算黄河三角洲鸻鹬类种群多样性（Shannon，1948；Shannon and Weaver，1949），用来反映鸻鹬类种群的实际空间分布特征。该指数的输入数据为鸻鹬类空间分布数据，通过整理水鸟同步调查数据而得，因水鸟调查区域受道路可达性的限制，该指标作为互补数据，参与鸻鹬类生物多样性综合指数（CBI）的计算。

栅格 x 的 Shannon-Wiener 指数（SWI_x）计算公式如下：

$$SWI_x = -\sum_{m=1}^{M} (P_m)(\log_2 P_m) \qquad (7.7)$$

式中，M 为栅格 x 所在斑块的鸻鹬类物种数量；P_m 为栅格 x 所在斑块物种 m 的数量在该斑块所有物种数量中所占的比例。为最终进行 CBI_x 的计算，对 SWI_x 的计算结果进行了归一化处理，计算公式如下：

$$SWI_{xn} = \frac{SWI_x - SWI_{xmin}}{SWI_{xmax} - SWI_{xmin}} \qquad (7.8)$$

式中，SWI_{xn} 为归一化后的 SWI_x，SWI_x 为栅格 x 的 Shannon-Wiener 指数，SWI_{xmin} 为 SWI_x 的最小值，SWI_{xmax} 为 SWI_x 的最大值。

3. 植被与湿地类型的景观多样性指数

计算对鸻鹬类有栖息价值的土地利用类型的景观多样性，首先需要确定所涉及的土地利用类型，本研究主要考虑涉及植被与湿地的土地利用类型，包括 11-水田、12-旱地、21-有林地、22-疏林地、23-灌丛林地、24-其他林地、31-高覆盖度草地、32-中覆盖度草地、33-低覆盖度草地、51-河渠、52-湖泊、53-水库坑塘、54-滩地、55-芦苇及碱蓬湿地、61-滩涂、62-河口水域、63-河口三角洲湿地、71-盐田。

在计算植被与湿地类型的景观多样性指数（LDI）的过程中，使用正方形的移动窗格，对窗格内的多样性指数进行计算，并将计算结果赋值给窗格中心的栅格。移动窗格面积的选择借鉴景观生态学理论：景观样本面积为平均斑块面积的2～5倍才能较好地反映采样区周围景观的格局信息（Neill et al.，1996）。黄河三角洲土地利用平均斑块面积为2.63km^2，故对以下14种窗格大小进行植被与湿地类型景观多样性指数的计算，并对结果进行对比：$c \times c$=330m×330m、1530m×1530m、1830m×1830m、2130m×2130m、2430m×2430m、2730m×2730m、3030m×3030m、3330m×3330m、3630m×3630m、3930m×3930m、4230m×4230m、4530m×4530m、4830m×4830m、15 030m×15 030m。根据对比结果，最终选择3030m×3030m作为本研究移动窗格的大小。

栅格x的植被与湿地类型的景观多样性指数（LDI$_x$）的计算公式如下：

$$LDI_x = -\sum_{j=1}^{n} P_{jc} \log_2\left(P_{jc}\right) \tag{7.9}$$

式中，P_{jc}为以栅格x为中心的3030m×3030m的邻域窗格中，植被或湿地类型j的面积占比；n为以栅格x为中心的3030m×3030m的邻域窗格中，植被与湿地的类型数量。为最终进行CBI$_x$的计算，对LDI$_x$的计算结果进行了归一化处理，计算公式如下：

$$LDI_{xn} = \frac{LDI_x - LDI_{xmin}}{LDI_{xmax} - LDI_{xmin}} \tag{7.10}$$

式中，LDI$_{xn}$为归一化后的LDI$_x$，LDI$_x$为栅格x的植被与湿地类型的景观多样性指数，LDI$_{xmin}$为LDI$_x$的最小值，LDI$_{xmax}$为LDI$_x$的最大值。

基于对黄河三角洲鸻鹬类CBI$_x$的计算结果，进一步通过热点分析，确定黄河三角洲鸻鹬类的保护热点区域。

4. 鸻鹬类生物多样性综合指数（CBI）

基于以上3个指数的计算结果，栅格x（本研究使用30m×30m栅格单元）的鸻鹬类生物多样性综合指数CBI$_x$的计算公式如下：

$$CBI_x = \left(Q_x + SWI_x + LDI_x\right) \times \frac{1}{3} \tag{7.11}$$

式中，Q_x为鸻鹬类栖息地质量；SWI$_x$为鸻鹬类种群Shannon-Wiener多样性指数；LDI$_x$为植被与湿地类型的景观多样性指数。CBI$_x$越接近1，该栅格的鸻鹬类生物多样性越高。

5. 热点分析

使用GIS中的热点分析工具对CBI$_x$进行Getis-Ord Gi* 统计分析（Getis and

Ord, 1996），依据 z 得分及 p 值，确定 CBI_x 在空间上发生高、低值聚类的区域。空间上，某个栅格单元 CBI_x 较高，只有当其相邻栅格单元 CBI_x 也较高时，才具有统计显著性的热点。当 z 得分为正值且 p 值显示有显著统计学意义时，该区域为 CBI_x 热点区，并且 z 得分越高聚类越紧密；当 z 得分为负值且 p 值显示有显著统计学意义时，该区域为 CBI_x 冷点区，并且 z 得分越低聚类越紧密。

Getis-Ord 局部统计可表示为

$$G_i^* = \frac{\sum_{j=1}^{n} w_{i,j} x_j - \bar{X} \sum_{j=1}^{n} w_{i,j}}{S\sqrt{\dfrac{\left[n\sum_{j=1}^{n} w_{i,j}^2 - \left(\sum_{j=1}^{n} w_{i,j} \right)^2 \right]}{n-1}}} \tag{7.12}$$

式中，x_j 是要素 j 的属性值；$w_{i,j}$ 是要素 i 和 j 之间的空间权重；n 为要素总数，且有

$$\bar{X} = \frac{\sum_{j=1}^{n} x_j}{n} \tag{7.13}$$

$$S = \sqrt{\frac{\sum_{j=1}^{n} x_j^2}{n} - \left(\bar{X} \right)^2} \tag{7.14}$$

式中，G_i^* 统计是 z 得分，因此无需做进一步的计算。

二、生境质量空间分异

鸻鹬类生境质量评估结果如图 7.13、表 7.5 所示。2000 ～ 2015 年，鸻鹬类适宜栖息地呈现减少并破碎化的趋势，风险因子中，道路向沿海扩张，城市化加

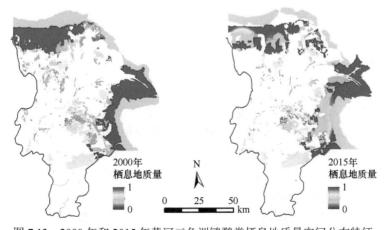

图 7.13　2000 年和 2015 年黄河三角洲鸻鹬类栖息地质量空间分布特征

剧，村镇围垦农田，工矿围垦湿地，养殖围垦湿地，未利用地围垦加剧。
2000～2015 年，黄河三角洲滨海湿地丧失 502.1km²，河口区及垦利沿线滨海湿
地被大面积围垦。滨海湿地主要转化为养殖、盐田、淡水湿地、未利用地、工矿
交通用地。

表 7.5　各分区栖息地质量均值（QM）及优质栖息地占比（HQA）

区域	2000 年		2015 年		2000～2015 年	
	QM	HQA（%）	QM	HQA（%）	QM 变化率（%）	HQA 变化（%）
整体	0.1198	14.49	0.1031	11.67	-13.94	-2.82
NW	0.7595	48.29	0.5512	25.21	-27.42	-23.08
NR	0.6975	33.90	0.7475	35.18	7.16	1.28
DP	0.2722	0.53	0.4520	7.55	66.05	7.02
E	0.5984	21.96	0.4125	12.12	-31.07	-9.84
IL	0.3346	0.15	0.3504	0.53	4.71	0.38

注：NW-河口区；NR-保护区；DP-东营港；E-垦利沿线；IL-内陆区域

　　黄河三角洲鸻鹬类栖息地质量呈现出高度的空间异质性。2000 年，保护区
（NR）、河口区（NW）、垦利沿线（E）生态小区栖息地质量高于内陆区域（IL）
和东营港（DP）生态小区，NR、NW、E、IL、DP 5 个生态小区的栖息地质量均
值分别约为 0.70、0.76、0.60、0.33、0.27，各生态小区中，优质栖息地占比分别
为 33.90%、48.29%、21.96%、0.15%、0.53%（表 7.5）。到 2015 年，滩涂主要
分布于保护区，有大面积的养殖区分布在河口区和垦利沿线，因此河口区及垦
利沿线栖息地质量均值比保护区分别低约 0.20 和 0.34（图 7.13），NR、NW、E、
IL、DP 5 个生态小区的栖息地质量均值分别约为 0.75、0.55、0.41、0.35、0.45，
各生态小区中，优质栖息地占比分别为 35.18%、25.21%、12.12%、0.53%、7.55%
（表 7.5）。

三、生境质量时间变化

　　2000～2015 年，黄河三角洲鸻鹬类栖息地面积有减少趋势，其中，河
口三角洲湿地、未利用地、滩涂、低覆盖度草地面积分别减少 302.14km²、
217.92km²、65.1km²、61.66km²。鸻鹬类栖息地面积减少的同时，质量呈现下降
趋势，黄河三角洲滨海湿地鸻鹬类栖息地质量总体下降 13.94%（表 7.5，图 7.14），
河口区及垦利沿线分别下降 27.42% 和 31.07%，保护区、东营港和内陆区域栖息
地质量均值分别上升 7.16%、66.05% 和 4.71%。15 年间，优质栖息地由 1433km²
下降到 1154km²。优质栖息地主要集中于河口区、保护区和垦利沿线。河口区和

垦利沿线优质栖息地面积分别下降 23.08% 和 9.84%，东营港和保护区优质栖息地面积分别增加 7.02% 和 1.28%。

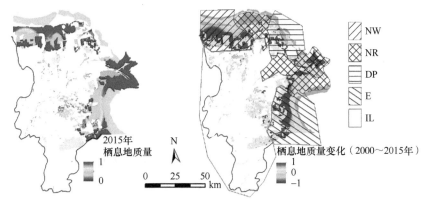

图 7.14　黄河三角洲鸻鹬类栖息地质量变化特征（2000～2015 年）

基于 2020 年规划情景，分析鸻鹬类栖息地质量。与 2015 年对比（图 7.15），滩涂开发区域栖息地质量有明显下降趋势，2020 年垦利沿线有大面积的滩涂被开垦为工矿用地，2015～2020 年栖息地质量呈现下降趋势，东营港因为港口建设被占用大面积的滩涂和浅海水域，导致其栖息地质量也出现下降趋势。由于滩涂面积减少，河口区和垦利沿线未被开发的滩涂，栖息地质量呈相对上升趋势，当最适宜栖息地被破坏时，鸻鹬类虽然被迫可以利用其他类型栖息地，但食物可获取量显著降低，影响其迁徙补给效率。总体来说，按照 2020 年规划情景，黄河三角洲鸻鹬类栖息地质量呈下降趋势。

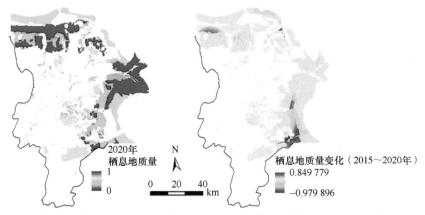

图 7.15　黄河三角洲鸻鹬类栖息地质量变化情景分析（2015～2020 年）

基于黄河三角洲鸻鹬类栖息地质量分析，提出优化管理建议，在未来时期土地规划管理过程中，应考虑风险源对栖息地的影响，在黄河三角洲地区，特别要考虑海参养殖对鸻鹬类栖息地的影响（图7.16）。

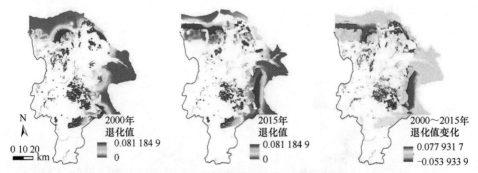

图7.16　黄河三角洲鸻鹬类栖息地风险影响特征（2000～2015年）

四、生物多样性保护热点

（一）2015年鸻鹬类生物多样性综合指数分析

黄河三角洲鸻鹬类 Q、SWI 和 LDI 高值区（＞0.7）面积分别占整个区域的 9.70%、4.99%、2.04%。如图 7.17 所示，Q 高值区主要分布在东南部沿海滩涂区、东部河口区、北部沿海滩涂区；SWI 高值区主要分布在东部及北部沿海区域；LDI 高值区主要分布在东部河口区、东部内陆湿地、北部沿海区域。

如图 7.18 所示，Q 值域为 0～1，非零值区中，0.1～0.5 值的面积约占 3/5，1 值面积约占 2/7；SWI 值域为 0～1，非零值区中，0.6～1 值的面积约占 7/8；LDI 值域为 0～1，非零值区中，0～0.5 值的面积占多数；CBI 值域为 0～0.92，非零值区中，0～0.5 值的面积占多数。将黄河三角洲鸻鹬类生物多样性综合指数分为低（0～0.3）、中（0.3～0.5）、高（0.5～0.92）三个等级，高值区主要分布在东南沿海滩涂区、东部滩涂区、东部河口区和北部河口区。

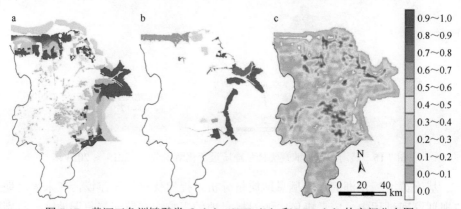

图7.17　黄河三角洲鸻鹬类 Q（a）、SWI（b）和 LDI（c）的空间分布图

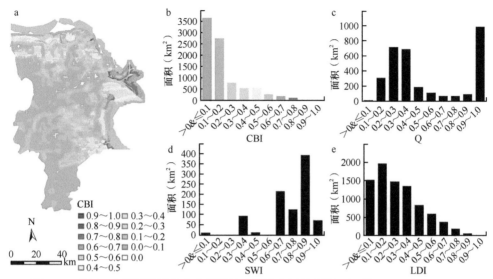

图 7.18　黄河三角洲鸻鹬类生物多样性综合指数空间分布图（a）及 CBI（b）、Q（c）、
SWI（d）、LDI（e）面积统计图

（二）2015 年鸻鹬类保护热点及空缺分析

黄河三角洲鸻鹬类保护热点区（95% 置信区间）面积占整个研究区的 9.16%，24 种土地利用类型中，有 11 种土地利用类型中的热点区占比高于 10%，其中最高的为河口三角洲湿地（70.33%），其次是河口水域（69.9%）和滩涂（63.4%），再次为盐田（52.05%）和滩地（51.76%），高覆盖度草地、水库坑塘、河渠、中覆盖度草地、湖泊、低覆盖度草地分别为 14.85%、14.46%、13.59%、12.94%、11.16%、10.32%。水田中热点区占比低于 10%，为 3.25%。

黄河三角洲鸻鹬类保护热点区面积总计 1095.12km^2，主要分布在滩涂、河口三角洲湿地和盐田中，分别有 357.06km^2、290.67km^2、197.16km^2；黄河三角洲国家级自然保护区覆盖了热点区的 50.08%，仍有 546.64km^2 的热点区分布在保护区以外，这些区域主要集中于北部滩地、河口及滩涂区域，东部滩地、河口及滩涂区域，东北部位于保护区两个分区之间的盐田（图 7.19）。

对比分析整个黄河三角洲区域及黄河三角洲国家级自然保护区内（图 7.20）的鸻鹬类保护热点区在各土地利用类型中的占比，结果显示，有 4 类土地利用类型中的热点区保护状态偏低，分别为湖泊、水库坑塘、滩涂、盐田。

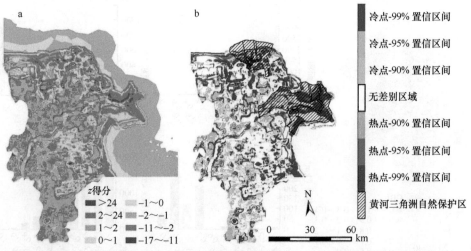

图 7.19　黄河三角洲鸻鹬类热点分析 z 值空间分布图（a）及热点区与保护区分布图（b）

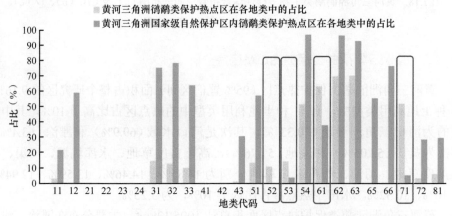

图 7.20　鸻鹬类保护热点区在各土地利用类型中的占比（地类代码参见图 7.8）

　　基于保护空缺分析（图 7.21）可知，有 9 种土地利用类型中的热点区在保护区的不同区域出现了保护偏低的状况，地类及对应的保护偏低区分别为：湖泊-整个黄河三角洲国家级自然保护区；水库坑塘-大汶流及黄河口管理站的核心区、一千二管理站的缓冲区及实验区；滩地-一千二管理站；滩涂及河口水域-一千二管理站的核心区及缓冲区；河口三角洲湿地-大汶流及黄河口管理站的核心区；浅海水域-大汶流及黄河口管理站的实验区、一千二管理站的核心区；2m 以内浅海水域-大汶流及黄河口管理站的缓冲区、一千二管理站；盐田-大汶流及黄河口管理站、一千二管理站的核心区。

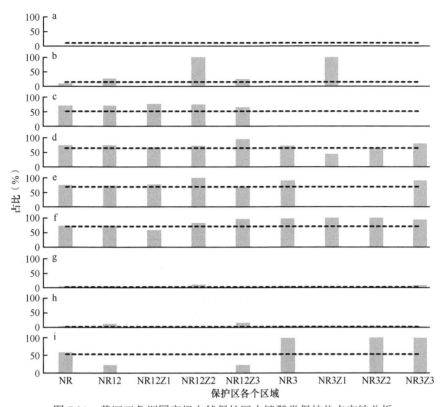

图 7.21　黄河三角洲国家级自然保护区内鸻鹬类保护热点空缺分析

a～i 分别为地类 52、53、54、61、62、63、65、66、71 的分析结果；柱状图为鸻鹬类热点区在各区域内各土
地利用类型中的占比；虚线为黄河三角洲整个区域鸻鹬类热点区在各土地利用类型中的占比。NR-黄河三角洲
国家级自然保护区；NR12-黄河三角洲国家级自然保护区大汶流和黄河口管理站；NR12Z1-黄河三角洲国家级
自然保护区大汶流和黄河口管理站核心区；NR12Z2-黄河三角洲国家级自然保护区大汶流和黄河口管理站缓冲
区；NR12Z3-黄河三角洲国家级自然保护区大汶流和黄河口管理站实验区；NR3-黄河三角洲国家级自然保护区
一千二管理站；NR3Z1-黄河三角洲国家级自然保护区一千二管理站核心区；NR3Z2-黄河三角洲国家级自然保护
区一千二管理站缓冲区；NR3Z3-黄河三角洲国家级自然保护区一千二管理站实验区

　　对比分析自然保护区各个滨海湿地类型及其鸻鹬类热点区在各管理站中 3 个
功能区中的分配比例，如表 7.6 所示，在大汶流及黄河口管理站，滩涂、河口三
角洲湿地及 2m 以内浅海水域 3 类土地利用类型，保护热点区的面积分配比例在
核心区偏低，在实验区偏高；在一千二管理站，滩涂、2m 以内浅海水域、浅海
水域 3 类土地利用类型，保护热点区的面积分配比例在核心区偏低，在实验区
偏高。

表 7.6　黄河三角洲国家级自然保护区鸻鹬类生物多样性热点区的空间分布特征

（单位：%）

| 地类代码 | 大汶流及黄河口管理站 | | | | | | 一千二管理站 | | | | | |
| | 地类面积在各区分配比例 | | | 热点区在各区分配比例 | | | 地类面积在各区分配比例 | | | 热点区在各区分配比例 | | |
	核心区	缓冲区	实验区	核心区	缓冲区	实验区	核心区	缓冲区	实验区	核心区	缓冲区	实验区
61	65.28	6.48	28.24	58.09	6.28	35.63	14.07	15.04	70.88	8.57	13.32	78.12
62	36.50	0.62	62.88	38.52	0.85	60.63	0.00	0.00	100.00	0.00	0.00	100.00
63	58.89	6.66	34.45	47.52	7.60	44.88	27.35	53.29	19.36	27.63	53.98	18.39
65	74.35	0.14	25.51	98.19	0.34	1.47	35.58	11.36	53.06	0.06	1.92	98.02
66	24.82	0.00	75.18	3.10	0.00	96.90	13.32	3.43	83.24	0.00	0.00	100.00

注：表中灰色标识的数值，为该项土地利用类型中，鸻鹬类生物多样性热点区在核心区分配比例低于该土地利用类型在核心区分配比例的情况。地类代码参见图 7.8。

以上鸻鹬类生物多样性综合指数分析及保护热点空缺分析，可为黄河三角洲国家级自然保护区规划管理提供可视化和量化的数据支持。

第三节　黑嘴鸥家域识别及生境干扰特征分析

一、数据源和分析方法

鸟类卫星追踪器正在越来越多地应用于鸟类研究，可以高效准确地获取鸟类迁徙路线，确定候鸟的繁殖地、停歇地、越冬地等，以及支持鸟类习性、家域范围、迁徙策略与定向机制等方面的研究。黑嘴鸥（*Larus saundersi*）为鸥科鸟类，是世界濒危鸟类之一，《世界自然保护联盟濒危物种红色名录》（The IUCN Red List of Threatened Species）将其列为易危（VU）物种，2021 年国家林业和草原局、农业农村部发布《国家重点保护野生动物名录》，将其列为国家一级保护野生动物。黑嘴鸥的繁殖地分布在我国江苏以北的东部沿海及韩国西海岸的部分区域，其中，黄河三角洲是我国黑嘴鸥的三大繁殖地之一，因此，针对黄河三角洲区域，开展黑嘴鸥栖息地及其受胁特征相关研究具有非常突出的意义。经审批，中国科学院烟台海岸带研究所获得山东省林业厅颁发的《山东省野生动物狩猎证》[鲁猎证字第 001 号（2018 年 5 月 3 日）]，2018 年 5 月初在黄河三角洲捕捉了 4 只黑嘴鸥（表 7.7），为其佩戴了环球信士野生动物追踪器（HQBG1107 型号，质量为 7g，定位频率为 3h/ 次，通过卫星进行通信和返回数据）。该型号野生动物追踪器获取的定位数据属性字段包括：编号、时间、经度、纬度、航向、高度、温度、电压和定位精度，其中，定位精度分为 A（5m）、B（10m）、C（20m）、

D（100m）、E（2000m）五个等级，定位精度的可信度为95%。

表 7.7　黑嘴鸥捕捉—佩戴追踪器—放飞信息表

鸟类编号	捕捉日期	放飞日期	捕捉地点	追踪器编号
黑嘴鸥 1	2018/5/4	2018/5/5	黄河三角洲国家级自然保护区大汶流 121 平台	R093
黑嘴鸥 2	2018/5/4	2018/5/5	黄河三角洲国家级自然保护区大汶流 121 平台	R087
黑嘴鸥 3	2018/5/5	2018/5/5	黄河三角洲国家级自然保护区一千二平台	R089
黑嘴鸥 4	2018/5/5	2018/5/5	黄河三角洲国家级自然保护区一千二平台	R091

佩戴追踪器之后对 4 只黑嘴鸥进行安全放飞，追踪器数据获取情况如下：R093 设备传输 2 条定位数据后，未再收到定位信息；R087 设备自 2018 年 5 月 5 日至 13 日持续进行定位信息传输，后未再收到定位信息，共传输 57 条定位数据，数据清洗后保留 D 级及以上精度的有效数据共 40 条；R089 设备自 2018 年 5 月 6 日至 7 月 19 日持续进行定位信息传输，共传输 632 条定位数据，数据清洗后保留 D 级及以上精度的有效数据共 575 条；R091 设备自 2018 年 5 月 5 日至 10 月 24 日持续进行定位信息数据传输，共传输 556 条定位数据，数据清洗后保留 D 级及以上精度的有效数据共 556 条。

家域理论是动物空间利用研究的重要理论，动物家域计算的方法比较多，根据算法特点可归纳为 3 种类型：多边形法（如最小凸多边形法）、栅格单元法（如栅格单元计数法）及概率法（如布朗桥运动模型）。最小凸多边形法（minimum convex polygon，MCP）和布朗桥运动模型（the Brownian bridge movement model，BBMM）是动物家域计算的常用方法（袁耀华等，2019；张晋东等，2013；Horne et al.，2007）。本研究利用这两种方法计算黑嘴鸥的家域范围。在 R 语言 3.6.0 编译环境下载入"adehabitatHR"和"adehabitatLT"工具包（Calenge，2006），将 R087、R089 和 R091 的卫星跟踪数据分别导入，利用 coordinates 函数，将数据框中经度 x 列和纬度 y 列进行链接确定，形成坐标索引后进行两种方法的计算分析和比较。

最小凸多边形法（MCP），计算公式为

$$A = \frac{x_1\left(y_n - y_2\right) + \sum_{i=2}^{n-1} x_i\left(y_{i-1} - y_{i+1}\right) + x_n\left(y_{n-1} - y_1\right)}{2} \tag{7.15}$$

式中，A 为家域面积；x_i 和 y_i 分别是黑嘴鸥个体的第 i 个点的坐标值。

利用 mcp 函数，依次剔除距离全部位点的算术中心最远的 5% 位点，分别计算黑嘴鸥的 95%、80%、65% 和 50% 四个不同等级的家域范围面积（Seaman et al.，1999；Laver and kelly，2008；Hemson et al.，2005），其中 95% 代表黑嘴鸥的主要家域范围，50% 代表黑嘴鸥的核心家域范围（程雅畅，2015；刘晓庆等，2010），最后利用 writePolyShape 函数导出为 shp 文件，并在 ArcGIS 10.2 中进行可视化和面积计算。

布朗桥运动模型（BBMM）计算公式为

$$h(z) = \frac{1}{T}\int_0^T \varphi\big(z; \mu(t), \sigma^2(t)\big) \mathrm{d}t \qquad (7.16)$$

式中，$h(z)$ 为黑嘴鸥在 t 时刻（$t \in [0, T]$）经过 a、b 两点的概率密度函数；$\sigma^2(t) = T_\alpha(1 - \alpha)\sigma_m^2 + (1 - \alpha)\delta_a^2 + \alpha^2\delta_b^2$，$\alpha = t / T$；$\sigma_m^2$ 为布朗运动方差，是与动物迁移速度相关联的扩散系数，可以通过最大似然估计法计算；δ^2 是 GPS 技术产生的误差（Horne et al.，2007；Pages et al.，2013；Nunez et al.，2020）。

二、黑嘴鸥家域分布特征

利用 MCP 法分析的结果如图 7.22、图 7.23 所示。R087 追踪器受定位时间短、所获数据少、对应活动空间范围小的影响，其结果仅具有参考意义，主要家域面积（95%）和核心家域面积（50%）分别仅为 10 105.00m²、340.00m²，均较小。R089 和 R091 两个追踪器所得到的定位数据量较为相近，但由于 2 只黑嘴鸥具有不同的活动习性，其选择的家域大小和空间范围不尽相同。佩戴 R089 追踪器的黑嘴鸥的活动范围覆盖了渤海湾的海岸带，活动轨迹呈"半环"状，其主要家域面积（95%）和核心家域面积（50%）差距较大，分别为 11 045.43km² 和 65.50km²；佩戴 R091 追踪器的黑嘴鸥的活动范围集中在东营市东部和北部的滨海湿地区域，主要家域面积（95%）和核心家域面积（50%）分别为 771.06km² 和 36.59km²。

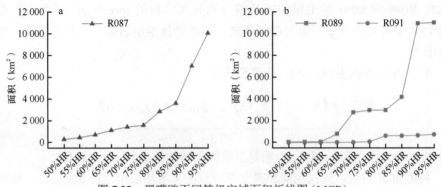

图 7.22　黑嘴鸥不同等级家域面积折线图（MCP）

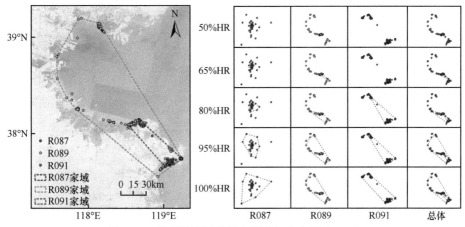

图 7.23　黑嘴鸥不同等级家域空间分布图（MCP）

R087 追踪器提前脱落导致获得的 GPS 数据较少，仅仅记录了较短时间内黑嘴鸥的活动范围。佩戴 R089 和 R091 追踪器的 2 只黑嘴鸥的活动轨迹如图 7.24 所示，利用布朗桥运动模型（BBMM）计算和识别 2 只黑嘴鸥的家域，计算结果如图 7.25 所示。

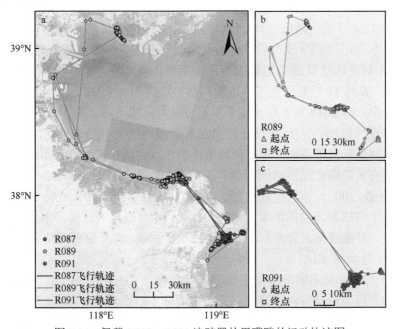

图 7.24　佩戴 R089、R091 追踪器的黑嘴鸥的运动轨迹图

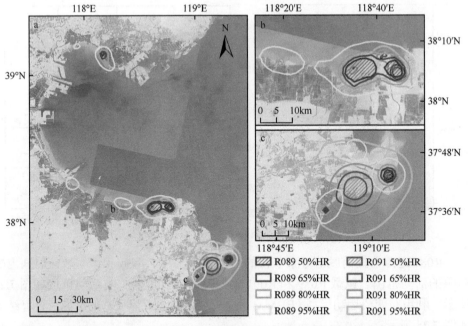

图 7.25　佩戴 R089、R091 追踪器的黑嘴鸥的不同等级家域范围空间分布图（BBMM）

　　由图 7.24 可见，佩戴 R089 追踪器的黑嘴鸥的活动范围较大，自 2018 年 5 月 5 日于东营市垦利区放飞后，它沿着渤海湾，途径滨州市、沧州市、天津市，于 5 月 31 日到达迁徙最北端唐山市滦南南堡湿地地区，6 月 9 日开始沿渤海湾往南迁徙，6 月 11 日返回至东营市河口区；佩戴 R091 追踪器的黑嘴鸥的活动范围较为集中，自 2018 年 5 月 5 日于东营市垦利区放飞后，至 5 月 19 日在东营市东部沿海地区移动，5 月 20 日迁徙至东营市河口区北部沿海地区，直至 6 月 11 日迁徙返回至东营市垦利区东部沿海地区。通过查阅相关文献，本研究也印证了其他学者有关黑嘴鸥迁徙时间节点的研究（江红星，2000；BirdLife International，2001；田华森，2002），即黑嘴鸥通常于 3～4 月（春季）迁到中国东部沿海繁殖地，主要栖息于苇田和滩涂的沟渠、潮沟等区域，4 月底至 5 月初，则集中到滨海的碱蓬滩涂、芦苇滩涂、大米草滩涂等区域筑巢繁殖，7 月繁殖期结束，于 9～10 月（秋季）迁离繁殖地。

　　由图 7.25 可见不同等级的黑嘴鸥家域范围，在几何形态上，黑嘴鸥家域的几何延伸方向与迁徙方向保持相对一致，即基本沿渤海湾海岸方向延伸；在空间分布上，核心家域主要分布在东营市东部沿海和北部沿海的湿地区域（基本对应黄河三角洲国家级自然保护区南、北两片区的核心区和缓冲区）、唐山市滦南南堡湿地，主要家域增加了滨州市沿海分别与东营市和沧州市的北部交界地带，说明湿地保护区仍为珍稀鸟类的重要栖息场所，需要持续对鸟类家域、鸟类生境、湿地保护和恢复等内容进行研究，以促进生物多样性的保护。在本研究中，佩戴R089追踪器的黑嘴鸥的活动范围较大，其家域在山东省、河北省、天津市等地区均有分布，佩戴R091追踪器的黑嘴鸥的活动范围较小，其家域分布相对集中，主要位于黄河三角洲国家级自然保护区内；在家域面积方面，佩戴R089和R091追踪器的2只黑嘴鸥的核心家域面积分别为85.09km²和68.67km²，核心家域总面积为144.67km²，主要家域面积分别为1014.54km²和1280.22km²，主要家域总面积为1868.87km²。

三、黑嘴鸥生境干扰特征

（一）土地利用/覆盖的干扰特征

在人类活动影响下，土地利用/覆盖变化已经对黑嘴鸥的家域生境产生较大影响。本研究基于黄河三角洲土地利用/覆盖数据和利用布朗桥运动模型（BBMM）得到黑嘴鸥主要家域的空间分布范围，将两者进行叠加处理（图7.26），在排除沿海水域面积的影响后，统计得到较大尺度上黑嘴鸥主要家域土地利用/覆盖面积（图7.27a）；同时对黑嘴鸥轨迹点进行0.5km缓冲区分析处理并与土地利用/覆盖数据叠加统计（图7.27b），从较小尺度上分析土地利用/覆盖变化对黑嘴鸥家域的干扰程度。

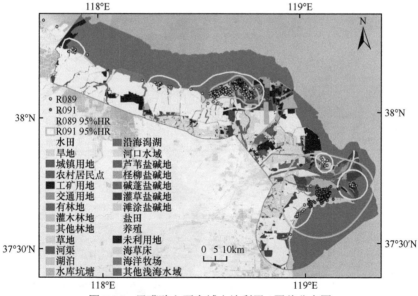

图 7.26　黑嘴鸥主要家域土地利用/覆盖分布图

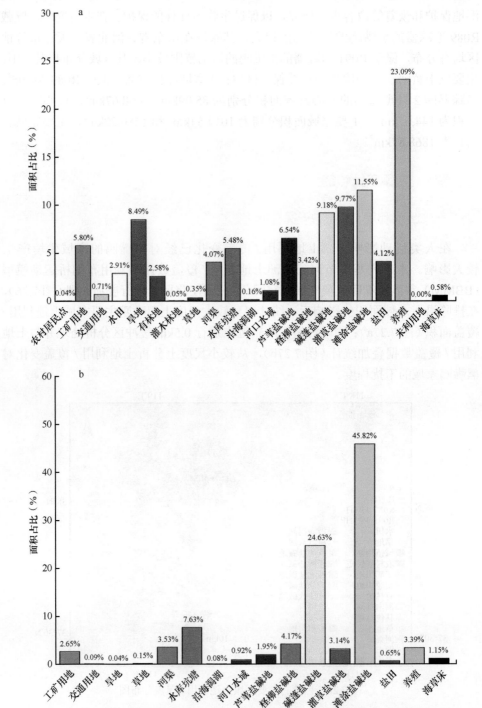

图 7.27　黑嘴鸥主要家域及缓冲区土地利用 / 覆盖面积统计图

a. 主要家域土地利用 / 覆盖面积统计图；b. 缓冲区土地利用 / 覆盖面积统计图

在主要家域范围内养殖面积最大，达到 318.00km²，其次为滩涂盐碱地和灌草盐碱地；在黑嘴鸥轨迹点 0.5km 缓冲区内滩涂盐碱地面积最大，达到 54.86km²，其次为碱蓬盐碱地和水库坑塘。这说明黑嘴鸥家域选择倾向于人类活动较少、食物丰富的沿海养殖和滩涂地带，养殖区域和滩涂盐碱地可以为黑嘴鸥提供丰富的食物，如鱼类和底栖生物，灌草盐碱地可以为黑嘴鸥提供栖息繁衍的场所，这符合黑嘴鸥的生活习性。

此外，黑嘴鸥主要家域范围内工矿用地面积达到 79.82km²，而在轨迹点 0.5km 缓冲区内工矿用地面积达到 3.17km²，养殖面积达到 4.06km²。这说明黑嘴鸥主要家域范围内人类活动的主要形式是资源开采和水产养殖，而且人类活动用地已经成为黑嘴鸥家域的重要组成部分，人类活动已经对黑嘴鸥的生境产生较为显著的影响。

（二）人造关键地物的干扰特征

黄河三角洲作为我国能源主产地之一，油井和风机是该地区两类人造关键地物，体现了化石能源开采以及清洁能源开发利用在黄河三角洲区域的重要性，但是持续的油井和风机建设对黑嘴鸥等野生动物的家域选择产生了明显的干扰作用。本研究基于高分二号卫星影像提取的油井和风机两类人造关键地物空间分布数据，与黑嘴鸥主要家域范围进行叠加统计分析，得到不同家域范围等级内油井和风机的个数及密度统计表（表 7.8）；并对油井和风机分布数据进行处理后得到油井和风机核密度分布图，与黑嘴鸥主要家域空间分布图进行叠加分析，来进一步探究油井和风机的空间分布对黑嘴鸥家域选择的干扰影响特征（图 7.28）。

表 7.8　黑嘴鸥不同家域范围等级内油井和风机的个数及密度统计表

	50%HR			65%HR			80%HR			95%HR		
	R089	R091	总体	R089	R091	总体	R089	R091	总体	R089	R091	总体
家域油井数量（座）	19	10	21	103	46	123	222	326	399	822	765	1252
家域风机数量（个）	40	0	40	65	0	65	87	0	87	167	54	167
家域面积（km²）	85.09	68.67	144.67	164.90	168.36	308.16	194.05	393.92	618.19	1014.54	1280.22	1868.87
家域油井密度（座 /km²）	0.22	0.15	0.15	0.62	0.27	0.40	1.14	0.83	0.65	0.81	0.6	0.67
家域风机密度（个 /km²）	0.47	0	0.28	0.39	0	0.21	0.45	0	0.14	0.16	0.04	0.09

注：R089 和 R091 家域内的油井和风机数量的重复部分仅记录一次得到总油井、总风机数量；重叠家域面积仅记录一次计算得到总家域面积

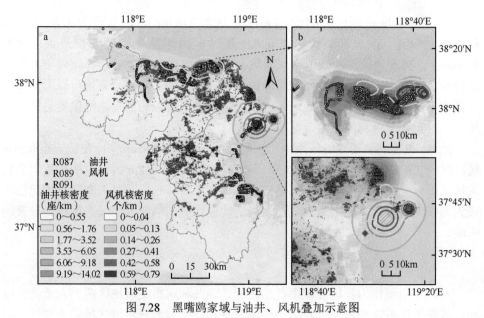

图 7.28　黑嘴鸥家域与油井、风机叠加示意图
a. 油井、风机提取结果；b. 风机核密度分布图；c. 油井核密度分布图

　　由表 7.8 分析可知，黑嘴鸥总核心家域范围（50%）内油井和风机的数量分别为 21 座和 40 个，其分布密度分别为 0.15 座 /km²、0.28 个 /km²；总主要家域范围（95%）内油井和风机的数量分别为 1252 座和 167 个，其分布密度分别为 0.67座 /km²、0.09 个 /km²。在 R089 的核心家域范围（50%）内分布着 19 座油井、40个风机，分布密度分别为 0.22 座 /km²、0.47 个 /km²；在其主要家域范围（95%）内分布着 822 座油井、167 个风机，分布密度分别为 0.81 座 /km²、0.16 个 /km²。在 R091 的核心家域范围（50%）内分布着 10 座油井、0 个风机，分布密度分别为 0.15 座 /km²、0 个 /km²；在其主要家域范围（95%）内分布着 765 座油井、54个风机，分布密度分别为 0.60 座 /km²、0.04 个 /km²。本研究共提取出黄河三角洲的油井 20 044 座、风机 994 个，总体来看，黑嘴鸥主要家域范围内的油井和风机数量最大值仅为 1252 座和 167 个，说明黑嘴鸥的家域选择对油井和风机等人造地物具有明显的趋避性；从个体上看，R091 在其所选择的不同家域范围等级内油井和风机的分布密度均小于 R089，且在绝大多数家域范围等级小于总体油井和风机的分布密度，说明 R091 对油井和风机的趋避程度明显高于 R089。

　　由图 7.28 可以发现，油井主要在东营市中部和东北部地区呈团块状分布，风机主要在东营市西北部呈条带状分布；与家域分布图结合对比发现，黑嘴鸥的核心家域均不在油井的核心团块区域，但却位于风机的核心条带状区域的北部边缘，这说明黑嘴鸥家域受到风机分布的显著影响，二者之间存在较为明显的空间冲突与竞争。

（三）交通道路系统的干扰特征

黄河三角洲开发速度不断加快，各种人类活动不断地改变着该地区的地貌形态和生态环境特征。道路作为物质和能量的主要流通通道，其建设与发展往往比其他类型的人类活动更优先，其对野生动物栖息地的威胁和破坏作用极为显著，是黄河三角洲区域湿地景观和生态系统的关键影响因素之一。

本研究基于高分二号影像提取黄河三角洲道路数据，并对其以 0.5km 为间隔建立 14 个缓冲区，进而与黑嘴鸥轨迹点进行叠加分析，统计得到距道路不同距离黑嘴鸥轨迹点数量统计图（图 7.29a）及不同时刻轨迹点数量占比图（图 7.29b）。可见，鸟类轨迹点的数量随距道路远近不同和时间不同均呈不均匀分布，具体表现如下。

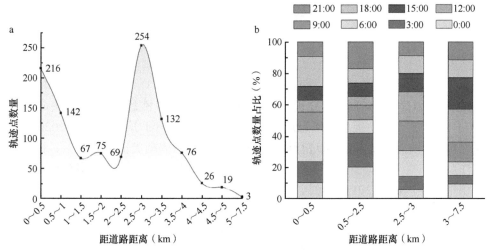

图 7.29 距道路不同距离黑嘴鸥轨迹点数量及不同时刻轨迹点数量占比统计图

a. 距道路不同距离黑嘴鸥轨迹点数量统计图；b. 不同时刻轨迹点数量占比图

（1）在距离道路 0 ～ 0.5km 处，黑嘴鸥轨迹点的数量较多，通过筛选发现这部分道路主要分布于黄河三角洲国家级自然保护区内部，且黑嘴鸥的活动时间集中在 6:00 和 18:00，即平均日活动趋势呈现为早、晚的双峰特征，峰值时间均为因人员与车辆稀少道路对黑嘴鸥影响微弱的时段。

（2）在距离道路 0.5 ～ 2.5km 处，黑嘴鸥轨迹点数量较少，且活动时间集中在 21:00 至 3:00，平均日活动趋势呈单峰特征，说明道路在此距离范围内对黑嘴鸥的家域选择具有明显的干扰影响，黑嘴鸥选择夜间活动来避开白天较为剧烈的人类活动干扰。

（3）在距离道路 2.5 ～ 3km 处，黑嘴鸥轨迹点数量最多，停留时间最长，活动时间集中在 9:00 至 12:00，平均日活动趋势呈单峰特征；活动时间虽是白天但轨迹点数量最多，说明此范围内道路对黑嘴鸥活动的影响最小。

（4）在距离道路 3km 以及更远的区域内，黑嘴鸥的轨迹点数量较少，黑嘴鸥活动时间集中在 12:00 至 15:00，该部分区域已经远离了黑嘴鸥的主要家域范围。本研究也印证了其他学者有关黑嘴鸥日活动规律的研究（田华森，2002），黑嘴鸥在一天中的活动具有明显的规律性，即夜晚均在近海滩涂或水中栖息，白天在潮间带滩涂、潮沟水域和芦苇沼泽水域觅食。

黑嘴鸥是世界易危（VU）鸟类，在黄河三角洲滨海湿地鸟类生物多样性保护中具有较强的代表性，目前已经成为衡量黄河三角洲湿地生态环境质量的重要标志生物之一，其家域范围识别及生境干扰特征研究对该区域生物多样性保护和人地关系的协调发展具有重要意义。

第四节 小 结

本章基于黄河三角洲的土地利用数据、道路数据、归一化植被指数（NDVI）数据、水鸟野外调查数据、保护区数据，使用生物多样性指数，对水鸟生物多样性多年变化特征进行分析；使用 InVEST 模型的栖息地质量模块，分析2000～2015 年鸻鹬类水鸟栖息地质量，并基于 2020 年政府规划，对 2020 年黄河三角洲鸻鹬类栖息地质量进行情景分析；综合考虑鸻鹬类栖息地质量、种群多样性及植被与湿地类型的景观多样性三个方面，来构建鸻鹬类生物多样性保护热点识别方案，计算 2015 年黄河三角洲鸻鹬类生物多样性综合指数并进行保护热点分析，甄别黄河三角洲鸻鹬类生物多样性保护热点区域；使用卫星追踪器获得"易危"物种黑嘴鸥的飞行数据，并利用最小凸多边形法和布朗桥运动模型计算得到其不同等级家域的空间分布和面积。

2007～2016 年，黄河三角洲水鸟生物多样性指数呈升高—降低—升高—降低的趋势，最低值大多出现在 2011 年或 2016 年。9 种水鸟类群生物多样性指数排序为：鸻鹬类＞雁鸭类＞鹭类＞鸥类＞猛禽类＞鹳鹤类＞攀禽类＞秧鸡类＞鸬鹚类。生物多样性指数呈现持续下降趋势的有鸥类和鹳鹤类，呈起伏趋势的有鸻鹬类、雁鸭类、鹭类和猛禽类、攀禽类。

2000～2015 年，鸻鹬类适宜栖息地呈减少并破碎化的趋势；黄河三角洲滨海湿地鸻鹬类栖息地质量总体下降 13.94%，河口区及垦利沿线分别下降 27.42% 和 31.07%；鸻鹬类栖息地风险因子呈向海扩张的趋势；优质栖息地由 1433km² 下降到 1154km²。基于 2020 年规划情景，分析鸻鹬类栖息地质量，与 2015 年对比，滩涂开发区域栖息地质量有明显下降趋势，与此同时，由于滩涂面积的减少，其他土地利用类型的栖息地质量呈相对上升趋势，当最适宜栖息地被破坏时，鸻鹬类虽然被迫可以利用其他类型栖息地，但食物可获取量显著降低，影响其迁徙补给效率。由此提出优化管理建议，在未来时期土地规划管理过程中，应考虑风险源对栖息地的影响，在黄河三角洲地区，特别要考虑海参养殖对鸻鹬类栖息地的影响。

黄河三角洲鸻鹬类保护热点区面积总计 1095.12km²，主要分布在滩涂、河口三角洲湿地和盐田中，分别有 357.06km²、290.67km²、197.16km²；黄河三角洲自然保护区覆盖了热点区的 50.08%，仍有 546.64km² 的热点区分布在保护区以外，这些区域主要集中于北部滩地、河口及滩涂区域，东部滩地、河口及滩涂区域，东北部位于保护区两个分区之间的盐田。保护空缺分析显示保护区内滩涂、河口三角洲湿地、浅海水域在核心区保护比例偏低。黄河三角洲水鸟生境时空变化特征研究可为水鸟栖息地优化管理提供科学支持。

黄河三角洲黑嘴鸥核心家域的总面积为 144.67km²，主要家域的总面积为 1868.87km²，主要家域分布在东营市北部沿海和东部沿海地区、滨州市沿海分别与东营市和沧州市交界的地带及唐山市滦南南堡湿地地区。人类通过资源开采、水产养殖及建设油井、风机、道路等地物设施，不同程度地干扰了黑嘴鸥的家域选择和生境特征。建议通过合理规划黄河三角洲能源开发和限制自然保护区内人类活动、加强自然保护区内鸟类救助站和监测站等基础设施建设、开展群众性生态环境和生物多样性保护教育、加大对黄河三角洲黑嘴鸥等"易危""濒危"野生动物的观察、研究和保护力度等措施，促进该地区人地关系的可持续健康发展。

参 考 文 献

陈克林, 白加德, 姜明, 等. 2016. 2016 黄渤海水鸟同步调查报告. 北京: 湿地国际-中国办事处.

陈克林, 杨秀芝, 吕咏. 2015. 鸻鹬类鸟东亚-澳大利西亚迁飞路线上的重要驿站: 黄渤海湿地. 湿地科学, 13(1): 1-6.

程雅畅. 2015. 基于 GPS 遥测的江西鄱阳湖越冬白枕鹤 (*Grus vipio*) 活动区和栖息地选择研究. 北京林业大学硕士学位论文.

邸向红, 侯西勇, 吴莉. 2014. 中国海岸带土地利用遥感分类系统研究. 资源科学, 36(3): 463-472.

东营市史志办公室. 2016. 东营年鉴 2016. 北京: 中华书局.

东营市史志办公室. 2017. 东营年鉴 2017. 北京: 方志出版社.

东营市史志办公室. 2018. 东营年鉴 2018. 北京: 中华书局.

侯森林, 余晓韵, 鲁长虎. 2012. 盐城自然保护区射阳河口越冬期鸻鹬类生境选择. 安徽农业大学学报, 39(6): 984-988.

侯西勇, 邸向红, 侯婉, 等. 2018. 中国海岸带土地利用遥感制图及精度评价. 地球信息科学学报, 20(10): 1478-1488.

江红星. 2000. 黑嘴鸥的繁育力及繁殖栖息地选择研究. 中国林业科学研究院硕士学位论文.

李巨勇. 2006. 河北唐海湿地鸟类时空动态和重要类群的繁殖生态研究. 河北师范大学硕士学位论文.

李翔宇. 2008. 基于 RS 的现代黄河三角洲土地利用/覆被变化检测方法研究. 中国石油大学硕士学位论文.

刘晓庆, 王小明, 王正寰, 等. 2010. 固定核空间法和最小凸多边形法估计藏狐家域的比较. 兽类学报, 30(2): 163-170.

山东黄河三角洲国家级自然保护区管理局. 2016. 山东黄河三角洲国家级自然保护区详细规划 (2014—2020 年). 北京: 中国林业出版社.

宋洋, 张华, 侯西勇. 2018. 20 世纪 40 年代初以来渤海形态变化特征. 中国科学院大学学报, 35(6): 761-770.

孙孝平, 张银龙, 曹铭昌, 等. 2015. 黄河三角洲自然保护区秋冬季水鸟群落组成与生境关系分析. 生态与农村环境学报, 31(4): 514-521.

唐承佳, 陆健健. 2002. 围垦堤内迁徙鸻鹬群落的生态学特性. 动物性杂志, 37(2): 27-33.

田华森. 2002. 黑嘴鸥 (*Larus saundersi*) 繁殖生态学研究. 东北林业大学硕士学位论文.

徐佩, 王玉宽, 杨金凤, 等. 2013. 汶川地震灾区生物多样性热点地区分析. 生态学报, 33(3): 718-725.

袁耀华, 刘群秀, 张欣. 2019. 城市公园中赤腹松鼠的家域特征及昼间活动规律初探. 兽类学报, 39(6): 639-650.

张晋东, Vancssa HULL, 欧阳志云. 2013. 家域研究进展. 生态学报, 33(11): 3269-3279.

赵匠. 2001. 白腰杓鹬 (*Numenius arquata*) 繁殖习性的初步观察. 松辽学刊 (自然科学版), (3): 12-13.

中国沿海水鸟同步调查项目组. 2015. 中国沿海水鸟同步调查报告 (1.2010-12.2011). 香港: 香港观鸟会.

仲阳康, 周慧, 施文, 等. 2006. 上海滩涂春季鸻形目鸟类群落及围垦后生境选择. 长江流域资源与环境. 15(3): 378-383.

朱书玉, 吕卷章, 赵长征, 等. 2000. 黄河三角洲国家级自然保护区鸻形目鸟类食性及觅食地的研究. 山东林业科技, (5): 10-13.

朱书玉, 王伟华, 王玉珍, 等. 2011. 黄河三角洲自然保护区湿地恢复与生物多样性保护. 北京林业大学学报, 33(2): 1-5.

Amano T, Székely T, Koyama K, et al. 2010. A framework for monitoring the status of populations: An example from wader populations in the East Asian–Australasian flyway. Biological Conservation, 143(9): 2238-2247.

Bai Q, Chen J, Chen Z, et al. 2015. Identification of coastal wetlands of international importance for waterbirds: a review of China Coastal Waterbird Surveys 2005–2013. Avian Research, (3): 153-168.

Barter M A. 2002. Shorebirds of the Yellow Sea: Importance, threats and conservation status. Emu-Austral Ornithology, 104(3): 299.

BirdLife International. 2001. Threatened Birds of Asia: the BirdLife International Red Data Book. Cambridge: BirdLife International.

Calenge C. 2006. The package "adehabitat" for the R software: A tool for the analysis of space and habitat use by animals. Ecological Modelling, 197(3-4): 516-519.

Czech B, Krausman P R, Devers P K. 2000. Economic associations among causes of species endangerment in the United States. Bioscience, 50(7): 593-601.

Dias M P, Granadeiro J P, Lecoq M, et al. 2006. Distance to high-tide roosts constrains the use of foraging areas by dunlins: Implications for the management of estuarine wetlands. Biological Conservation, 131(3): 446-452.

Didan, K. 2015. MOD13Q1 MODIS/Terra Vegetation Indices 16-Day L3 Global 250m SIN Grid V006. NASA EOSDIS Land. Processes DAAC, accessed October 28 2020. https://doi.org/10.5067/MODIS/MOD13Q1.006.

Hemson G, Johnson P, South A, et al. 2005. Are kernels the mustard? Data from global positioning system (GPS) collars suggests problems for kernel home-range analyses with least-squares cross-validation. Journal of Animal Ecology, 74(3): 455-463.

Horne J S, Garton E O, Krone S M, et al. 2007. Analyzing animal movements using Brownian bridges. Ecology, 88(9): 2354-2363.

International Wader Study Group. 2003. Waders are declining worldwide. Cádiz: Conclusions from the 2003 International Wader Study Group Conference.

Katayama N, Osawa T, Amano T, et al. 2015. Are both agricultural intensification and farmland abandonment threats to biodiversity? A test with bird communities in paddy-dominated landscapes. Agriculture, Ecosystems & Environment, 214: 21-30.

Laver P N, Kelly M J. 2008. A critical review of home range studies. Journal of Wildlife Management, 72(1): 290-298.

Li X W, Hou X Y, Song Y, et al. 2019. Assessing changes of habitat quality for shorebirds in stopover sites: A case study in Yellow River Delta, China. Wetlands, 39: 67-77.

Lunardi V O, Macedo R H, Granadeiro J P, et al. 2012. Migratory flows and foraging habitat selection by shorebirds along the northeastern coast of Brazil: The case of Baía de Todos os Santos. Estuarine, Coastal and Shelf Science, 96: 179-187.

Milton D. 2003. Threatened shorebird species of the East Asian-Australasian Flyway: significance for Australian wader study groups. Wader Study Group Bulletin, 100: 105-110.

Murray N J, Clemens R S, Phinn S R, et al. 2014. Tracking the rapid loss of tidal wetlands in the Yellow Sea. Frontiers in Ecology and the Environment, 12(5): 267-272.

Neill R V O, Hunsaker C T, Timmins S P, et al. 1996. Scale problems in reporting landscape pattern at the regional scale. Landscape Ecology, 11(3): 169-180.

Nunez J A, Singham D I, Atkinson M P. 2020. A particle filter approach to estimating target location using Brownian bridges. Journal of the Operational Research Society, 71(4): 589-605.

Ogden L J E, Bittman S, Lank D B, et al. 2008. Factors influencing farmland habitat use by shorebirds wintering in the Fraser River Delta, Canada. Agriculture, Ecosystems & Environment, 124(3-4): 252-258.

Pages J F, Bartumeus F, Hereu B, et al. 2013. Evaluating a key herbivorous fish as a mobile link: a

Brownian bridge approach. Marine Ecology Progress Series, 492: 199.

Pielou E C. 1969. An Introduction to Mathematical Ecology. New York: Wiley.

R Development Core Team. 2019. R: A language and environment for statistical computing. Vienna: R Foundation for Statistical Computing.

Robbins W D, Huveneers C, Parra G J, et al. 2017. Anthropogenic threat assessment of marine-associated fauna in Spencer Gulf, South Australia. Marine Policy, 81: 392-400.

Seaman D E, Millspaugh J J, Kernohan B J, et al. 1999. Effects of sample size on kernel home range estimates. Journal of Wildlife Management, 63(2): 739-747.

Shannon C E. 1948. A mathematical theory of communication. Bell System Technical Journal, 27: 379-423, 623-656.

Shannon C E, Weaver W. 1949. The Mathematical Theory of Communication. Urbana: University of Illinois Press.

Sharp R, Tallis H T, Ricketts T, et al. 2016. InVEST +VERSION+ User's Guide.

Simpson E H. 1949. Measurement of diversity. Nature, 163: 688.

Sripanomyom S, Round P D, Savini T, et al. 2011. Traditional salt-pans hold major concentrations of overwintering shorebirds in Southeast Asia. Biological Conservation, 144(1): 526-537.

Studds C E, Kendall B E, Murray N J, et al. 2017. Rapid population decline in migratory shorebirds relying on Yellow Sea tidal mudflats as stopover sites. Nature Communications, 8: 14895.

Sun W. 1992. Quantifying species diversity of streetside trees in our cities. Journal of Arboriculture, 18: 91-93.

Terrado M, Sabater S, Chaplin-Kramer B, et al. 2016. Model development for the assessment of terrestrial and aquatic habitat quality in conservation planning. Science of the Total Environment, 540: 63-70.

Wang A, Afshar P, Wang H. 2008. Complex stochastic systems modelling and control via iterative machine learning. Neurocomputing, 71(13-15): 2685-2692.

Xu H, Li D, Hou X Y, et al. 2021. Home range and habitat disturbance identification for a vulnerable shorebird species (*Larus saundersi*) in the Yellow River Delta, China. Journal of Coastal Research, 37(4): 737-748.

第八章

湿地资源可持续利用、保护和管理的政策建议①

① 本章第一节和第二节的作者为中国科学院地理科学与资源研究所的段后浪、夏少霞、于秀波，第三节的作者为中国科学院烟台海岸带研究所的方晓东、侯西勇。

中国滨海湿地地域辽阔、类型丰富，但在全球气候变化和人类活动的影响下，多种海岸带生态系统正在遭受严重破坏，生态服务功能不断降低，海岸带生物资源的分布格局已经发生显著改变，主要体现在外来物种入侵严重、农业无序扩张、种养殖模式简单粗放、陆海生态连通性受损等（杨红生和邢军武，2002）。

黄河三角洲区域是典型的海岸带生态系统，作为黄河三角洲高效生态经济区的建设核心区和山东半岛蓝色经济区的产业集聚区，是实现我国区域发展从陆域经济延伸到海洋经济、积极推进陆海统筹重大战略的先行区。作为我国乃至全球非常典型的河口海岸带区域，近几十年来，黄河三角洲受气候变化和人类活动的影响，生态环境同样呈现出气候暖干化、土壤盐碱化加剧、互花米草大规模入侵、生物栖息地退化、生态系统服务功能下降等特点，严重影响了黄河三角洲区域传统农牧渔产业的健康和可持续发展（郭岳等，2017；刘佳琦等，2018）。

以黄河三角洲为案例区，探索湿地资源可持续利用、保护和管理经验，推广至整个中国滨海湿地尤为重要。因此，需要理清当前国内外滨海湿地资源可持续利用、保护和管理的成功经验与模式，总结黄河三角洲当前在海岸带湿地资源开发、利用中所存在的问题、不足及原因，并在此基础上提出黄河三角洲湿地可持续利用及保护的若干政策建议；与此同时，强调在深入分析的基础上由点及面，将前述针对黄河三角洲"点"上的深入研究推及整个中国海岸带"面"上普遍存在的生态环境问题之一，即"海岸带陆海连通性"问题，总结我国海岸带陆海生态连通性退化和丧失的严峻形势及主要原因，并提出有针对性的政策和建议。

第一节　河口与海岸带湿地资源可持续利用、保护和管理的国内外经验与模式

一、河口与海岸带湿地资源可持续利用、保护和管理的国际经验与模式

未来地球海岸（Future Earth Coasts，FEC）计划对未来海岸带湿地利用提出的指导方针、政策，更加注重于融合海岸环境、生态、资源、经济、管理各领域，维持海岸带区域的持续、健康发展和生存安全。该计划最初比较关注海岸带空间领域中陆海之间的相互作用，更多地探讨海岸带资源利用对全球变化的响应以及应对策略；之后，开始新的结构调整，关注的问题更加广泛和综合，包括了海岸带与人类活动之间的相互作用，探索人类需要以怎样的海岸带管理政策和法规来保障海岸带的可持续发展。

未来地球海岸计划分为 5 个主题：①海岸带系统的脆弱性及其对社会的危害；②全球变化对海岸带生态系统的意义与可持续发展；③人类活动对流域—海岸带交互作用的影响；④近岸及大陆架海域的生物地球化学循环；⑤支持海岸带可持

续性的陆—海交互作用调控。2015 年 6 月，该计划提出 10 年科学规划（2016 ～ 2025 年），强调加强海岸带可持续性发展以及高效治理和修复自然海岸（资料来源于 FEC 官方网站 http://www.futureearth.org/projects/future-earth-coasts-formerly-loicz）。

国外对于湿地的管理体制可划分为两种，第一种是成立专门的湿地管理机构进行管理；第二种是由非专门的湿地管理部门进行管理，通常是由一个或多个部门共同管理湿地利用。对于第二种管理体制，不同国家又有所不同，有的国家是一个部门主管，其他部门协助管理，例如，由分管环保和自然保护的部门主管，其他部门协助管理；有的国家是两个及两个以上部门密切配合管理，其他部门进行协助（俞肖剑和叶维贤，2011；马涛和邵欢瑜，2017）。

部分国家海岸带湿地管理体制与政策措施如下。

（一）美国的滨海湿地管理体制与政策

美国在滨海湿地管理过程中很注重利益相关方之间的交流、合作，会根据利益相关方的需求制定相应的湿地管理目标、举措。更多地让利益相关方参与到湿地的监测、管理中来，统筹多部门、多单位协同参与滨海湿地管理是美国成功保护滨海湿地的最主要原因，同时也是美国海岸带管理的核心方法（余俊和温秀丽，2014；马涛和邵欢瑜，2017）。

1. 分级管理政策

美国海岸带和海域使用管理的法定责权是在地方、州和联邦各级政府部门及法人机构。在沿海各州建立州级海洋管理机构和地方海洋管理机构，形成联邦、州和市县地方政府三级海洋管理体系。在管理范围方面，主要分界线是：向陆地一侧 5.6km（约 3n mile）水域及其海床、底土归各州政府管理，5.6km 以外归联邦政府管理。在管理权限方面，联邦政府主要控制所有海域内的国防、跨州商业贸易、海上交通等事务，其他归各州政府管理（李宜良和于保华，2006）。各州制定并实施各自的海域使用和海岸带管理规划。

为了鼓励沿海各州与联邦和市县地方政府合作，美国依据《海岸带管理法》和《国家海洋补助金学院计划条例》，设立海岸带管理补助金和基金，提高各州政府决策能力及加强保护自然资源等管理工作（马莎，2013）。

2. 规划和区划及环境评估制度

联邦政府要求各州在海域使用前必须制定海域使用规划和区划，在规划过程中要运用科学方法和模型进行严格的论证、评估及预测，而且在规划和区划批准实施后，所有的开发活动都必须严格按规划和区划执行（李宜良和于保华，2006）。

联邦政府授权州一级机构制定海域使用许可证计划，规定对海岸带水陆利用有影响的所有活动都应当获得许可证或执照。所有海岸带开发项目，除各主管部门签发的各种许可证以外，还需要获得海岸带使用许可证且经美国工程师协会证实才能实施。美国许多沿海州都实行了水产养殖许可证制度，并制定了相应的颁发许可证的条件和标准（黄秀蓉，2016）。

3. 海域有偿使用制度

美国在海域使用方面征收多种费用，如区块租金、招标费、产值税等，根据地理位置不同，采用不同的收费标准。在滨水区，平均高潮线向水一侧开发许可证依据《沿海地区设施审查法》制定收费标准；在平均高潮线向岸一侧，采用依据《淡水湿地保护法条例》许可证所规定的收费标准；在有潮水域，根据《1970年湿地法》许可证制定收费标准（李宜良和于保华，2006）。

4. 注重协调各级部门以及依靠公众共同参与湿地管理与保护

美国在管理、治理湿地时能够取得成功的关键在于，能够将地方、州和联邦政府部门、非政府部门、个人及科研机构等凝聚在一起，广泛调动利益相关方及公众参与湿地保护和管理的积极性，形成持续、长久的湿地保护和管理合作伙伴，提高湿地保护、管理和恢复的成效。

5. 典型案例——美国切萨皮克湾湿地管理恢复案例

美国切萨皮克湾位于美国东海岸中部区域，是美国第一大河口性海湾。其中海湾水域面积为 11 000km²，流域面积为 166 000km²，湾区流域所包括的行政区域主要有弗吉尼亚州、西弗吉尼亚州和哥伦比亚特区、特拉华州、马里兰州、纽约州、宾夕法尼亚州。切萨皮克湾流域生态系统类型丰富，拥有森林、灌丛、内陆河流湿地、滨海湿地、红树林、岛屿、沙滩、泥滩、海草床、海底床和海湾水体等不同的栖息地环境，为当地 3600 多种动植物（野生植物、鱼类、水鸟等）提供了良好的生存场所。其中湿地面积占流域总面积的 4%，河口湿地面积为 80 900hm²（雷光春等，2017）。

美国切萨皮克湾人口数量在过去几十年内急剧增加，拉动当地工业和农业生产、劳作不断增加。人与自然之间的冲突日益明显，工业生产带来的废水等导致切萨皮克湾流域的污染越来越严重，原本属于动植物的栖息地环境遭到严重的破坏，生态系统结构与功能紊乱。

该区域面临的主要问题就是切萨皮克湾流域超负荷的氮和磷的输入所引发的藻类物质的疯狂生长，消耗了水体中大量的氧气。水体中氧气的大量缺乏导致水体中鱼类和其他有氧动植物大量死亡，死亡后的生物又进一步加剧水体污染，进而影响其他生物的生存。同时，藻类的爆发能够阻挡阳光透入水体，导致大量海藻、叶藻死亡，间接影响依赖这些植物作为栖息地进行繁殖的动物的生存。这些氮和磷的超量输入主要是来自流域附近的污水处理厂、农田等，其中来自农田输入的氮和磷占总量的40%～50%。同时还有一些氮、磷主要来自发电厂和机动车尾气排放。除了氮、磷污染物输入，一些有毒化学物也在不断输入切萨皮克湾，这些有毒物种对水中的鱼类和鸟类危害很大，间接危害人类的生命健康。

目前美国切萨皮克湾面临的生态环境问题远不止这些，类型多种多样，但主要的威胁还是水质污染以及渔业、动植物等生物多样性的丧失。这主要是人口不断增加带来的负面效应。

针对上述出现的问题，当地政府以及公众采取了多种措施来缓解区域生态环境的进一步恶化。在整个流域层面控制氮和磷总的排放量，针对之前退化的野生动植物栖息地，鼓励各级部门、公众等共同参与湿地的保护和管理。

切萨皮克湾流域湿地保护和管理举措更多地统筹了联邦、州、地方政府以及非政府部门和公众等，联合在一起形成联动、合作机制。例如，在切萨皮克湾执行委员会中所参与的机构主要有马里兰州、宾夕法尼亚州、弗吉尼亚州、哥伦比亚特区和美国环境保护署。为了更好地协调以及良好地统筹各个地方、部门一起参与湿地保护，美国环境保护署专门下设了"切萨皮克湾项目办公室"，主要职能是协调联邦、州、地方政府机构和各合作伙伴共同参与湿地管理与保护。

针对湾区面临的氮、磷污染物严重输入的问题，美国环境保护署在2010年12月制定了切萨皮克湾"日最大总污染量"计划，限制不同来源最终流入湾区的氮、磷有机盐营养物和淤积物的总量。"日最大总污染量"计划规定流域内每年氮污染物总量限制为84 000t，磷总量限制为5670t，沉积物总量限制为1 925 700t，以2009年的总量为基准，需分别削减25%、24%和20%，以此来控制流入湾区污染物的总量。

（二）澳大利亚的滨海湿地管理体制与政策

澳大利亚政府在行政上按照三级划分为联邦、州和领地。根据澳大利亚各级区域的宪法，各州和领地有管理当地自然资源的权限，将河流、海洋等水体的管理权限划归联邦政府，这一举措使得陆地与海洋的管理权限所属单位分离。滨海湿地管理在体制上形成以州和领地管理为主，联邦以及地方政府管理为辅的空间格局。在管理权限上，联邦政府能够协调和执行湿地保护国际相关任务，对国家湿地的保护和管理提出指导性的建议及意见，州和领地有全责参与制定国家湿地相关的政策的权限。联邦、州和领地形成相互合作、权责分明的湿地管理体制（马涛和邵欢瑜，2017）。

1.《政府间环境协议》及相关机构成立

澳大利亚于 1992 年，由联邦政府和各州 / 领地及地方政府制定了《政府间环境协议》，明确了各级政府在滨海湿地环境保护中的具体分工、职责，成立了滨海湿地自然资源管理部际协调委员会、政府间协调委员会等多个机构用于政府间的合作（李国强，2007）。

2. 滨海湿地管理分工

澳大利亚在湿地管理方面的做法与美国类似，但更注重多方协调与合作，形成以州 / 领地政府管理为主，联邦政府、地方政府辅助管理的形式。其中，联邦政府需要负责协调、管理与履行湿地保护国际义务，贯彻落实国家所制定的相关环保政策及提出相应的指导性意见和建议。州 / 领地政府有权参与制定国家对于滨海湿地可持续发展的相关政策，也可以相应给出意见并制定本区域管辖范围内的湿地管理方面的政策、标准。州 / 领地以下的基层政府配合上级政府开展滨海湿地可持续发展方面的工作（马涛和邵欢瑜，2017）。

3. 典型案例——澳大利亚墨累-达令流域水资源管理

墨累-达令（Murray-Darling）流域主要包括昆士兰州、新南威尔士州、维多利亚州和南澳大利亚州的部分地区，以及澳大利亚首都直辖区，流域面积为 106 万 km^2，是澳大利亚面积最大的流域。流域所在的河流长度为 2560km，流域灌溉面积达 153.3 万 hm^2，用水量可达 110 亿 m^3（马建琴等，2009）。

墨累-达令流域降雨年际分配不均匀，降雨多集中在春、冬两季，来水量少且分布不均匀。但是，该流域用水量很高，水资源利用率高。其中农业用水量每年可达总用水量的 27%，畜牧业用水量可达总用水量的 35%，二者占了很大的比重。

从该流域的用水量来看，墨累-达令流域用水出现供不应求的问题，居民争水严重。同时由于工农业的迅速发展以及城市废水的不断输入，出现了向流域水中排放的污染物导致的水体污染日益严重等许多问题。同时，水体浑浊程度的加剧导致该流域可利用的淡水资源越来越少，威胁流域附近人民的正常用水。

针对以上水资源和水资源利用存在的问题，墨累-达令流域当地政府通过水资源管理改革，使得流域水资源越来越趋向可持续发展，基本解决了水资源利用存在的问题。有关部门在水资源管理中主要采取综合管理的模式应对上述问题。在水资源行政管理上主要采用 3 级联动的管理模式，实行联邦政府、州政府以及地方水管理局联合管理，并在管理中成立社区咨询委员会，以便于充分调动民众参与水资源管理，广泛听取民众的意见。并且将整个流域划分成 12 个地方流域机构，每个机构指派一名代表加入社区咨询委员会。社区咨询委员会主要在流域委员会和社区之间起到桥梁作用，负责沟通、传达二者之间的意见。

在对墨累-达令流域水资源管理中，注重引入民众参与机制。尤其是在社区委员会中引入民众参与机制，广泛听取民众对流域水资源管理的建议和意见，听取各方意见，确保找到确实符合群众需求的水资源管理方案。

（三）日本的滨海湿地管理体制与政策

日本因国土面积较小，历史上曾通过填海造陆实现陆地面积的扩张，后期认识到生态环境保护的重要性，开始制定系列措施来控制滨海湿地用地。日本对滨海湿地的管理更多是让当地民众参与，鼓励政府部门、地方团体和民众等一起促进生态保护（蔡守秋，2010；马涛和邵欢瑜，2017）。

1. 制定《自然环境保护法》

1972年，日本为应对国内滨海湿地大规模围填海项目的实施造成的滨海生态环境恶化现象，特颁布《自然环境保护法》，制定湿地可持续利用方面的法律条文（马涛和邵欢瑜，2017）。

2. 日本民众参与湿地保护

日本政府重视公民团体在保护滨海湿地方面所发挥的力量，在制定相关湿地管理政策前，充分与民众沟通交流，呼吁当地民众参与到滨海湿地可持续发展的建设中来。在具体实施过程中，首先，邀请从事环境保护、渔农业生产的民众积极参与，鼓励民间代表针对滨海湿地提出可持续发展的方案；其次，通过共同商讨制定划分出畜牧业、渔业湿地保护区等功能区块，为滨海湿地可持续发展动态变化实时把脉，供政府制定相关政策；最后，由政府制定滨海湿地规划、保护协调发展的具体方针政策（蔡守秋，2010）。

3. 典型案例——日本钏路湿地保护和管理

钏路湿地（Kushiro Wetland）是日本国内面积最大的湿地，位于日本北海道东部钏路川下游地区，总面积为20 000hm²，1987年日本在该地成立钏路湿地国立公园。钏路湿地包括弯曲的河流、湖泊、沼泽以及其他潮湿的生态系统，其中有600多种植物，包括芦苇、莎草、泥炭藓和黑桤木灌丛等。钏路湿地是丹顶鹤（Grus japonensis）的重要繁殖地，丹顶鹤本为候鸟，冬季迁往南方过冬，但当地人们在冬季通过投喂小鱼，供丹顶鹤取食，日积月累丹顶鹤习惯适应了这种方式，逐渐成了"留鸟"，冬季不再南徙。这里还是很多优质淡水鱼等资源的重要栖息地，如日本最大的淡水鱼梦幻鱼等珍稀动物栖息于此（马广仁和刘国强，2019）。

随着人类活动的增加及流域经济的不断发展，钏路湿地的面积急剧减少：1947 年钏路湿地的总面积为 245.7km^2，在 1977 年降至 225.3km^2，1996 年进一步降至 194.3km^2。区域内湿地面积的大幅度下降也导致湿地内植物物种的生物多样性发生很大变化，尤其是物种多样性下降严重。钏路湿地存在的最大问题是农业活动对湿地的侵占和营养物的沉积与富集。民众对渔业资源的捕捞导致大量的渔业资源被消耗殆尽。

钏路湿地分别针对渔业、天然林和钏路河的河湾以及洪泛平原进行保护、恢复；限制保护区外的居民捕捞渔业资源，保护区内的渔民捕捞鱼只能自己消费（不能到市场出售）、捕鱼方式只能是垂钓（不能用渔网捕鱼，更不能用电捕鱼）；清理林地，创造有利于阔叶树种子萌芽的环境，必要时也栽植阔叶树苗木；将主要河道之前拉直 1.6km 的河道恢复，并连接到之前被截断的河道，拆除防洪堤，恢复了 2.4km 的河湾河道。后期监测结果表明，在执行恢复项目的短期内，因改善了鱼类的栖息生境，鱼类和无脊椎动物物种的生物多样性都增加了。

当地政府在对湿地进行保护和管理同时，意识到湿地环境的保护需要民众的共同参与，应非常注重民众的参与，因此对湿地保护进行大力宣传，让民众参与湿地调查与管理。

（四）荷兰的滨海湿地管理体制与政策

荷兰在历史上有 20% 的陆地是通过填海造陆完成的，后期认识到填海造陆对滨海湿地造成的破坏性质后，荷兰政府开始颁布各项法律并开展以湿地生态系统修复与恢复为主的湿地管理和保护行动（马涛和邵欢瑜，2017）。

1. 推出滨海湿地保护计划

20 世纪 90 年代至今荷兰政府相继推出《环境政策计划》《自然政策计划》《水政策计划》，用以保护自然湿地，其中《自然政策计划》规划用 30 年时间恢复之前因围垦占用的滨海湿地，保护生态环境和滨海动植物（马涛和邵欢瑜，2017）。

2. 开展系列生态恢复工程

对已经受到破坏的滨海湿地，荷兰政府针对关键围垦区开展规模庞大的湿地生态工程，从滨海自然湿地重建和围垦区生态修复两个方面保护滨海湿地。恢复的区域主要结合当地居民的休闲旅游需要，打造集生态与休闲于一体的景观格局，同时在其他区域兼顾生物多样性保护，从动植物的自然生境需求出发，为它们创造良好的栖息环境（马涛和邵欢瑜，2017）。

3. 典型案例——瓦登海的保护和管理

瓦登海位于荷兰东北部和德国西北部，核心保护区面积为 9680km^2，是荷兰第八个世界自然遗产地，整个遗产范围占瓦登海面积的 60% 以上。地势较为平坦且独特的地理环境和生物因素造就了瓦登海独特的潮汐环境，主要的生物栖息地类型包括河口、盐沼泽、潮间带滩涂等。复杂多样的栖息地生境为多种野生动植物提供了重要的生存场所，特别地，这里还是上千万只水鸟迁徙的关键停歇地和繁殖地（张振克等，2013）。

荷兰由于靠近欧洲北海海域，地势较为平坦，大约 25% 的国土位于海平面以下，海平面上升威胁着荷兰民众的生命安全，如果针对海平面上升没有很好的堤坝防御，荷兰将遭受严重的威胁。鉴于此，荷兰针对瓦登海区域的围海造陆活动从 1969 年就已开始，到 1980 年的 11 年内瓦登海被填海造陆的面积高达 10 400hm^2，被开垦的区域有 5 个，其中最大垦区面积达到 9200hm^2。围垦后，荷兰政府又将垦区内部的土地继续开发成新的土地，主要作为工业、农业用地。对瓦登海区域的大肆围垦引发了非常严重的生态安全问题，主要表现在滨海湿地面积的骤降，使得原本属于众多生物的栖息生境变得不再适宜，生物多样性以及物种种群数量下降。

瓦登海区域横跨了荷兰、德国和丹麦三个国家，也是欧洲最大的海洋湿地以及世界重要的潮汐生态系统。因此针对上述所出现的各种问题，荷兰与德国、丹麦三方合作，由三个国家一起管理和保护瓦登海的生态环境，倡导共同管理，建立共同目标。随后，关于共同管理和保护瓦登海区域环境的法律程序以及管理条例出台，主要适用于离岸 3n mile 和陆地上的防波坡（包括从河口到咸水深入内陆的最远点、岛屿和一些内陆沼泽地），分别从海水、生物、潮间带、盐沼等几个方面制定详细的保护对策。

在保护措施的推动下，多年来瓦登海近 80% 的面积均被划入荷兰、德国和丹麦三方的自然保护区及国家公园。2009 年 6 月在西班牙塞维利亚举办的第 33 届世界遗产大会上，瓦登海被正式纳为世界遗产保护地，这对瓦登海的生物多样性保护起到了关键作用。

二、我国河口及海岸带湿地资源可持续利用、保护和管理的经验与模式

我国滨海湿地类型丰富，不同区域湿地保护、利用和管理有不同的经验模式、做法。虽然很多沿海区域自然湿地长期、大范围地受到人为和自然因素的破坏，但是依然有一些沿海保护区在沿海湿地资源可持续利用、沿海湿地保护和管理方面有成功的经验和模式可以推广。我们从以下四个方面遴选被证明在沿海湿地资源可持续利用、保护和管理方面具有针对性、代表性、典型性、可行性、示范性的宝贵经验（雷光春等，2017）。

针对目前滨海湿地普遍存在的围垦、湿地退化、保护与发展冲突分别选择了

滨海湿地保护和恢复、栖息地管理和合理利用的若干案例。案例区的选择需要兼顾地域类型、保护地形式，同时也要考虑案例经验和模式在滨海湿地推广的可行性，案例区域的经验做法要可复制、可以在更大范围内推广应用。为此，选择了以下三个我国河口与海岸带湿地可持续利用、保护和管理的典型案例区。

（一）塭围粗养——广东海丰湿地省级自然保护区

广东海丰湿地省级自然保护区位于广东省汕尾市海丰县境内，是我国近海及海岸带湿地的典型代表，也是东亚—澳大利西亚迁徙路线上的关键节点。1960年该区域大面积的滩涂湿地被围垦改造成水田，1980年后大片农田由于"退耕还海"，又大面积地转为水产养殖地。

当地渔民更多采用塭围粗养的方式进行水产养殖，在塭围粗养过程中当地渔民会定期降低养殖塘中的水位，以收获养殖的鱼虾，当养殖塘的水位降低后，大量的水鸟会在此停歇觅食。

与当前沿海惯用的集约型和半集约型养殖模式对比，塭围粗养有以下突出优点：养殖过程不投放饵料、不施肥、不用药，与集约型和半集约型的养殖模式相比，给近海带来的污染更少；产品质量高，收到的效益也更可观；养殖过程中水位的调节接近河口的自然环境，非常有利于近海湿地环境保护和迁徙鸟类生存。

（二）控制外来物种入侵——上海崇明东滩鸟类国家级自然保护区

上海崇明东滩鸟类国家级自然保护区位于我国第三大岛崇明岛的最东端，是我国典型的河口型滩涂湿地之一。保护区1995年引入外来物种互花米草，原意是对促淤造滩起到一定作用，但互花米草竞争性很强，不断地占据滩涂生境，短短10年时间内已经形成了大面积的单一优势种，海滩上原有的植物生境逐渐被侵占，给本底生物多样性造成了很大的冲击，同时对滩涂的占用也很大程度上缩减了鸟类栖息地。

出现问题后，保护区积极地寻找解决办法，与科研机构不断合作，探索治理互花米草的办法，总结出"围、割、淹、晒、种、调"的综合治理办法，将物理治理和修复结合，修复了大面积的潮滩，同时实施动态水位管理模式，针对不同的季节，控制水位高度，为迁徙水鸟营造良好的栖息环境，为整个中国滨海湿地互花米草治理以及水鸟栖息地生境修复提供良好的经验。

不仅如此，近年来，保护区还不断开展水鸟生物多样性调查，实时动态监测修复实验的效益。通过长期连续的规范化监测，能够及时掌握滩涂生物资源变化与东滩生态环境变化的关系。同时，保护区还在不断地整合资源，通过与科研机构合作，解决在监测过程中发现的一些重大问题。

（三）由沿海围垦转向湿地保护——福建闽江口湿地

福建闽江口湿地位于福建省长乐市东北部。在过去的几十年里，闽江口经历了严重的滩涂围垦，后期各级政府开始重视对湿地的保护，不断出台一系列重要政策以加强湿地保护。2007 年，长乐市政府以长乐闽江口湿地县级保护区为基础进行规划，申报省级自然保护区，并在自然保护区外围西南面建立面积为 281.85hm^2 的湿地公园，作为保护区的外围保护地带。同时湿地公园作为保护区社区共管的建设项目，也带动了地方经济发展。经过几十年的建设，保护区内的湿地生态系统保护设施不断完善，搭配科研监测和科普宣传教育体系，不仅提高了湿地保护成效，还在湿地生态园、生态养殖区等建立下推动了经济发展。

综合上述三个案例，目前我国针对沿海湿地的保护和管理逐渐转向严格管控的机制。首先，在国家层面上，国家海洋局采取"史上最严围填海管控措施"、重点针对沿海若干省份开展专项围填海督查工作；2018 年 7 月 25 日国务院印发《国务院关于加强滨海湿地保护严格管控围填海的通知》，不再"向海索地"，我国全面停止新增围填海项目审批；树立保护优先、绿色利用理念，建立无居民海岛有偿使用制度。其次，在沿海地方层面上，七部门联合开展"绿盾 2018"自然保护区监督检查专项行动，江苏出台六大举措加强滨海湿地保护、严格管控围填海活动，天津七里海开展天然湿地生态环境保护修复工作。最后，公众参与湿地保护和管理，由非政府组织针对滨海湿地生物多样性热点区域，打造"任鸟飞"项目搭建民间湿地保护网络，探索公众参与的保护模式。2017 年 9 月 26 日，在辽宁盘锦召开的中国沿海湿地保护网络年会上，《中国沿海湿地保护绿皮书（2017）》发布，针对我国沿海 11 省（区、市）、35 个国家级自然保护区开展健康状况评估。

到目前为止，我国形成了以自然保护区为主、湿地公园以及其他形式的保护小区为辅的滨海湿地保护体系，多年来我国政府部门大力推进湿地保护区建设，积极推进将一批重要滨海湿地以建立保护区的形式纳入滨海湿地可持续利用管理当中，今后还会继续扩大湿地保护区建设，会有更多的滨海湿地被纳入管理范畴。同时，我国将积极筛选符合国际重要湿地标准的重要滨海湿地，进一步加强对滨海湿地的管理工作，维持滨海湿地可持续发展（雷光春等，2017；于秀波和张立，2018；郑姚闽等，2012）。

第二节　黄河三角洲湿地资源可持续利用、保护和管理的政策建议

一、黄河三角洲湿地资源可持续利用、保护和管理方面的问题

我国海岸带湿地资源丰富，类型多样，且湿地生态系统较为复杂。黄河三角洲是我国最为典型的海岸带生态系统之一，作为黄河三角洲重要的经济集聚区，是我国海洋发展战略和经济发展的重要示范区域，也是我国实现陆海统筹的关键枢纽。然而，近几十年来，黄河三角洲生态系统在自然和人为因素双重作用下，湿地资源开发、利用与管理存在很多问题。人为因素方面，我国海岸带湿地涉及沿海多省（区、市），由于近年来追求过快的经济发展，海岸带湿地资源不合理利用引发的动植物生境面积下降、环境污染等问题日趋严重（Murray and Fuller，2015；Murray et al.，2015）；自然因素方面，海岸带湿地由于靠近海边，且水陆交界处生态环境多样，极大地吸引外来物种入侵，大量的湿地资源被占用（刘明月，2018），盐碱地资源开发存在技术上的瓶颈，海草床和牡蛎礁等原生生态系统退化，陆海生态连通性受损，服务功能下降。

（一）湿地资源过度开发、陆海生态连通性受损

海水养殖占据大量滩涂湿地：2000～2015年，我国滨海湿地遭遇大规模的围填海活动，导致陆地、潮间带滩涂及近海区域生态连通性降低，海岸带整体的生物多样性可持续发展较差，沿海围填海行动占用了大量的滩涂湿地，用地类型转变为海水养殖池塘，一方面引发滩涂无脊椎底栖生物的生物多样性受损，另一方面对鸟类栖息地的占用，导致水鸟种群数量急剧下降（雷光春等，2017）。

以黄河三角洲为例，1976～2015年，黄河三角洲地区天然湿地逐渐减少，年均减少率为3.4%，共减少了1627km²，减少的湿地被转化为盐田、养殖池等人工湿地（杨红生，2017）；到2015年，区域破碎化严重，斑块形状复杂度增加。正是人类对湿地资源不合理的开发利用导致陆域、潮间带、浅海区域生态连通性降低，进而影响了黄河三角洲生态系统整体上的生物多样性，尤其是黄河三角洲国家级自然保护区，富含多样的鸟类资源和诸多天然的自然湿地生境，更是应该注意陆域海域之间的连通性。

（二）海水养殖投入大、产出低、污染高

回顾我国海水养殖整个历程的发展，现阶段我国海水养殖方式依然偏重传统的养殖技术，养殖模式的粗犷、落后使得海水养殖一直处于低效益、高污染的状态，如传统的围网养殖具有阻滞水流的物理障碍效应。由于一味地追求速度和产

量，滩涂养殖业至今都尚未有合理的规划布局，产业结构调整缺乏成熟理论与成熟经验，很多地方养殖产业只是简单地模仿、照搬，盲目推广，常常用复杂的技术解决最简单的问题。在盐生植物种植方面，不能很好地与水产养殖和陆地农牧相结合，不能形成陆海一体的复合型开发、利用模式，带来的经济效益低（杨红生，2001，2017）。

海水养殖模式落后带来的不仅仅是效益低的问题，由于我国海水养殖大多分布于沿海港湾和河口附近，不合理的水产养殖模式给沿岸水域生态环境带来严重的环境污染，海水养殖带来的海水污染主要表现两个方面：第一，引起水质恶化，海水中的氨氮及硫化物含量升高；第二，海水污染影响鱼虾贝类生长，容易诱发病害，形成恶性循环，这一点在水产藻类养殖方面体现得非常明显，有害藻类暴发时，藻类大量死亡，极易引起水质恶化（杨红生和张福绥，1999）。

（三）外来物种入侵影响日益严重

外来物种入侵是指某种生物从外地自然传入或人为引种后成为野生状态，并对本地生态系统造成危害的现象。我国近海湿地自 20 世纪引入互花米草，这种植物具有耐盐、耐淹、抗逆性强、繁殖能力强的特点，扩散速度非常快。目前我国近海互花米草入侵在空间范围上已经涉及沿海诸多省（区、市），至 2015 年，互花米草广泛分布于滨海地区，北至河北，南达广西。1990～2015 年，被互花米草入侵的国家级自然保护区数目逐年递增，至 2015 年有 7 个国家级自然保护区监测到有互花米草分布，且互花米草入侵总面积逐年递增，其中黄河三角洲所覆盖的多个区域已经监测到互花米草的入侵踪迹。互花米草入侵将导致沿海滩涂大面积丧失，进而严重导致生物多样性和生态系统服务功能的降低，给近海湿地生态系统保护以及生态农牧场的开发带来很大阻力（刘明月，2018）。

（四）气候变暖，淡水资源短缺

1961～2015 年，黄河三角洲地区年降水量减少了 241.8mm；近 55 年，黄河三角洲区域年平均气温增加了 1.7℃。因气候干旱，黄河三角洲土壤盐碱化加剧，从而加剧了黄河三角洲区域对淡水的依赖程度，淡水资源短缺现象越来越明显（杨红生，2017）。

（五）缺乏陆海统筹的整体布局规划体系

海岸带是介于海域和陆地之间的特殊生态系统，当前，对海岸带区域的规划布局，各级、各层规划较为凌乱，城镇建设区、生态区和渔业区等构建在空间上大规模交叉，各项规划的编制时间不统一。生态红线的划定没能够严守，依然有较多大规模的开发活动涉入红线以内（杨红生，2019a；张震等，2019）。

（六）滨海湿地动态监测和实时评估不足

我国尚未有关于滨海湿地的专项调查,特别是针对黄河三角洲滨海湿地长期、系统性的基础性研究非常匮乏, 仅在 2017 年 9 月国家林业局湿地保护管理中心（现为国家林业和草原局湿地管理司）、中国科学院地理科学与资源研究所、阿拉善 SEE 基金会和红树林基金会联合发布了《中国沿海湿地保护绿皮书（2017）》, 针对中国滨海 11 省（区、市）（辽宁、天津、河北、山东、江苏、上海、浙江、福建、广东、广西、海南）及滨海 35 个国家级自然保护区（辽宁辽河口国家级自然保护区、山东黄河三角洲国家级自然保护区、上海崇明东滩鸟类国家级自然保护区等）进行一次湿地健康状况评估（于秀波和张立, 2018）, 尚缺乏针对特定区域建立的滨海湿地动态监测体系（姜宏瑶和温亚利, 2010; 余向京和罗权, 2018）。

二、黄河三角洲湿地资源可持续利用、保护和管理方面出现问题的原因

黄河三角洲湿地资源开发、利用过程中存在的若干问题有裙带效应,天然湿地大肆围垦以及外来物种入侵对滩涂湿地的占用,海水养殖等所带来的环境污染,归根结底还是归结于我国过去到目前一段时间水产养殖技术落后, 缺乏海岸带湿地资源开发新模式的探索,未摆脱之前相对独立发展的盐碱地农业、滩涂养殖等; 对海岸带湿地资源过去一段时间不合理的开发对陆域和海域的影响以及湿地生态系统服务和功能时空演变缺乏定量分析; 对长期以来海岸带湿地生态环境缺乏实时有效监测; 对浅海生态牧场生境与生物资源修复缺乏技术探索,因此上述问题愈演愈烈（杨红生等, 2016; 杨红生, 2017）。

（一）缺乏对海岸带湿地资源开发新模式的探索

近年来,我国高度重视海洋牧场建设,先后成立了多个国家级海洋牧场示范区,其目的就是要推动海洋渔业的产业升级。然而,现实情况沿海多个区域海岸带发展仅重视海洋发展,忽略了陆地与海洋之间的连通性,限制了从陆地到滩涂再到浅海区域的综合可持续发展。例如,黄河三角洲地区有些区域以种植农作物为主、有些区域以池塘养殖对虾为主、近海区域以捕捞为主,之前的湿地资源利用开发没有统筹盐碱地生态农场、滩涂生态农牧场、浅海海洋生态牧场三者的协调发展,对湿地资源的利用模式较为独立、单一。

（二）对陆域和海域湿地生态系统功能多样性及服务价值量的时空分布与演变特征缺乏定量分析和评估

黄河三角洲滨海湿地饱受长时间、大范围人为不合理的开发、利用以及自然

因素的破坏，原因之一就是在长期的湿地资源损害后对陆域和海域湿地生态系统功能多样性及服务价值量的时空分布与演变特征缺乏定量分析和评估，只停留在定性的认识上，无法具体获得滨海海岸带系列资源开发活动对陆海连通性、湿地生物多样性以及生态系统服务价值在时间和空间上的破坏程度，也无法具体获知黄河三角洲陆海景观结构的完整性的真实情况，这为后期制定基于陆域到海域一体化的湿地资源开发的新模式带来一定阻力。

（三）对湿地生态环境缺乏实时有效的监测

目前针对黄河三角洲海岸带湿地资源利用，特别是滩涂养殖产业不合理的开发模式所带来的系列海洋环境污染，缺乏长期定位的环境监测设施，无法感知海洋生态环境随时间变化所发生的具体演变规律，对于哪里海洋环境较好、哪里较差缺乏定量的认识，从某种程度上很难去量化不合理的湿地资源利用对生态环境的影响，也为后期打造新型海岸带生态农牧场带来难度。

（四）外来物种入侵防治技术落后

目前针对外来物种互花米草入侵开展的防治技术多样，主要包括水淹、刈割、翻耕等防治技术，沿海各个地区用的方法都不太一样。对于三种技术相对的防治效果以及互花米草如何逐一响应的研究较少，往往会导致事倍功半的效果。

（五）缺乏新的盐碱地农业开发新技术

尽管针对盐碱地开发存在的问题有了技术探索，但实践中还是以传统的水洗盐的方式为主，按一定比例改良后的土壤含盐量、土层厚度、脱盐率、灌水定额设计，初步改良。学术界也探讨了微咸水灌溉及滴灌、微灌等节水技术，但其节水空间和降盐效果有限。重度盐碱地盲目节水，反而会加剧盐碱化，因此急需探索新的技术模式。

三、黄河三角洲湿地资源可持续利用、保护和管理若干政策建议

（一）新时期黄河三角洲海岸带湿地资源可持续利用、保护和管理新形势与新要求

2019 年 9 月，习近平总书记在黄河流域生态保护和高质量发展座谈会上的讲话中，对黄河流域的地位、新中国成立以来黄河治理取得的巨大成就、黄河流域生态保护和高质量发展的主要目标任务、加强对黄河流域生态保护和高质量发展的领导进行了系统论述。目前，黄河流域生态保护和高质量发展已经上升为国家战略，黄河三角洲作为黄河大保护的关键区域，其生态保护和高质量发展是黄

河流域生态保护和高质量发展的"重中之重"。

黄河三角洲湿地资源开发、利用与管理存在的问题诸多，涉及海岸带湿地资源开发利用与海洋生态安全保护之间的平衡，以及如何最大限度地实现海岸带湿地资源开发产量的最大化。传统的海岸带湿地资源开发与利用模式很难长期、可持续地实现上述目标，也无法满足新时期黄河三角洲海岸带湿地资源开发利用的新形势与新要求。

新时期黄河三角洲海岸带湿地资源可持续利用、保护和管理必须顺应时代要求，尤其是中央一贯倡导的"要开发也要保护"的理念，必须找到海岸带湿地资源可持续开发利用模式，对比传统的开发模式，必须要创新海岸带湿地资源开发的模式、技术，形成可持续利用新模式。

（二）若干政策建议

政策建议1：加强国家层面湿地立法与制度建设，开展黄河三角洲滨海湿地自然资源资产确权、绩效考核和责任追究试点。

应尽快明确海岸带湿地的法律定义，推动包括滨海湿地在内的国家湿地立法，为湿地保护提供强有力的法律基础，应着力解决湿地在国家土地分类体系中的"归属"问题，将滨海湿地纳入生态用地范畴。

根据国家生态文明建设的要求，在湿地管理体制建设方面，开展湿地自然资源资产确权登记点，考虑将黄河三角洲天然滨海湿地纳入地方自然资源资产负债表；将黄河三角洲天然滨海湿地面积和保护率纳入地方党政领导干部的绩效考核体系，将黄河三角洲滨海湿地"零损失"纳入山东省政府及东营市政府的绩效考核体系；把滨海湿地破坏纳入《党政领导干部生态环境损害责任追究办法（试行）》管理。

政策建议2：构建黄河三角洲陆海统筹的海岸带湿地监管体系。

加强黄河三角洲海陆一体的顶层设计，打造陆海统筹的"国家—省—市—县乡村"4级和"空间规划—总体规划—控制性规划"多层的规划框架，统筹协调多层的规划布局，减少黄河三角洲区域城镇建设区域、生态区域、养殖区域等交叉严重的现象。

严守针对黄河三角洲区域划定的生态保护红线，限制海岸带不合理的开发与利用，在海岸带保护区内对已占用的滨海湿地实施逐步退出和转变用途的措施，严禁不符合海岸线保护的活动或者对海岸线损害较大的用海活动。

政策建议3：加强黄河三角洲滨海湿地动态监测与评估，启动滨海海岸带湿地恢复的专项科技行动计划。

针对黄河三角洲开展长期动态的海岸带湿地资源监测，建立黄河三角洲滨海湿地监测研究网络，将黄河三角洲沿岸重要的滨海湿地如黄河三角洲国家级自然保护区纳入国家《生态环境监测网络建设方案》的规划和运行范畴，制定能够反映黄河三角洲地域环境的滨海海岸带湿地健康状况的监测指标体系和技术规范。

针对不合理的黄河三角洲湿地开发、利用，启动黄河三角洲滨海湿地恢复的专项科技行动计划，将滨海湿地生态系统结构、功能、过程等基础研究，退化生态系统修复关键技术研发，以及优化管理示范有机结合。

政策建议 4：以工程示范为主，不断打造黄河三角洲海岸带湿地资源保护与可持续利用的新模式。

在科学、系统地评估统筹黄河三角洲从陆域到海域一体化的基础上，强化以工程示范为主导的海岸带可持续发展、建设，在保证陆海生态系统结构和功能稳定的基础上，逐步实现黄河三角洲从陆域到近岸再到海域的湿地资源开发可持续利用的新的生态农牧场模式（杨红生，2017，2019a）。

强化陆域、近岸以及海域在生态功能之间的相互支撑。例如，盐碱地生态农牧场为滩涂生态农牧场提供优质饵料，滩涂生态农牧场为浅海生态农牧场提供健康苗种，浅海生态农牧场为盐碱地和滩涂生态农牧场提供肥料，实现三者之间的一体化，打造生态可持续的海岸带农牧场（杨红生等，2019）。

政策建议 5：坚持"陆海统筹"的海岸带生态农牧场的统一布局。

黄河三角洲海岸带生态牧场在空间上覆盖海域和陆域，陆域主要是盐碱地，海域主要是人工养殖、采捕收货、增殖放流等区域。对陆域和海域生产空间需要进行合理统筹规划，海域需要根据水深和距岸边的距离等布局各类增殖模式，陆域应基于生态安全、高效生产对生产单元科学布局（杨红生，2017）。

政策建议 6：形成黄河三角洲海岸带生态农牧场"研、企、农"合作的创新联盟产业体系。

发挥政府引导和扶持作用，打破科研单位长期专于研究的行业壁垒，以企业技术创新为主体，调动海岸带农（渔）民的参与热情，推动科研院所、企业、农（渔）民长期密切合作的产业技术联盟，创新海岸带生态农牧场建设（杨红生，2019b）。

第三节　关于加强河口与海岸带陆海生态连通性保护和修复的建议 [①]

生态连通性已成为生物学、生态学中最广泛使用的术语之一，国际上，近海和海洋生态连通性的研究始于 20 世纪 90 年代中期，明显滞后于陆地生态连通性

① 本部分研究工作历时较久，主要得到国家自然科学基金国际合作项目（31461143032）、中国科学院"科技服务网络计划"（STS 计划）项目（KFJ-STS-ZDTP-023）、中国科学院战略性先导科技专项（XDA19060205）、中国科学院烟台海岸带研究所自主部署项目（YICY755011031）的资助。部分内容发表于 Fang 等（2018）。

研究，而且，近海和海洋生态连通性研究更为复杂和困难。随着全球海岸带区域城市化进程的加快，世界沿海国家经济重心也开始向滨海地区转移，全球已有超过一半的人口居住在离海岸线不足 100km 的范围内，海岸带已成为社会和经济活动最活跃、最集中的地区。但是，在全球气候变暖、海平面上升以及人类对自然资源需求日益增加的大背景下，全球有超过一半的海滩因遭受侵蚀而后退，陆海生态系统的破碎化及分离也日益严重，引起了栖息地退化、生物多样性丧失等问题。为了保护海岸带生境、生物多样性以及应对气候变化，发达国家的科学家已经认识到陆地与海洋之间生态连通性的研究能够为生态系统的保护和恢复、淡水和海洋资源的可持续开发等提供必要的知识和科学依据。然而，多数发展中国家由于科学研究的滞后以及公众意识的匮乏，尚未把提高生态连通性设定为生态系统和生物多样性保护的基本目标和重要途径，我国在这方面也处于总体空白和蓄势起步的阶段，大量基础性的工作亟待开展。为此，我们总结海岸带区域陆海生态连通性的基本概念、内涵和典型现象，讨论其在生态系统保护和经济社会发展中的重要性以及科学研究的意义，分析当前人类活动对陆海生态连通性的影响作用和破坏特征，进而，提出我国陆海生态连通性保护和修复的政策建议。

一、陆海生态连通性的定义、典型现象及其重要性

（一）陆海生态连通性的定义

连通性是拓扑学中的一个基础概念。广义的连通性是指"地球外部不同圈层各生态系统之间的物理、化学、生物过程及其相互作用，也包括外界环境或时空尺度变化引起的能量流动和生物迁徙等"；在景观生态学中，连通性被定义为"从表面结构上描述景观中各单元之间相互联系的客观程度"。随着空间生态学和保护生物学的发展，生态连通性这个复合概念已逐渐演变成自然学科中的一个重要术语，且被广泛应用于陆海敏感地区物种、群落及生态系统的修复和水体景观的设计当中。然而，由于生态连通性的复杂性，学术界尚未形成一个统一的定义；已有研究多针对景观连通性，概括这些研究所体现的生态连通性的内涵和特征，主要包括：均强调景观结构的动态性，指出连通性是物种和特定景观／生境的连通性，即要从物种的角度描述景观结构，连通性的确定要从所涉及物种的生境开始；物种对生境空间尺度的感知度由物种横向、纵向、大范围或小范围的日常活动或季节迁移决定；物种对栖息地不同要素的变化分别做出的反应都会促进或阻碍斑块之间生态资源的流动；即使在相同的景观中，连通性也会随着生物及群落的不同而产生差异，一些景观斑块虽然结构上具有一定的连通性，但功能上未必有连通性，反之，伴随物种的运动，在物理结构上不连通的景观斑块，在功能上反而存在连通性，即连通性取决于物种。

（二）海岸带区域陆海生态连通性的典型现象

总的来说，陆海生态连通性是指陆地和海洋生态系统之间的一些特定物理、化学和生物过程的相互作用（阻碍或便利）关系，按照行为、属性的不同，可分为行为（功能）连通性和地球生物化学（过程）连通性。行为连通性或功能连通性有 6 类典型现象，分别是 1-潮汐洄游动物（或鱼类）洄游、2-摄食洄游动物（或鱼类）洄游、3-生殖洄游动物（或鱼类）洄游、4-水生动植物搁浅死亡、5-鸟类移动觅食、6-鸟类季节迁徙；地球生物化学连通性或过程连通性有 3 类典型现象，分别是 7-河流营养物质输送、8-海水倒灌、9-河口三角洲发育。连通性受时间因素的显著影响，水文循环变化引起的连通性被一些学者称为间歇性或季节性连通性，它区别于常年连通性；在空间方面，陆海生态连通性除了沿海陆域和海域中各自存在的生态连通性，更强调陆海之间客观存在的生态连通性。

潮汐洄游、摄食洄游、生殖洄游 3 类现象描述近海生物个体在其生命发育过程中，在不同栖息生境斑块之间迁徙所产生的功能连通性。以热带和亚热带区域的海岸带为例，其移动范围大致围绕珊瑚礁系统-红树林系统-河流下游河道或河口滩区系统；从迁徙的空间尺度来看，生殖洄游距离一般明显大于潮汐洄游和日常的摄食洄游，例如，普通日本鳗鲡（*Anguilla japonica*）的潮汐洄游距离只有几千米，蓝点马鲛（*Scomberomorus niphonius*）的摄食洄游距离有几十千米，而泰晤士河大西洋鲑鱼（*Salmo salar*）的生殖洄游距离则超过了 100km；从时间尺度上来看，生殖洄游属于以季节、年或多年反复为单位的迁徙洄游，而潮汐洄游和摄食洄游则属于一天之内的常规迁徙。

水生动植物搁浅死亡反映从海洋系统到陆地系统中物质和能量的流动，其中，搁浅在海岸线（或浅滩）地带的藻类和滞留且已死亡的海洋哺乳动物最具代表性。漂移藻类主要受光照、水温、营养物水平和其他季节因素的影响，夏末或秋初尤为典型，易达到高峰值。海洋哺乳动物搁浅是一种小规模单一群体或大规模多群体的事件，原因较为多样和复杂，主要归因于有害藻类、定向障碍物阻挡和不稳定（极端）气候因素等。漂移海藻和搁浅哺乳动物是传递海洋系统健康与否的关键指标，例如，自 2008 年起，大量浒苔（*Ulva prolifera*）从黄海中部海域漂移至青岛附近海域，搁浅在海岸上，形成严重的浒苔灾害，成为近年来备受国内外关注的问题。

鸟类移动觅食、季节迁徙分别描述鸟类日常（短距离）的和季节性（长距离）的迁移行为，属于典型的由斑块水平到洲际水平乃至全球范围的跨尺度的间歇性和功能性连通。事实上，虽然鸟类迁徙途中所经过的不同地理空间不一定存在结构连通性，但鸟类的季节性迁徙使得它们存在一定的间歇性功能连通；另外，鸟类觅食的活动范围和迁徙的距离一般大于近海生物个体觅食洄游的范围和距离。

河流营养物质输送、海水倒灌是陆地-河流-海洋系统之间广为人知的相互作用模式，也是跨时空尺度生态连通性及其变异的重要体现。长期稳定、有节律的河流入海通量是陆海生态连通性的重要基础，但这一重要基础正遭受人类活动的干扰和破坏：工农业生产所排放的营养物质经河流径流的搬运作用来到河口或沿海水域，适量的营养物质可以滋养海洋生态系统中的生物体，但过量的营养物质会造成严重的陆源污染，导致海岸带富营养化、海洋缺氧和酸化等，扰乱近海海洋生态系统的平衡。受水资源不合理利用、海平面上升、沿海风暴潮增加和沿海地下水位变化等因素影响，海水沿河道流入内陆地区或通过地下可透水层渗流入内陆地区，造成了咸水入侵和土壤盐碱化等严重的环境问题。

河口三角洲发育是一种长期的地貌发育过程，是跨时空尺度最大、影响最广泛的陆海连通性之一。例如，埃及的尼罗河三角洲、中国的长江三角洲和黄河三角洲，它们的发育过程与发展速度主要取决于河口来水量、含沙量与河口水动力条件之间的关系，通常来说，河流泥沙越多，三角洲发育越快，反之，三角洲发育越慢，甚至出现侵蚀现象。河口三角洲发育往往构成如上所述的其他多种类型的陆海生态连通性的物质和环境基础。

（三）陆海生态连通性在习近平生态文明建设和经济社会发展中的重要性

陆海生态连通性及其科学研究对于沿海生物多样性保护、生态系统功能维持、生态服务可持续利用、海岸带防灾减灾乃至沿海经济社会可持续发展等均非常重要。

1. 陆海生态连通性对于海岸带乃至全球的生物多样性保护至关重要

近半个世纪以来，随着人类活动的加剧和极端气候出现频率的提高，全球19%的珊瑚礁生境（Wilkinson，2008）和35%的红树林及海草床生境（Valiela et al.，2001）已经丧失。陆海交汇处的生态连通性是具有全球意义的连通性，为了保持并促进陆海生境和物种的多样性，长期以来，日本、加拿大、澳大利亚等一些发达国家努力从空间尺度方面保护和改善斑块及生境之间的生态连通性。例如，在澳大利亚大堡礁区域，气候变化对珊瑚礁、陆海生态系统之间的连通性以及海岸带开发活动的累积影响成为管理部门及科学家最普遍关注的关键领域，澳大利亚政府为此先后制定和发布了《大堡礁气候变化适应战略和行动计划（2012—2017）》《大堡礁2050长期可持续计划》等。英国、美国等也加大了对海洋生态连通性的观测和研究，如美国国家海洋与大气局（NOAA）的"珊瑚生态系统连通性2013探险"项目等。目前，研究人员已经在保护与管理的实践方面取得了显著的进展。例如，Buelow and Sheaves（2015）在"以鸟类的视角看红树林生态系统的连通性"的研究中指出，鸟类日常的移动觅食和季节性迁徙皆会增强近海地区不同红树林生态系统之间的功能连通性，防止红树林破碎化是保障陆海生态系统连通性的重要措施和手段。Scariot 等（2015）以巴西南部南洋杉森林和帕苏丰杜（Passo Fundo）国家森林周围的草地为例，分析植被的破碎度和丧失情况，论述了建立保护区、缓冲区及颁布立法对保护该地区生态连通性的重要性。

2. 陆海生态连通性对于保护和维持海岸带生态系统服务至关重要

生物多样性和生态系统服务是区域经济社会发展的重要基础和保障，陆海生态连通性对生态系统功能和服务的多样性与强度均有显著的影响，尤其是对于那些连接陆地与海洋的海岸带生态系统，如河口、红树林、珊瑚礁和潮滩等。近年来，沿海发达国家和地区的政府官员与公众对其周围自然生态环境的关注度日益提高，在陆海生态连通性的研究与运用过程中，无论是结构连通性还是功能连通性，都已逐渐成为衡量与评估生态系统服务的重要指标，并在众多的社会和生产领域得到强调和应用。

在河口区域生态系统连通性方面，中国的黄河调水调沙是一个广为人知的案例。黄河中上游的植被覆盖率、下游泥沙沉积物的沉积量与河口三角洲湿地面积的变化或水土流失度之间存在着重要的连通性，并影响河口区供水服务、洪水调节（防洪服务）与栖息地服务。因此，在黄河水沙调控问题上，要从多个方面和领域入手，在黄河全流域范围内建立一套完善的黄河水沙调控体系，而不是单纯地从某一段区域内着手进行。Paris 和 Chérubin（2008）针对中美洲地区海岸带生态系统的研究证实了土地利用、河流水文和近海珊瑚礁面积之间存在密切的关联性，而该地区主要国家季节性泥沙流量的记录数据进一步显示，河礁连通性在干季（10～12 月）最弱、在湿季（4～6 月）最强，河流水沙通量分布是旱季连通性的阻力因子和雨季连通性的促进因子，这些现象导致加勒比海沿岸珊瑚礁生态系统的强大时空差异。对河礁连通性科学认知水平的提高极大地促进了该区域海岸带生态系统管理水平的提升。

生态连通性在生态系统服务保护和维持中具有一定的重要性，这方面的知识和经验已经在景观规划与改造、商业捕鱼、跨区域贸易等领域得到广泛的应用。在旅游区，特别是人造或半自然景区，生态连通性被作为景观设计与规划以及旅游线路设计的基本原则之一，通过提高生态系统的娱乐功能和服务功能来吸引更多的游客。商业捕鱼业通过利用鱼类等物种迁徙、海洋食物网以及不同海洋生境之间生态连通性的知识和信息而最大限度地提高渔获量。在更宏观的空间尺度上，生态系统服务与消费的地理分布并不一致，甚至存在较大的差异，导致生态产品的流动成为必然，生态连通性与社会经济系统密切关联和耦合，贸易、商业成为生态系统服务形成产品、实现流通并进入消费环节的重要途径，并反过来进一步在宏观空间尺度上强化、重塑或改变生态系统的空间格局和连通特征。

二、人类活动导致我国陆海生态连通性的严重破坏与丧失

从全球来看，河口和海岸带是人类集聚与海洋资源利用的重点区域，聚集了全球约 60% 的人口和 2/3 的大中城市。随着河口与海岸带区域城镇化和工业化进程的快速发展，人类活动对近海生态系统的影响日益增加，陆海生态连通性已遭到严重的干扰、破坏，甚至发生完全不可逆的剧烈改变：几乎所有的海洋生态系统都不同程度地受到人类活动的影响，其中 41% 的海洋生态系统受到多种因素的共同作用，沿海的环境和生态系统严重恶化，与此同时，沿海地区城市及工业、农业和服务业的可持续发展也面临严峻的挑战。总的来说，对陆海生态连通性产生显著影响的人类活动主要包括：陆地和沿海区域不合理的土地利用、入海河流和海岸大型工程建设、沿海城市规模化扩张等带来的严重污染、沿海资源过度开采等。

（一）陆地和沿海区域不合理的土地利用造成陆海生态连通性的广泛扰动和变化

陆地和沿海区域土地的过度利用导致湿地被大规模围垦。对沿海湿地的非理性与过度围垦（或围填海）会导致洄游鱼类产卵场、育幼场、洄游通道及鸟类栖息地的大量丧失，阻断其在陆海之间的连通性。与此同时，湿地丧失和破碎化极大地降低了陆海之间景观的连通性。我国江苏省盐城市滨海湿地的围填海工程、土地开发与利用是非常典型的案例，大量研究表明：盐城市滨海湿地的主要植物为盐地碱蓬、互花米草和芦苇，主要由于人类活动的影响，近几十年来，该区域的景观格局发生了巨大的变化，大面积的自然景观被人造景观所取代，其中，减少面积最大的是盐地碱蓬和芦苇，湿地生产用地的扩张是滨海湿地土地利用变化的主要形式，以鱼塘和农田的扩张最为显著，伴随和导致天然湿地的大幅减少以及直接侵占鱼类产卵场与育幼场，破坏了生物生命周期的功能连通。此外，潮间带泥滩的大量损失也对洲际尺度的功能连通性造成了极大的损害，因为盐城滨海湿地是东亚—澳大利西亚鸻鹬类等鸟类迁飞路线的重要中转站之一。

（二）入海河流和海岸大型工程建设直接切断或严重削弱陆海生态连通性

大型工程建设如入海河流水利工程、围填海工程、近海基础设施建设等都给陆海生态连通性带来不同程度的负面影响。

大型水利工程建设对陆海水文和生态连通性的影响最为广泛或显著，会对河流原有的泥沙量、径流量及其季节分配、某些生物物种的洄游通道造成直接的和不可逆的影响。河口区域的三角洲和湿地因河口泥沙量的减少而减缓发育甚至逐渐萎缩。海岸侵蚀已成为全球海岸带面临的主要问题之一，并因不断增多的水利

工程而日益加剧。Fanos（1995）通过对比埃及阿斯旺水库大坝建设前后尼罗河入海泥沙量的分析，发现修建大坝之后，流入尼罗河的泥沙量减少98%；Dai 等（2016）通过分析长江入海泥沙量和河口冲淤面积变化特征，认为三峡水库蓄水加剧了长江入海泥沙量的减少，而入海泥沙量锐减则是很多河口三角洲发育放缓甚至从淤积为主向侵蚀为主转变的主要原因。

围填海工程主要包括围海造田及建设人工岛、港口、码头、防波堤、栈桥、连岛工程、跨海大桥等。虽然围填海是一种解决当前工农业和城市发展用地矛盾的有效途径，但不恰当的围填海会改变近海营养盐循环的平衡，干扰生态系统的功能连通性，扰乱或破坏近海生态系统格局，并引发一系列的海洋环境灾害，如局部水域污染物富集、海洋低氧、有害藻类暴发等。对韩国新万金填海工程（Koreas Saemangeum Project）的研究表明，该海域内多次出现的赤潮灾害与急剧的、大规模的填海工程有关。围填海工程还会永久性地改变海域原有的海岸线、海水化学环境，导致近岸侵蚀—淤积格局与过程发生变化、近岸水动力条件发生变化、扰乱海表与海底间原有的连通性，并引起食物链的改变，进而导致海底生物的集体死亡。例如，Wu 等（2005）通过研究长江口围填海区域海底的生物群落，发现由于围填海工程的实施，海底生物的种类和密度均显著下降。此外，围填海工程阻断近海和滨海湿地间的物质与生物连通，对滨海湿地面积和景观结构造成重大影响。Han 等（2006）以中国南方海岸湿地变化特征为案例分析，指出大规模不合理的围填海工程是造成南方红树林等湿地出现大幅度退化的主要原因之一。

（三）沿海城市规模化扩张等带来严重的污染并极大地破坏陆海生态连通性

近几十年来，随着海岸带城市化、工业化和农业现代化进程的加快，越来越多的污染物被排放到了大气、河湖水系和海洋中。城市规模化扩张与工业化所带来的污染问题主要有重金属污染、水体富营养化、塑料垃圾、石油烃污染等。在一些自然因素（如径流、大气循环）和人为因素（如地下水排放、人为排放）的驱动下，相当一部分污染物流入了近海水域，其中，河流入海口区域和较封闭海湾区域的污染程度最高，并影响了当地生物及洄游生物生境的质量，阻隔了某些生物陆海之间的摄食洄游、生殖洄游等。海岸带水域富营养物的来源主要包括农业生产（化肥、农药）、畜牧业生产、海水养殖以及工业废水、废渣和其他废弃物。自20世纪70～90年代，通过陆源水系输送到近海的氮、磷元素已经翻了3倍，过量的营养物质为近海藻类生长提供了充足的营养成分。随着藻类的爆炸性繁殖，近海水域的生物多样性、水质、水体透明度及含氧量等都出现了大幅度的下滑，打破了近海水域的生态平衡和生态连通性，导致生物的大量非正常死亡以及病原体和外来物种的入侵。研究表明，全球范围近海海域缺氧区已经超过400个，涉及海域已超过 245 000km², 且正以 5.54% 的年增长率递增。

同海水富营养化相似, 伴随着气候变化、人为排放物增加, 海洋垃圾污染也日益成为世界沿海国家所面临的一个环境焦点问题。在众多海洋垃圾中, 绝大多数是塑料废弃物, 广泛分布于海洋表层、海底及海岸线附近。据估计, 2010 年全球近 200 个沿海国家和地区所排放塑料垃圾的总量高达 2.75×10^8t, 其中 $0.48 \times 10^7 \sim 1.27 \times 10^7$t 被直接排放到海洋中。随着海洋漂浮垃圾的逐步堆积和破碎化, 以及微塑料和有机污染物通过食物链进入海洋生物的体内并产生毒害作用, 原有近海斑块与斑块之间的景观、结构和功能连通性也将被削弱甚至严重退化。

(四)沿海资源过度开采严重扰动和改变海岸带的生态连通性

沿海资源不合理开发利用导致陆海生态连通性的破坏, 典型案例是地表和地下水资源过度开发导致或加剧海水入侵, 以及海砂等近海矿产资源开采导致或加剧海岸侵蚀等。

在大河干支流上大量建造堤坝、水库等水利设施以及沿海区域地表水和地下水大量开采会导致河流径流量的减少, 河流下游地区和沿海地区的地下水资源得不到相应的补充, 使得地下水位下降与海水倒灌成为必然。早在 20 世纪 60 年代初期, 我国莱州湾沿岸就已出现了严重的海水入侵问题, 初期主要是入海河流上游水库、堤坝大量修建以及气候变化, 导致河流入海淡水通量减少和海水沿河道入侵。但 1980 年以来, 过量的地下水开采, 尤其是深层古卤水开发利用成为海水入侵的主要原因, 海水入侵的形式、范围和影响也随着发生显著的变化; 至 2002 年, 莱州湾沿岸海水入侵的影响范围已高达 1773.6km², 严重的海水入侵加剧了土壤盐碱化、农田减产以及饮用水危机的程度。

不合理的近海矿产资源开采活动也会干扰或破坏海岸带地区的生态连通性, 导致一系列的灾害性后果, 并危害沿岸居民的生命与财产安全。例如, 莱州湾东部岸段是优质的沙质海岸, 人工沿岸挖沙、海滩采沙和大量的砂金矿开采, 破坏了海滩波浪动力与泥沙供应间的动态平衡, 形成局部海岸泥沙亏损, 海洋动力必然要从岸滩系统中再获取一定的沙源补充, 以形成新的动态平衡。海岸带泥沙大量亏损导致强烈的岸线侵蚀后退或海滩滩面冲刷下降, 这是导致和加剧该区域海岸侵蚀的重要原因之一。

三、加强我国陆海生态连通性保护和修复的政策建议

(一)开展海岸带陆海生态连通性现状基础调查和科学研究

鉴于我国在海岸带陆海生态连通性科学研究方面总体上处于空白状态的现实特征, 建议由科学技术部、国家自然科学基金委员会、中国科学院、自然资源

部等部门联合，尽快制定陆海生态连通性现状特征基础调查和科学研究的相关规划及战略目标，进而制定分阶段的、具体的重点研发计划，推进重大基础调查和科学研究项目的立项。建议紧紧围绕"陆海生态连通性"这一主题，强调多学科交叉，重点针对如下问题制定规划和发布指南，包括：①生物学与生态学领域，沿海洄游类、迁徙类、迁飞类、搁浅类等生态连通性关键生物物种基础调查，沿海生物资源、食物链与食物网、重要栖息地、"三场一通道"（产卵场、索饵场、越冬场、洄游通道）基础调查；②沿海陆海水文学与环境学领域，入海河流水文与水环境、陆源污染、海洋环境、海洋水文等问题基础调查与科学研究；③海岸带地貌学与地质学领域，三角洲地貌演变、海湾地貌演变、地下水动态、海水入侵、海岸侵蚀等问题基础调查与科学研究；④海岸带景观生态学领域，景观格局—过程监测、生态阻隔监测、滨海湿地及海岸线动态监测、沿海城市化动态监测，重点发挥地球信息科学与技术、大数据技术等的优势开展动态监测；⑤推进以"陆海生态连通性"为核心目标的多学科综合和交叉研究，发挥交叉学科、跨学科、信息技术等的优势，陆海统筹，推进我国海岸带区域"陆海生态连通性"的长期监测和综合研究。

（二）优化沿海土地利用，加强滩涂、湿地及自然岸线的保护和修复

沿海区域湿地围垦、围填海、岸线人工化、海岸硬化、入海河流闸坝建设、防护工程建设、人工岛建设、连岛工程建设等人类活动是海岸带区域陆海生态连通性受到破坏的重要因素，因此，在近年来陆续发布的《国家海洋局海洋生态文明建设实施方案（2015—2020 年）》（2015 年）、《关于全面建立实施海洋生态红线制度的意见》（2016 年）、《围填海管控办法》（2016 年）、《海岸线保护与利用管理办法》（2017 年）、《国家海洋局关于进一步加强渤海生态环境保护工作的意见》（2017 年）等重要政策措施的基础上，建议进一步强调"陆海生态连通性"相关的原则和目标，在有条件的区域率先做起，并逐渐推广和铺开，具体的原则、目标和措施包括：①打通沿海区域的断头河，恢复入海河流水文连通性，进行河口区域水文和生态的恢复与修复；②遏制海岸线私属化，建立海岸退缩线制度，保证公众的亲海权利及提升便利程度，发挥海岸线的公共服务功能；③修订海岸工程建设规范和标准，增补陆海生态连通性保护方面的目标和原则；④逐渐推进早期建设的"堤坝式"陆连工程的"坝改桥"，以及新建陆连工程的"桥隧化"；⑤将陆海生态连通性方面的目标和原则纳入沿海土地资源开发利用监管政策中；⑥严格推进生态红线和生态补偿等政策措施实施。

（三）加强重要物种及其"三场一通道"的保护和修复

对多数海洋生物来说，产卵场、索饵场、越冬场、洄游通道（三场一通道）

是其生活周期中不可缺少的重要环节，对维持种群结构和数量有重要意义。中国近海，尤其是渤黄海区域，由于沿岸众多河川入海、水质肥沃，成为渔业资源优良的产卵场和育肥场，素有"鱼、虾类摇篮"的美誉。渤黄海主要产卵场分布于鸭绿江口、辽东湾、渤海湾、莱州湾、烟威近海、乳山近海、海州湾、海洋岛、吕泗、长江口、长江口外海区。鱼群产卵后，当年生稚鱼和幼鱼一般首先在产卵场周边浅水区索饵，之后陆续向周边深水区迁移索饵，继而进入黄海北部，随气温继续降低而进入石岛、连青石渔场，最终进入黄海深水区越冬场。长距离洄游种类的越冬场一般位于黄海中南部至东海北部一带海域，甚至东海中南部和南海北部海域；短距离洄游种类的越冬场主要在黄海中南部至东海北部水深 $40 \sim 100\mathrm{m}$、底层水温 $10 \sim 13℃$、盐度 $32.5 \sim 34.5$ 的海区。过去几十年来，气候变化、过度捕捞、围填海、沿海工矿开发、环境污染等因素导致中国近海"三场一通道"资源呈现出严重的衰退趋势，主要表现在：①产卵群体呈现出小型化、低龄化、繁殖力下降趋势；②渔业资源对产卵场温盐适应范围扩大、但产卵密集区范围缩小；③受精卵成活率降低、底层经济鱼类数量减少；④渔业资源营养级下降、食物网结构简单化。在这种背景下，建议从陆海生态连通性的角度出发，重点针对较为关键的渔业资源，对中国近海"三场一通道"资源进行系统性的保护和修复。

（四）陆海统筹，综合防治海岸带海水入侵、环境污染和近海富营养化等问题

陆海统筹，综合防治海岸带海水入侵、环境污染和近海富营养化等主要包括如下政策与措施：①逐步推进和加强入海河流水沙调控，在流域尺度土地利用规划与生态建设中增加陆海生态连通性维持、保护和修复方面的目标、原则及要求，推进和开展"恢复中国的河口"行动；②加强各种类型滨海湿地的保护力度，尤其是景观类型和生态功能具有过度特征的湿地生态系统；③进一步推进陆源污染削减与总量控制，尤其是针对政府部门监管尚处于空白状态的入海河流末端河道的排污问题，建立有效的监测技术体系和监管政策；④遏止和扭转沿海地下水超采问题，与"海绵城市"的建设相结合，进行海岸带地下水回补，同时，加强海砂资源监管和保护，立足根源，综合防治海岸带海水入侵和海岸侵蚀问题；⑤加强近海低氧区监测与治理，加强海岸带与海洋垃圾（尤其是微塑料）综合监测与防治等；⑥多部门协同、跨行政区联动，加强浒苔等漂浮藻类的源头防控、中间拦截及登陆区域灾害的综合防治；⑦尽快建立起覆盖整个中国沿海的搁浅动物救助体系，并不断加强能力建设。

（五）建立陆海生态连通性保护区网络，推行严格的生态红线制度和保护措施

以国家公园建立为重要契机，一方面，整合中国沿海区域现有的各类和各级保护区、保护地，重点增加或强调陆海生态连通性维持、保护和修复方面的目标与原则，另一方面，根据中国沿海区域陆海生态连通性的历史与现状特征，尤其是重要物种（渔业资源、迁飞鸟类等）的"三场一通道"或栖息地的空间分布特征，新划定一批陆海生态连通性的关键区域和代表性物种，而且，充分强调不同区域保护地之间的生态联系，推进网络化的保护区体系（保护区网络）的建立；同时，通过生态红线制度、生态补偿制度等政策及措施促进陆海生态连通性的维持、保护和恢复。

（六）加强该领域科学研究、保护和修复工作中的国际合作

重视国内外 NGO 组织的作用和优势，加强科学研究和保护领域的国际合作，多种手段和措施齐抓并举，共同促进中国沿海区域陆海生态连通性的保护和修复。

第四节　小　　结

本章归纳当前国内外滨海湿地资源可持续利用、保护和管理的成功经验与模式，总结黄河三角洲当前在海岸带湿地资源开发、利用中所存在的问题、不足及原因，以黄河三角洲为案例区，提出黄河三角洲湿地可持续利用及保护的若干政策建议：加强国家层面湿地立法与制度建设，开展黄河三角洲滨海湿地自然资源资产确权、绩效考核和责任追究试点；构建黄河三角洲海陆统筹的海岸带湿地监管体系；加强黄河三角洲滨海湿地动态监测与评估，启动滨海海岸带湿地恢复的专项科技行动计划；以工程示范为主，不断打造黄河三角洲海岸带湿地资源保护与可持续利用的新模式；坚持"陆海统筹"的海岸带生态农牧场的统一布局；形成黄河三角洲海岸带生态农牧场"研、企、农"合作的创新联盟产业体系。

同时，以对黄河三角洲的分析为基础，将视线转向更广阔的中国海岸带区域，针对中国海岸带陆海生态连通性退化和丧失的严峻形势，提出有针对性的政策和建议：开展海岸带陆海生态连通性现状基础调查和科学研究；优化沿海土地利用，加强滩涂、湿地及自然岸线的保护和修复；加强重要物种及其"三场一通道"的保护和修复；陆海统筹，综合防治海岸带海水入侵、环境污染和近海富营养化等问题；建立陆海生态连通性保护区网络，推行严格的生态红线制度和保护措施；加强该领域科学研究、保护和修复工作中的国际合作。

参 考 文 献

蔡守秋. 2010. 日本滨海湿地保护制度. 中国海洋报, 2010-12-24(04).

杜建国, 叶观琼, 周秋麟, 等. 2015. 近海海洋生态连通性研究进展. 生态学报, 35(21): 6923-6933.

郭岳, 徐清馨, 佟守正, 等. 2017. 黄河三角洲滨海湿地退化原因分析及生态修复. 吉林林业科技, 46(5): 40-44.

黄秀蓉. 2016. 美、日海洋生态补偿的典型实证及经验分析. 宏观经济研究, (8): 149-159.

姜宏瑶, 温亚利. 2010. 我国湿地保护管理体制的主要问题及对策. 林业资源管理, (3): 1-5.

雷光春, 张正旺, 于秀波, 等. 2017. 中国滨海湿地保护管理战略研究. 北京: 高等教育出版社.

李国强. 2017. 澳大利亚湿地管理与保护体制. 环境保护, (13): 76-80.

李宜良, 于保华. 2006. 美国海域使用管理及对我国的启示. 海洋开发与管理, 23(4): 14-17.

林德芳, 黄文强, 关长涛. 2002. 我国海水网箱养殖的现状、存在的问题及今后课题. 齐鲁渔业, (1): 21.

刘佳琦, 栗云召, 宗敏, 等. 2018. 黄河三角洲人类干扰活动强度变化及其景观格局响应. 地球信息科学学报, 20(8): 1102-1110.

刘明月. 2018. 中国滨海湿地互花米草入侵遥感监测及变化分析. 中国科学院大学博士学位论文.

刘雁翎, 董小雨. 2018. 中外湿地保护法律制度比较及借鉴. 环境保护, 46(17): 63-67.

吕永龙, 苑晶晶, 李奇锋, 等. 2016. 陆源人类活动对近海生态系统的影响. 生态学报, 36(5): 1183-1191.

马广仁, 刘国强. 2019. 中国湿地保护地管理. 北京: 科学出版社.

马建琴, 刘杰, 夏军, 等. 2009. 黄河流域与澳大利亚墨累—达令流域水管理对比分析. 河南农业科学, (7): 71-75.

马莎. 2013. 美国海岸带管理法评析. 公民与法, 6: 59-61.

马涛, 邵欢瑜. 2017. 国外滨海湿地管理的理论进展和实践经验. 湿地科学与管理, 13(1): 61-64.

徐兆礼, 陈佳杰. 2015. 东、黄渤海带鱼的洄游路线. 水产学报, 6: 824-835.

杨红生. 2001. 清洁生产: 海水养殖业持续发展的新模式. 世界科技研究与发展, (1): 62-65.

杨红生. 2017. 海岸带生态农牧场新模式构建设想与途径——以黄河三角洲为例. 中国科学院院刊, 32(10): 1111-1117.

杨红生. 2019a. 构建中国特色海洋牧场的蓝色梦想. 中国科学报, 2019-3-26(005).

杨红生. 2019b. 我国蓝色粮仓科技创新的发展思路与实施途径. 水产学报, 43(1): 97-104.

杨红生, 霍达, 许强. 2016. 现代海洋牧场建设之我见. 海洋与湖沼, 47(6): 1069-1074.

杨红生, 邢军武. 2002. 试论我国滩涂资源的持续利用. 世界科技研究与发展, (1): 47-51.

杨红生, 张福绥. 1999. 浅海筏式养殖系统贝类养殖容量研究进展. 水产学报, (1): 84-90.

杨红生, 章守宇, 张秀梅, 等. 2019. 中国现代化海洋牧场建设的战略思考. 水产学报, (4): 1255-1262.

杨红生, 赵鹏. 2013. 中国特色海洋牧场亟待构建. 中国农村科技, (11): 15.

叶伟为. 2011. 美英湿地法律保护之比较研究. 中国市场, (9): 137-139.

于秀波, 张立. 2018. 中国滨海湿地保护绿皮书 (2017). 北京: 科学出版社.

余俊, 温秀丽. 2014. 美英湿地保护法对我国湿地管理的启示. 中国政法大学学报, 3(30): 30-36.

余向京, 罗权. 2018. 湿地保护管理策略与公众参与研究. 农民致富之友, (8): 41.

俞肖剑, 叶维贤. 2011. 学习国先进理念经验促进我国湿地保护管理. 浙江林业, (8): 35-37.

张振克, 谢丽, 张凌华, 等. 2013. 欧洲瓦登海开发对江苏沿海大开发的启示. 海洋开发与管理, (1): 26-31.

张震, 褚鹏基, 霍素霞. 2019. 基于陆海统筹的海岸线保护与利用管理. 海洋开发与管理, (4): 3-8.

郑姚闽, 张海英, 牛振国, 等. 2012. 中国国家级湿地自然保护区保护成效初步评估. 科学通报, 57(4): 207-230.

Buelow C, Sheaves M. 2015. A birds-eye view of biological connectivity in mangrove systems. Estuarine Coast & Shelf Science, 152: 33-43.

Dai Z J, Fagherazzi S, Mei X F, et al. 2016. Decline in suspended sediment concentration delivered by the Changjiang (Yangtze) River into the East China Sea between 1956 and 2013. Geomorphology, 268: 123-132.

Doney S C. 2010. The growing human footprint on coastal and open-ocean biogeochemistry. Science, 328: 1512-1516.

Fang X D, Hou X Y, Li X W, et al. 2018. Ecological Connectivity between Land and Sea: A Review. Ecological Research, 33(1): 51-61.

Fanos A M. 1995. The impact of human activities on the erosion and accretion of the Nile Delta Coast. Journal of Coastal Research, 11: 821-833.

Griffiths A M, Ellis J S, Clifton-Dey D, et al. 2011. Restoration versus recolonisation: the origin of Atlantic salmon (*Salmo salar* L.) currently in the River Thames. Biological Conservation, 144: 2733-2738.

Han Q Y, Huang X P, Shi P, et al. 2006. Coastal wetland in South China: degradation trends, causes and protection countermeasures. Chinese Science Bulletin, 51(Supp II): 121-128.

Jambeck J R, Geyer R, Wilcox C, et al. 2015. Plastic waste inputs from land into the ocean. Science, 347: 768-771.

Kim J, Park J. 2017. Bayesian structural equation modeling for coastal management: the case of the Saemangeum coast of Korea for water quality improvements. Ocean & Coastal Management, 136: 120-132.

Murray N J, Fuller R A. 2015. Protecting stopover habitat for migratory shorebirds in East Asia. Journal of Ornithology, 156: 217-225.

Murray N J, Ma Z J, Fuller R A. 2015. Tidal flats of the Yellow Sea: a review of ecosystem status and anthropogenic threats. Australia Ecology, 40: 472-481.

Paris C B, Chérubin L M. 2008. River-reef connectivity in the Meso-American Region. Coral Reefs, 27: 773-781.

Primavera J H. 2006. Overcoming the impacts of aquaculture on the coastal zone. Ocean & Coastal Management, 49: 531-545.

Scariot E C, Almeida D, dos Santos J E. 2015. Connectivity dynamics of Araucaria forest and grassland surrounding Passo Fundo National Forest, southern Brazil. Natureza Conservacao, 13: 54-59.

Sheaves M. 2009. Consequences of ecological connectivity: the coastal ecosystem mosaic. Marine Ecology Progress, 391: 107-115.

Studds C E, Kendall B E, Murray N J, et al. 2017. Rapid population decline in migratory shorebirds relying on Yellow Sea tidal mudflats as stopover sites. Nature Communications, 8: 14895.

Tischendorf L, Bender D J, Fahrig L. 2003. Evaluation of patch isolation metrics in mosaic landscapes for specialist vs. Generalist dispersers. Landscape Ecology, 18: 41-50.

Truchon M H, Measures L, L'Hérault V, et al. 2013. Marine mammal strandings and environmental changes: a 15-year study in the St. Lawrence ecosystem. PLoS One, 8: e59311.

Valiela I, Bowen J L, York J K. 2001. Mangrove forests: one of the world's threatened major tropical environments. Bioscience, 51: 807-815.

Vaquer-Sunyer R, Duarte C M. 2008. Thresholds of hypoxia for marine biodiversity. Proceedings of the National Academy of Sciences, 105(40): 15452-15457.

Wilkinson C. 2008. Status of coral reefs of the world: 2008. Global Coral Reef Monitoring Network and Reef and Rainforest Research Centre, Townsville, Australia: 296.

Wu J C, Meng F H, Wang X W, et al. 2008. The development and control of the seawater intrusion in the eastern coastal of Laizhou Bay, China. Environmental Geology, 54: 1763-1770.

Wu J H, Fu C Z, Lu F, et al. 2005. Changes in free-living nematode community structure in relation to progressive land reclamation at an intertidal marsh. Applied Soil Ecology, 29: 47-58.

附　录

附录 1　土地利用 / 覆盖变化监测使用的多时相 Landsat 数据

卫星	数据标识	采集时间	条带号	行编号
Landsat-8	LC81210342015300LGN00	2015/10/27	121	34
Landsat-8	LC81220342015275LGN01	2015/10/2	122	34
Landsat-5	LT51210342010254IKR00	2010/9/11	122	34
Landsat-5	LT51220342010309IKR01	2010/11/5	122	34
Landsat-5	LT51210342005304BJC00	2005/10/31	121	34
Landsat-5	LT51220342005247BJC02	2005/9/4	122	34
Landsat-7	LE71210342000123SGS00	2000/5/2	121	34
Landsat-5	LT51220342000138BJC00	2000/5/17	122	34

附录 2　土地利用 / 覆盖变化监测使用的多时相 SPOT 数据

卫星	成像日期	条带号 / 行编号	传感器	影像编号
SPOT-1	2000/3/16	286/273	HRV2	174581
SPOT-1	2000/3/16	287/276	HRV1	174591
SPOT-1	2000/3/16	287/275	HRV1	174595
SPOT-1	2000/3/16	287/274	HRV1	174575
SPOT-1	2000/3/16	286/275	HRV2	174586
SPOT-1	2000/3/16	286/274	HRV2	174590
SPOT-2	2000/8/26	285/273	HRV2	174582
SPOT-2	2000/8/26	285/274	HRV2	174583
SPOT-2	2005/1/10	287/276	HRV1	174597
SPOT-2	2005/1/10	287/276	HRV1	174588
SPOT-5	2005/4/15	287/275	HRG1	174598
SPOT-5	2005/4/21	286/275	HRG2	174600
SPOT-5	2005/4/21	286/273	HRG2	174587
SPOT-5	2005/4/21	286/274	HRG2	174572
SPOT-4	2005/5/18	287/276	HRVIR1	174599
SPOT-5	2005/5/22	285/274	HRG1	174601
SPOT-5	2005/5/22	285/273	HRG1	174594
SPOT-5	2005/9/7	287/274	HRG1	174585
SPOT-4	2010/4/13	286/275	HRVIR1	174573
SPOT-4	2010/4/13	286/275	HRVIR1	174584
SPOT-4	2010/4/13	286/273	HRVIR1	174578
SPOT-4	2010/4/13	286/273	HRVIR1	174577

续表

卫星	成像日期	条带号 / 行编号	传感器	影像编号
SPOT-5	2010/5/10	287/274	HRG2	174596
SPOT-4	2010/9/11	286/274	HRVIR1	174579
SPOT-4	2010/9/11	286/274	HRVIR1	174593
SPOT-5	2010/10/8	285/274	HRG2	174592
SPOT-5	2010/10/8	285/273	HRG2	174589
SPOT-4	2010/11/17	284/273	HRVIR2	174602
SPOT-4	2010/11/17	284/273	HRVIR2	174574
SPOT-5	2010/11/18	287/276	HRG2	174580
SPOT-5	2010/11/18	287/275	HRG2	174576

附录3　土地利用 / 覆盖变化监测使用的多时相高分二号数据

卫星数据标识	经纬度	日期	卫星数据标识	经纬度	日期
GF2_PMS1_1064464	E117.7_N37.6	2015/9/26	GF2_PMS1_2297517	E119.0_N37.1	2017/4/10
GF2_PMS1_1064463	E117.7_N37.8	2015/9/26	GF2_PMS1_0993724	E119.0_N37.6	2015/8/23
GF2_PMS1_1064462	E117.8_N37.9	2015/9/26	GF2_PMS1_1754884	E119.0_N37.9	2016/8/11
GF2_PMS1_1064461	E117.8_N38.1	2015/9/26	GF2_PMS1_2297513	E119.1_N37.2	2017/4/10
GF2_PMS1_2722881	E117.9_N37.6	2017/10/29	GF2_PMS2_2652175	E117.6_N37.9	2017/10/5
GF2_PMS1_1064460	E117.9_N38.3	2015/9/26	GF2_PMS2_2652173	E117.7_N38.1	2017/10/5
GF2_PMS1_1360885	E118.0_N37.4	2015/10/6	GF2_PMS2_1061796	E118.0_N37.7	2015/9/26
GF2_PMS1_1867818	E118.0_N37.6	2016/10/5	GF2_PMS2_1061795	E118.0_N37.9	2015/9/26
GF2_PMS1_1360274	E118.1_N37.6	2015/10/6	GF2_PMS2_1082286	E118.2_N37.4	2015/10/6
GF2_PMS1_1360275	E118.1_N37.8	2015/10/6	GF2_PMS2_1082285	E118.3_N37.5	2015/10/6
GF2_PMS1_2722876	E118.1_N38.1	2017/10/29	GF2_PMS2_1360898	E118.3_N37.7	2015/10/6
GF2_PMS1_1198881	E118.2_N37.9	2015/10/6	GF2_PMS2_1027070	E118.4_N37.7	2015/9/7
GF2_PMS1_1085901	E118.2_N38.1	2015/10/6	GF2_PMS2_1082283	E118.4_N37.9	2015/10/6
GF2_PMS1_1071715	E118.3_N37.1	2015/10/1	GF2_PMS2_1082282	E118.5_N38.1	2015/10/6
GF2_PMS1_1071714	E118.4_N37.2	2015/10/1	GF2_PMS2_1071796	E118.6_N37.2	2015/10/1
GF2_PMS1_1071713	E118.4_N37.4	2015/10/1	GF2_PMS2_1051971	E118.7_N36.8	2015/9/21
GF2_PMS1_1051857	E118.5_N36.9	2015/9/21	GF2_PMS2_1071795	E118.7_N37.4	2015/10/1
GF2_PMS1_1051856	E118.5_N37.1	2015/9/21	GF2_PMS2_1071794	E118.7_N37.5	2015/10/1
GF2_PMS1_1071712	E118.5_N37.6	2015/10/1	GF2_PMS2_1051970	E118.8_N37.0	2015/9/21
GF2_PMS1_0993729	E118.7_N36.7	2015/8/23	GF2_PMS2_0968000	E118.9_N37.2	2015/8/8

续表

卫星数据标识	经纬度	日期	卫星数据标识	经纬度	日期
GF2_PMS1_1051852	E118.7_N37.8	2015/9/21	GF2_PMS2_1051966	E119.0_N37.7	2015/9/21
GF2_PMS1_2297515	E118.9_N36.7	2017/4/10	GF2_PMS2_1051964	E119.1_N38.1	2015/9/21
GF2_PMS1_0993725	E118.9_N37.4	2015/8/23	GF2_PMS2_1754967	E119.2_N37.7	2016/8/11
GF2_PMS1_2297518	E119.0_N36.9	2017/4/10	GF2_PMS2_1754969	E119.3_N37.9	2016/8/11

附录 4　Landsat 影像土地利用 / 覆盖类型解译标志检索库

地类	影像	地类	影像	地类	影像	地类	影像
11		12		13		14	
21		22		31		32	
33		34		41		42	
43		44		45		51	
52		53		54		55	
61		62		71		81	
82		83					

注：表中地类代码及其对应的地类名称与表 2.2 相同

附录 5　高分二号影像土地利用／覆盖类型解译标志检索库

地类	影像	地类	影像	地类	影像	地类	影像
11		12		13		14	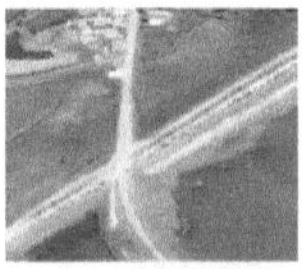
21		22		31	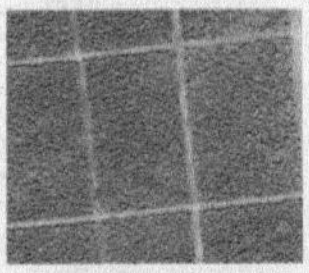	32	
33	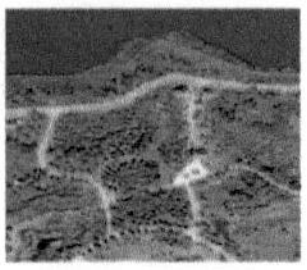	34		41		42	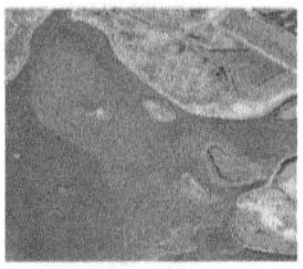
43		44		45		51	
52	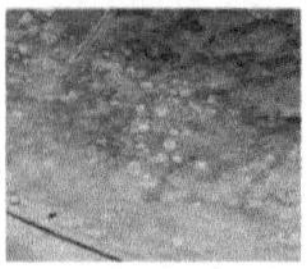	53	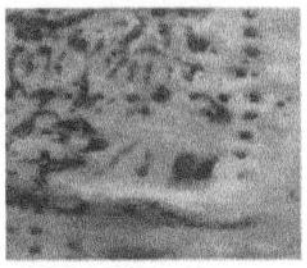	54		55	
61		62		71		81	
82		83	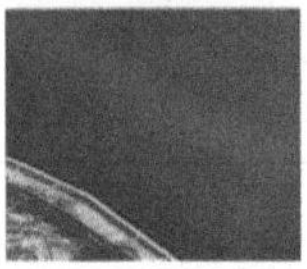				

注：表中地类代码及其对应的地类名称与表 2.2 相同

附录 6　SPOT 影像土地利用／覆盖类型解译标志检索库

地类	影像	地类	影像	地类	影像	地类	影像
11		12	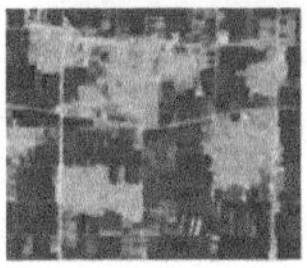	13		14	

续表

地类	影像	地类	影像	地类	影像	地类	影像
21		22		31	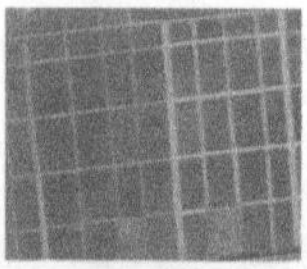	32	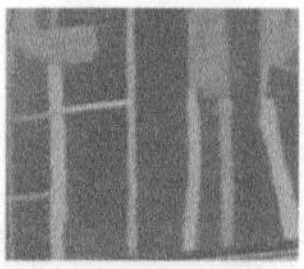
33	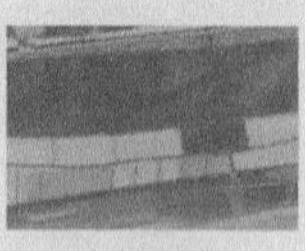	34		41		42	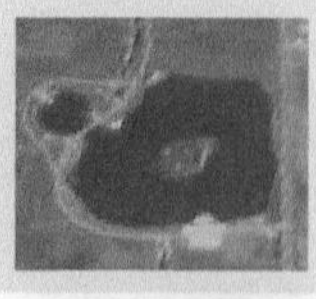
43		44		45	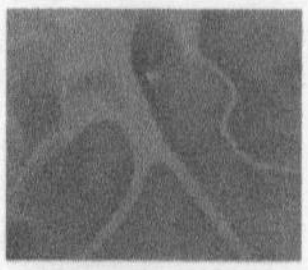	51	
52		53		54		55	
61		62		71		81	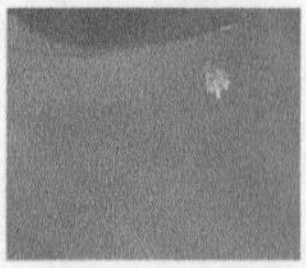
82		83					

注：表中地类代码及其对应的地类名称与表 2.2 相同

附录 7　谷歌地球影像土地利用／覆盖类型解译标志检索库

地类	影像	地类	影像	地类	影像	地类	影像
11		12		13		14	
21		22	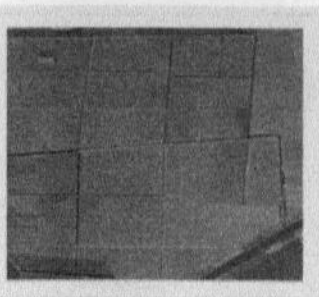	31		32	

续表

地类	影像	地类	影像	地类	影像	地类	影像
33		34		41		42	
43		44		45		51	
52		53		54		55	
61		62		71		81	
82		83					

注：表中地类代码及其对应的地类名称与表 2.2 相同

附录 8　河道和岸线提取使用的 Landsat 遥感影像数据

序号	数据标号	序号	数据标号	序号	数据标号
1	LM21300341976064GMD03[C]	13	LM31300341979147AAA05[C]	25	LM31310331982096XXX01[C]
2	LM21300341976154AAA01[C]	14	LM21300341979192HAJ00[R]	26	LM31310341982258AAA03[R]
3	LM21300341977112GMD03[C]	15	LM31300341980088HAJ00[C]	27	LM31300341983036HAJ02[CR]
4	LM21300341977130AAA03[C]	16	LM31300341980160AAA05[C]	28	LM31310331983055HAJ06[C]
5	LM21300341977166FAK05[C]	17	LM31300341980196HAJ04[CR]	29	LT51210341984151HAJ00[C]
6	LM21300341977274FAK03[R]	18	LM21300341981073AAA03[C]	30	LT51210341984199HAJ00[CR]
7	LM21300341978071FAK03[C]	19	LM21300341981127HAJ04[C]	31	LT51210341985073HAJ00[C]
8	LM21300341978107AAA02[C]	20	LM21300341981163AAA04[C]	32	LT51210341985121HAJ00[C]
9	LM31300341978134AAA04[C]	21	LM21300341981181HAJ00[R]	33	LT51210341985169HAJ00[C]
10	LM31300341978278AAA02[R]	22	LM21300341982032AAA03[C]	34	LT51210341985249HAJ00[R]
11	LM31300341979093HAJ08[C]	23	LM31300341982077AAA03[C]	35	LT51210341986108HAJ00[C]
12	LM21300341979138HAJ00[C]	24	LM31300341982095AAA03[C]	36	LT51210341986140HAJ00[C]

序号	数据标号	序号	数据标号	序号	数据标号
37	LT51210341986156HAJ00^{C}	70	LT51210341995069HAJ00^{C}	103	LE71210342003131EDC00^{C}
38	LT51210341986220HAJ00^{R}	71	LT51210341995085CLT03^{C}	104	LE71210342003147HAJ01^{C}
39	LT51210341987111HAJ00^{C}	72	LT51210341995149HAJ00^{C}	105	LT51210342003267BJC00^{R}
40	LT51210341987127HAJ00^{C}	73	LT51210341995277HAJ00^{R}	106	LT51210342004110BJC00^{C}
41	LT51210341987159HAJ00^{C}	74	LT51210341996104HAJ00^{C}	107	LT51210342004126BJC00^{C}
42	LT51210341987223HAJ01^{R}	75	LT51210341996136HAJ00^{C}	108	LT51210342004142BJC00^{C}
43	LT51210341988082HAJ00^{C}	76	LT51210341996152BJC01^{C}	109	LT51210342004302BJC00^{R}
44	LT51210341988098HAJ00^{C}	77	LT51210341996296HAJ00^{R}	110	LT51210342005112BJC00^{C}
45	LT51210341988162HAJ00^{C}	78	LT51210341997042HAJ00^{C}	111	LT51210342005128BJC00^{C}
46	LT51210341988274HAJ00^{R}	79	LT51210341997090BJC00^{C}	112	LT51210342005144BJC00^{C}
47	LT51210341989084HAJ00^{C}	80	LT51210341997106HAJ00^{C}	113	LT51210342005288BJC00^{R}
48	LT51210341989100HAJ00^{C}	81	LT51210341997250HAJ00^{R}	114	LT51210342005304BJC00^{R}
49	LT51210341989116HAJ00^{C}	82	LT51210341998109BJC00^{C}	115	LT51210342006099BJC00^{C}
50	LT51210341989276HAJ02^{R}	83	LT51210341998125HAJ00^{C}	116	LE71210342006123EDC00^{C}
51	LT51210341990071HAJ00^{C}	84	LT51210341998157HAJ00^{C}	117	LE71210342006155EDC00^{C}
52	LT51210341990135HAJ00^{C}	85	LT51210341998253HAJ00^{R}	118	LT51210342006275IKR00^{C}
53	LT51210341990167BJC00^{CR}	86	LT51210341999096HAJ00^{C}	119	LT51210342007118IKR00^{C}
54	LT51210341991026BJC00^{C}	87	LT51210341999144HAJ00^{C}	120	LT51210342007134IKR00^{C}
55	LT51210341991106HAJ00^{C}	88	LT51210341999176BJC01^{C}	121	LT51210342007150IKR00^{C}
56	LT51210341991138BJC00^{C}	89	LE71210341999280SGS00^{R}	122	LE71210342007254EDC00^{R}
57	LT51210341991266BJC00^{R}	90	LT51210342000099BJC00^{C}	123	LT51210342008105BJC00^{C}
58	LT51210341992093HAJ00^{C}	91	LE71210342000123SGS00^{C}	124	LT51210342008137BJC00^{C}
59	LT51210341992141BJC00^{C}	92	LT51210342000163BJC00^{C}	125	LT51210342008153BJC00^{C}
60	LT51210341992189HAJ00^{C}	93	LE71210342000251SGS00^{R}	126	LT51210342008281BJC00^{R}
61	LT51210341992269HAJ00^{R}	94	LT51210342001101BJC00^{C}	127	LT51210342009123BJC00^{C}
62	LT51210341993079BJC00^{C}	95	LE71210342001125SGS00^{C}	128	LT51210342009139BJC00^{C}
63	LT51210341993143BJC00^{C}	96	LT51210342001149BJC00^{C}	129	LT51210342009171IKR00^{C}
64	LT51210341993159HAJ00^{C}	97	LT51210342001261BJC00^{R}	130	LE71210342009307EDC00^{R}
65	LT51210341993271HAJ00^{R}	98	LE71210342002048HAJ02^{C}	131	LT51210342010126IKR01^{C}
66	LT51210341994034HAJ00^{C}	99	LT51210342002104BJC00^{C}	132	LT51210342010158HAJ00^{C}
67	LT51210341994114BJC00^{C}	100	LE71210342002144HAJ01^{C}	133	LE71210342010166EDC00^{C}
68	LT51210341994146BJC00^{C}	101	LE71210342002272SGS00^{R}	134	LE71210342010278EDC00^{R}
69	LT51210341994290HAJ00^{R}	102	LE71210342003115EDC00^{C}	135	LE71210342011105EDC00^{C}

序号	数据标号	序号	数据标号	序号	数据标号
136	LE71210342011121SGS00^C	145	LC81210342013166LGN00^C	154	LC81210342015300LGN00^R
137	LE71210342011153EDC00^C	146	LC81210342013278LGN00^R	155	LC81210342016079LGN00^C
138	LE71210342011265EDC02^R	147	LC81210342014089LGN00^C	156	LC81210342016111LGN00^C
139	LE71210342012108EDC00^C	148	LC81210342014121LGN00^C	157	LC81210342016143LGN00^C
140	LE71210342012124EDC01^C	149	LC81210342014137LGN00^C	158	LC81210342016287LGN00^R
141	LE71210342012140EDC02^C	150	LC81210342014297LGN00^R	159	LC81210342017113LGN00^C
142	LE71210342012236EDC00^R	151	LC81210342015124LGN00^C	160	LC81210342017145LGN00^C
143	LE71210342013126EDC00^C	152	LC81210342015140LGN00^C	161	LC81210342017177LGN00^{CR}
144	LC81210342013150LGN00^C	153	LC81210342015156LGN00^C		

注：标记 C 的为海岸线解译所用数据，标记 R 的为河道解译所用数据